KB240949

고교생을 위한 지리 용어사전

이우평 엮음

일·러·두·기

1. 이 책의 용어는 '한글 맞춤법 통일안' 을 기준으로 하였다.
2. 외국어 표기는 원칙적으로 '외래어 표기 용례집' (1987. 11. 17)을 따랐으며, 외국어와 우리말이 결합된 말들의 표기는 국립 국어 연구원에서 발간한 〈표준어 국어 대사전〉을 참고하였다.
3. 의미의 혼동을 줄 우려가 있거나 용어의 이해를 높이기 위하여 괄호 안에 한자 또는 영어를 병기하였다.
4. 이 책의 내용 중 《 》는 서적을, 〈 〉는 논문을 나타낸다.
5. 이 책의 ■ 는 중요도를 의미한다.
6. 이 책의 용어는 가나다 순에 따라 배열하였다.

머리말

이 책을 엮기 시작하면서부터 책을 마치는 순간까지 단 한 순간도 마음이 편하지 못하였다. 고등 학교에서 여러 해 지리 과목을 가르치고는 있지만, 실력도 부실한 내가 이런 책을 엮는다는 것이 얼마나 어리석은가라는 생각을 내내 지울 수 없었다.

그래서 중간 중간에 그만두어야겠다는 생각도 많이 하였다. 정말 힘들고 어렵게 마친 작업이 아니었나 싶다. 하지만 이번 기회가 그동안 지리에 대하여 너무나 무지하고 부족하였던 엮은이의 실력을 향상시킬 수 있는 좋은 계기가 아니었나 싶다.

이 책자에 실린 용어들은 현행 6차 교육 과정상의 고등 학교 공통 사회(하) 과목인 한국 지리와 세계 지리 교과서의 내용 가운데 중요도가 높은 용어들 위주로 선별, 정리하였다. 아울러 7차 교육 과정 6종의 사회 교과서에 수록된 지리 용어들을 종합적으로 검토하여 새로운 용어들도 함께 수록하였다. 물론 수능 시험에 출제 빈도가 높고 사회 상식적인 가치가 크다고 생각되는 지리 용어들을 특히 우선시하였다.

다만, 용어의 정의를 내리고 내용을 전개하는 과정에서 한국 지리와 세계 지리의 내용을 통합하여 정리하고자 하였으며, 교과서 수준에서 정리한 것이므로 백과 사전과 같이 종합적인 범위에서 체계적으로 접근할 수 없는 한계가 있었음을 밝혀 둔다.

빈약하고 부족한 졸작이라고 생각되지만, 이 한 권의 책이 대학 입시를 준비하고 있는 현 고등 학교 재학생을 비롯한 대입 준비생 여러분들에게 소중한 도움이 되었으면 하는 바람이 간절하다. 아울러 일선에서 지리 관련 과목을 지도하시는 교사분들에게도 참고가 되었으면 한다. 내내 가슴 졸인 이 한 권이 지리를 사랑하고 아끼는 모든 분들께 욕이나 되지 않았으면 하는 바람이다.

2002년 1월

엮은이 씀

CONTENTS

차 례

일러두기	2
머리말	3
ㄱ	9
ㄴ	53
ㄷ	66
ㄹ	92
ㅁ	99
ㅂ	108
ㅅ	126
ㅇ	169
ㅈ	218
ㅊ	260
ㅋ	270
ㅌ	276
ㅍ	288
ㅎ	299
찾아보기	323

Basic
고교생을 위한 지리 용어사전

가공 무역 加工貿易 ■

해외에서 원자재를 수입한 다음 국내의 기술과 노동력을 활용하여 제품을 만든 후 이를 다시 외국에 수출하는 형태의 무역 방식을 말한다. 우리 나라가 1960년대 후반부터 추진한 수출 주도형 공업 정책은 주로 가공 무역에 의하여 이루어졌다.

가상 대륙 기후구 假想大陸氣候區 ■■■

위도 별로 육지와 바다의 비율을 계산하고, 흩어져 있는 육지를 위도 별로 한 곳에 모아 하나의 대륙으로 가상한 것을 가상 대륙이라고 하며, 여기에 쾨펜에 의하여 분류된 대륙별 각 기후 지역을 결합하여 모식(模式)적으로 나타낸 세계 기후 구분을 말한다. 적도를 중심으로 양극 쪽으로 가면서 열대 우림 기후(Af)→사바나 기후(Aw)→스텝 기후(BS)→사막 기후(BW)→지중해성 기후(Cs)→온대 습윤 기후(Cf/내륙:Cw)→냉대 습윤 기후(Df/내륙:Dw)→툰드라 기후(ET)→빙설 기후(EF) 순으로 나타난다. 남반구에 냉대 기후(D)가 나타나지 않는 것은 냉대 기후가 나타날 위도에 대륙이 존재하지 않기 때문이다. 건조 기후(BS, BW)가 20° 부근의 대륙 서안에서 시작되어 내륙을 향하여 극 쪽으로 굽는 분포를 나타내는 이유는 사하라-아라비아-중앙 아시아-몽

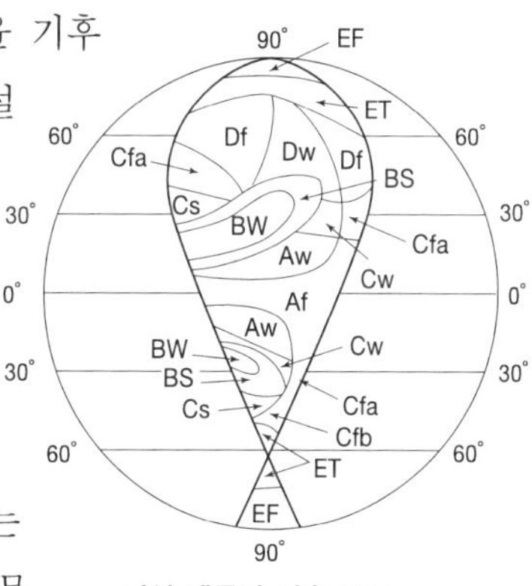

가상 대륙의 기후 분포

골로 이어지는 사막의 건조 기후 지역이 내륙으로 길게 뻗어 있기 때문이다. 반면 남반구의 건조 기후는 상대적으로 적게 나타나는데, 이는 대륙의 생김새가 역삼각형의 모양으로 폭이 좁아 격해도에 별 차이가 없기 때문이다. 그리고 대륙 동안에서는 건조 기후(B)와 지중해성 기후(Cs)가 나타나지 않는다.

가옥 구조 家屋構造 ■■■

가옥 구조는 자연 환경과 사회적 지위 · 계층 · 제도 · 관습 그리고 가족 구성원의 역할 등에 따라 지역차가 발생한다. 따라서 가옥의 구조는 자연 환경과 사회적 관습이 반영된 문화적 산물이라고 할 수 있다. 현대 가옥은 건축 기술의 발달로 자연 환경의 영향을 덜 받지만, 전통 가옥에 있어서는 자연 환경이 가옥의 위치와 방향뿐만 아니라 외부 형태와 내부 구조까지도 영향을 주는 매우 중요한 조건이었다. 지역의 자연 환경 가운데 기후 조건에 국한하여 전통 가옥의 구조를 살펴보면 다음과 같다. 먼저 전통 가옥의 구조는 내

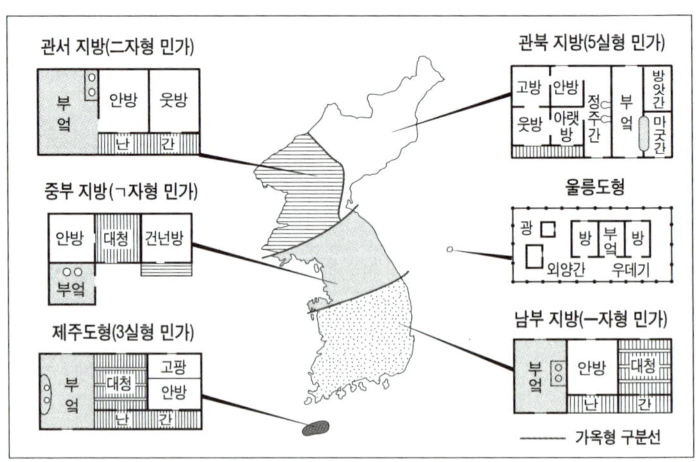

지역별 가옥 구조

부 구조에 따라 겹집과 홑집으로 나뉜다. 겹집은 대들보 아래 방을 두 줄로 배치한 전(田)자형 가옥으로, 겨울이 길고 추운 관북 지방과 태백 · 소백 산지 등 주로 산간 지역에 분포한다. 홑집은 대들보 아래 방을 한 줄로 배치된 일(一)자형 가옥으로, 주로 서부와 남부의 평야 지대에 분포한다. 지역별로 유형화하여 살펴보면, 관북형은 전(田)자형의 폐쇄적 구조이며 겨울철 실내 활동 공간인 정주간이 있다. 중부형은 대청이 있으며 북부와 남부의 점이적 성격을 띠고 있다. 남부형은 일(一)자형의 개방적 구조로 대청이 넓다. 제주형은 겨울이 온난하여 온돌 구조가 단순하고 방 뒤에 고팡이 있어 저장 창고로 이용되고 있다. 울릉도형은 겨울철 다설에 대비하여 우데기라는 독특한 시설이 있다.

가을 장마 ■

8월 말에서 9월 초에 이르는 기간 사이에 중국 만주 지방으로 올라갔던 장마 전선이 북태평양 기단의 약화로 후퇴하면서 발생하는 짧은 기간의 장마를 말한다. 가을 장마는 해마다 발생하는 것은 아니지만 수확을 앞둔 농사철에 태풍과 연결되면 많은 피해를 주기도 한다.

가이아 Gaia ■

그리스 신화에 나오는 '지구의 여신'이라는 이름에서 유래한 것으로, 지구는 그 자체가 하나의 거대한 생명체로서 물리적, 화학적 환경을 생명 현상에 적합한 상태로 유지하는 자기 제어 기능을 갖추고 있다는 이론을 말한다. 가이아 이론은 생태 · 환경 운동의 세계관에 커다란 영향을 주었다.

가채 연수 可採年數 ■

가채 매장량은 확인 매장량의 80퍼센트 정도를 의미하는데, 나머지 20퍼센트 정도는 채굴 비용이나 품질 문제로 경제성이 없으므로 가채 매장량에서 제외시킨다. 이 가채 매장량을 현재의 산출 수준으로 채굴할 경우 소요되는 연수를 가채 연수라고 한다. 가채 연수를 기준으로 할 때 석유는 약 40년, 천연 가스는 약 50년, 석탄은 약 170년 정도로 예상된다. 이를 근거로 한다면 21세기 중반이 되기 전에 지구의 에너지 자원은 대부분 고갈될 것으로 예상된다. 따라서 우리 나라와 같이 자원이 부족한 국가에서 가채 연수를 늘릴 수 있는 가장 적절한 방법은 자원의 소비 절약과 자원 절약형 산업을 육성하는 것이다.

가촌 → **열촌**

간대 토양 間帶土壤 ■ ■

지형 · 암석 등의 영향을 받아 형성된 토양으로 성대 토양에 비하여 국지적으로 분포한다. 습윤 기후 지역의 석회암 지대에 나타나는 테라로사(terra rossa), 데칸 고원의 현무암 지대에 나타나는 흑색 풍화토인 레구르 토(regur), 화산재를 모재로 발달한 화산회토(loam), 간척지 일대의 염류성 토양 등이 이에 속한다.

간도 문제 間道問題 ■ ■

조선 시대 말 두만강 지류 연안의 평야 및 구릉으로 형성된 중국 지린(吉林) 성 간도 지방의 영토 귀속 문제를 둘러싼 조선과 청나라 사이의 분쟁을 말한다. 간도 지역은 발해의 멸망 후 여진족의 생활 거점이었으나, 청나라가 중국을 지배하면서 백두산 일대의 다른 민족의 출입을 제한하였다. 이에 조선의 반발이 잇따르자 조선과 청나라는 쌍방 협의에 의하여 양쪽 국경을 '서쪽은 압록강으로, 동쪽은 토문강으로 삼는다'라는 글이 새겨진 백두산 정계비를 세웠다. 그 후 조선은 토문강을 쑹화 강의 한 지류로, 청나라는 두만강의 다른 이름으로 해석하여 영토 문제가 발생하였다. 이후 을사조약으로 우리 나라의 외교권을 박탈한 일본이 중국 만주의 철도 부설권을 얻는 대가로 1909년 간도 협약을 맺어 중국에 양보하고 말았다. 그러나 1909년 당시 간도 지방 주민 조사에 따르면 조선인은 8만 2,000여 명이고 청국인은 2만 7,300여 명인 것으로 보아 간도는 조선, 곧 우리 나라의 지배 하에 있었던 것으로 파악된다.

간석지 干潟地 ■■■

조차가 큰 해안에서 만조 시에는 침수되고 간조 시에는 노출되는 넓고 평탄한 해안 퇴적 지형을 말한다. 하천에 의하여 운반된 점토, 이토 등의 미립질 토양이 조류에 밀려 퇴적되어 형성된다. 서해안은 조차가 크고 해안선이 복잡하여 파랑의 영향이 적고 하천의 토사 공급량이 많은 까닭에 간석지 발달에 유리하다. 간석지는 조선 시대 이래 주로 염전이나 양식장으로 이용되었으나, 최근에는 간척 사업을 통하여 농경지 · 주택지 · 산업 시설 용지 등으로 활용되고 있다. 근대적 간척지는 일제 시대에 조성된 금강 하구의 부안 지구가 최초이고, 1970년대 이후 본격적인 간척 사업이 이루어진 후 충청남도 천수만 · 대산 지구가 형성되었으며, 최근의 새만금 지구 간척 사업에 이르면서 서해안의 해안선이 변하고 있다. 간척지 조성은 많은 경제적 이익이 수반되지만 기존 해안 생태계의 변화와 해수 오염의 촉진 등 부정적인 측면도 강하기 때문에 세심한 환경 영향 평가가 뒤따라야 한다. 막대한 연안 해안의 환경 파괴를 경험

간석지(인천 용유도)

한 시화호 건설의 시행 착오가 이를 증명하고 있다. 간석지는 담수와 해수가 뒤섞여 다양한 생물종이 서식하는 생태계의 보고일 뿐만 아니라 하천에서 공급되는 각종 오염원을 여과, 침전시켜 바다로 보내는 자연 정화조의 역할을 하는 천연 정화 시스템을 갖고 있다. 최근 서해안의 강화도 갯벌이 천연 기념물로 등록되는 등 간석지의 경제적 가치 못지않게 자연 환경적 가치가 새롭게 인식되면서 간석지에 대한 관심이 높아지고 있다.

간섭 기회 → 개재 기회

간작 → 경종 조직

간척 사업 干拓事業 ■ ■ ■

연안 간석지를 대상으로 방조제를 건설한 후 해안을 매립하여 육지화함으로써 농토나 기타 산업 부지를 조성하는 사업을 말한다. 우리 나라는 삼면이 바다로 둘러싸여 있고 서해안과 남해안에 많은 섬이 산재하여 간석지가 발달되어 있으므로 간척 사업에 유리하다. 우리 나라의 간석지는 약 40.2만ha에 달하며, 지금까지 약 6만ha의 간석지가 간척지로 조성되었고, 현재 약 10만ha의 간척지가 조성중에 있다. 8·15 광복 후 대표적인 간척 사업으로는 계화도 간척 사업(1963~1968), 시화 지구 간척 사업(1987~1997), 서산 대호 지구 간척 사업(1980~1996) 등이 있으며, 현재 공사중에 있는 대규모 간척 사업으로는 새만금 지구 간척 사업(1991~2004)

을 들 수 있다. 이러한 간척 사업으로 인하여 1910년대 이후 우리 나라의 서해안과 남해안의 해안선은 여러 곳에서 직선화되었기 때문에 급속히 단순화되고 짧아지고 있다. 간척지 조성은 농경지 · 택지 · 공장 부지 등 용지 공급 면에서 경제적 효용 가치가 크다고 할 수 있지만, 자연 생태계의 파괴와 어민의 생존권 등의 문제가 뒤따르기 때문에 개발과 보존 사이에서 많은 갈등과 대립을 겪고 있다.

간척 사업(인천 강화 석모도)

감입 곡류 하천 嵌入曲流河川

대하천의 상류에 해당되는 산간 지역 골짜기를 깊이 파면서 흐르는 곡류 하천을 말한다. 평탄한 곳에서 지질 구조선을 따라 형성된 하곡이 유로를 따라 하방 침식을 하던 하천이 경동성 요곡 단층 운동으로 지반이 융기된 후 본래의 유로를 따라 하방 침식을 계속하여 형성된 것이다. 따라서 감입 곡류 하천은 고위 평탄면과 함께 과거

감입 곡류 하천(강원도 인제군)

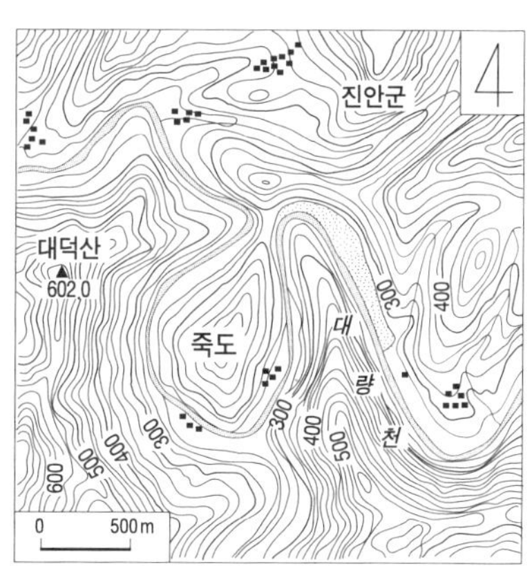

감입 곡류 하천(전라북도 진안군)

한반도 지형이 융기하였음을 보여주는 증거 지형이라고 할 수 있다. 한강, 낙동강, 금강 상류 지역에서 잘 나타나며 주변에 하안 단구가 나타나기도 한다. 댐 건설에 유리하며 여름철 피서객이 자주 찾는 깊은 계곡들이 많기 때문에 관광 자원으로 이용된다.

감조 하천 感潮河川 ■■■

조석 간만의 영향으로 수위가 주기적으로 변하는 하천으로, 특히 만조 시에 해수가 하천으로 역류하는 하천을 말한다. 서해와 남해로 유입하는 대부분의 하천 연안의 농경지는 바닷물의 역류로 인한 염해를 입을 가능성이 크고 홍수해가 자주 발생한다. 따라서 감조 하천으로 인한 이러한 염해나 홍수해를 방지하기 위하여 방조제(삽교천호)와 하구둑(영산강, 금강, 낙동강)을 건설한다. 방조제와 하구둑 건설은 농업 용수의 확보가 가능하고 새로운 교통로와 관광지로 활용되는 이점이 있다. 그러나 환경을 고려하지 않고 건설할 경우 연안 생태계를 파괴하고 하천의 오염을 확대하여 지역 어민들의 생업을 위협하는 문제점을 낳기도 한다.

강수 편의율 降水偏倚率 ■■

강수량 변동량의 크기를 나타내는 지수로서 강수량의 연 변동률을 말한다. 일반적으로 한발이 빈번하게 발생하는 건조 지역에서 크게 나타난다. 우리 나라는 기단 · 전선 · 저기압 등 대기의 움직임이 해에 따라 크게 다르기 때문에 강수의 편의율이 크다. 이로 인하여 해에 따라 홍수와 가뭄 등 자연 재해를 입는 경우가 잦은 편이다. 세계에서 강수 편의율이 가장 큰 곳은 사하라 사막 남부에 위치한 사헬 지대로서, 이 지역은 최근 수년 간 계속된 한발로 사막화가 진전되고 있다.

개발 제한 구역 green belt ■■■

도시의 무질서한 팽창을 억제하고 도시 주변의 자연 환경을 보전하여 도시민의 건전한 생활 환경을 제공하기 위해 설치한 녹지대를 말한다. 개발 제한 구역으로 설정된 지역 내에서는 일체의 주택·공장의 건설이 법으로 금지되고 있다. 그러나 최근 그린 벨트 설정 지역 내의 거주민들이 그린 벨트 설정의 장기화에 따른 일상 생활의 불편 해소와 재산권 보호 차원에서 그린 벨트 해제를 적극 요구하고 있는 실정이다.

개재 기회 介在機會 ■

출발지와 도착지 사이에 존재하는 방해 요인으로서 흔히 간섭 기회라고 한다. 개재 기회가 많을수록 출발지와 도착지 사이에는 유통량이 감소한다. 따라서 공간의 흐름을 저해하는 개재 기회를 줄일수록 물류비는 감소하게 된다.

거대 도시 metropolis ■■

보통 인구 100만 명 이상의 도시를 말한다. 대도시는 그 내부에 중앙 업무 지구(CBD)나 여러 부심지를 형성함과 동시에 시가지를 확대하고 근교 도시를 위성 도시화하여 기능적으로 밀접한 관계를 형성한다. 그 결과, 대도시와 그 주변 사이에는 밀접한 도시적 기능의 결합과 교류가 생기고 대도시의 영향력이 미치는 영역이 형성되는데, 이를 거대 도시라고 한다. 보통 통근권, 통학권, 구매권, 대도시에 의존하여 생산과 판매가 이루어지는 경제적 기능의 통합권 등이 거대 도시권의 구체적인 범위가 된다. 런던·뉴욕·파리·베이징·도쿄·서울 등이 이에 해당된다.

거리 조락 함수 距離凋落函數 ■

공간상에서 발생하는 경제 현상이 그 중심에서 멀어질수록 크기나 밀도가 감소하는 경향을 말한다. 거리에 따라 이와 같은 현상이 나타나는 것은 거리 마찰에 따른 비용과 시간의 증가를 의미하고, 공간 정보의 변화로 생기는 주변 효과를 포함하게 된다. 따라서 중심에서 주변부로 갈수록 경제 현상의 왜곡 정도가 심해진다.

거점 개발 방식 據點開發方式 ■■■

성장 가능성과 파급 효과가 큰 성장 거점을 선정하여 이곳에 이용 가능한 자본과 기술을 집중 투자하여 개발함으로써 거점의 개발 효과가 주변 지역으로 확산되도록 유도하는 개발 방식이다. 중앙 정부에서 입안하고 시행하므로 하향식 개발 방식에 해당된다. 한정된 자본과 자원으로 단기간에 개발 효과를 극대화할 수 있기 때문에 개발 도상 국가에서 주로 채택하는 개발 방식이다. 그러나 개발의 파급 효과가 낮을 경우 주변 지역에서 성장 거점으로 자본 및 인구가 집중하여 지역 격차를 더욱 심화시키는 문제점이 있다. 우리 나라에서는 1970년대 제1차 국토 종합 개발 계획에서 적용하였는데, 지역간 격차가 심화되고 환경 오염 등의 문제점이 나타났다.

거주 지역 → 에쿠메네

건조 기후(B) 乾燥氣候 ■■■

연 강수량 500mm 미만으로 강수량이 적고, 증발량이 강수량보다 많은 기후 특성 때문에 삼림이 형성되지 못하는 사막과 사막 주변의 초원 지대에 분포한다. 기온의 일교차가 매우 크고, 연 강수량 250mm를 기준으로 그 이하인 사막 기후(BW)와 이상인 스텝 기후(BS)로 나뉜다.

건조 문화권 乾燥文化圈 ■ ■ ■

유목 생활, 오아시스 농업, 이슬람 교로 대표되는 건조 문화권은 고비 사막에서 중앙 아시아와 서남 아시아를 거쳐 사하라 사막에 이르는 세계 최대의 건조 지역에 형성된 문화 지역으로, 메소포타미아 문명 및 크리스트 교와 이슬람 교 등 세계 종교의 발생지이기도 하다. 1월 평균 기온 0℃ 선을 기준으로 외몽골-터키 문화 지역과 아랍-베르베르 문화 지역으로 구분된다. 외몽골에서 이란을 거쳐 터키에 이르는 외몽골-터키 문화 지역의 경우 몽골 족과 티베트 족은 라마 교를, 터키 족은 이슬람 교를 신봉하고 알타이 어족에 속한다. 외몽골-터키 문화 지역은 유목 및 오아시스 농업을 주로 하였으나, 최근 관개 농업의 발달로 정착 생활이 늘어나고 있다. 아라비안 반도와 북부 아프리카에 해당되는 아랍-베르베르 문화 지역은 아랍 민족을 중심으로 이슬람 문화의 중심지를 이루고 있다. 셈·햄 어족에 속하며 아랍 어와 베르베르 어를 사용한다. 최근에 석유 개방과 아랍 민족주의 운동으로 분쟁이 많기 때문에 '중동의 화약고'라고 불리는 지역이다.

건조 지형 乾燥地形 ■ ■ ■

강수량이 적고 증발량이 큰 건조 기후에서 발달한 지형을 말한다. 큰 일교차로 암석의 기계적 풍화 작용이 활발하고, 강한 바람과 포상 홍수 등에 의한 침식 작용 등이 심한 사막 지역에 잘 나타난다. 사막은 그 형태에 따라서 암석 사막(hamada), 모래 사막(erg), 자갈 사막(reg) 등으로 나눈다. 주요 지형으로는 강풍으로 모래가 이동하여 퇴적된 사구인 바르한(barchan), 집중 호우 시에만 흐르는

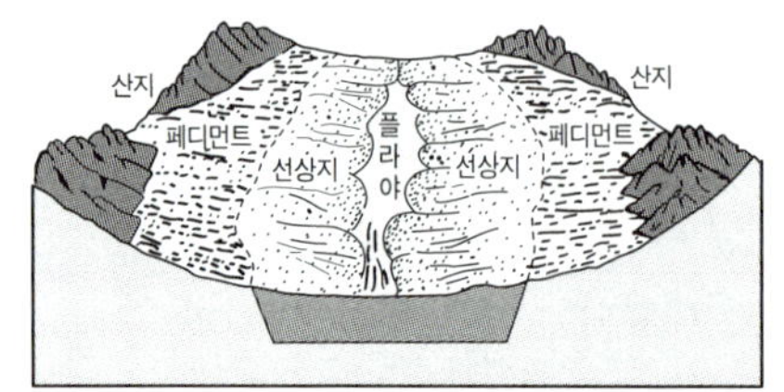

하천으로 평상 시에는 교통로로 이용되는 와디(wadi), 풍화와 포상 홍수의 침식 작용으로 형성된 산록 완사면인 페디먼트(pediment), 내륙 분지를 이루는 볼손(bolson), 강우 시 볼손 내의 낮은 곳으로 흘러 들어 생긴 일시적인 호수인 플라야(playa), 포상 홍수의 침식 작용으로 선상지가 복합되어 형성된 바하다(bahada) 등이 있다. 그리고 습윤 기후 지역에서 발원하여 사막 지역을 통과해 바다로 유입되는 외래 하천이 있는데, 나일 · 티그리스 · 인더스 강 등이 대표적이다. 이들 지역은 고대 문명의 발상지에 속하는 지역이다.

격해도 隔海度 ■ ■

육지의 어느 지점이 해양으로부터 떨어져 있는 정도를 나타내는 지수를 말한다. 대륙과 해양 중 대륙은 태양 에너지가 해양에 비하여 빨리 흡수되고 방출되어 기온의 연교차가 크기 때문에 격해도가 큰 내륙 지방은 한서의 차가 큰 대륙성 기후의 특징이 나타나고, 바다와 가까운 곳은 한서의 차가 적은 해양성 기후의 특징을 나타낸다. 따라서 해안에서 내륙으로 이동할수록 격해도는 커진다.

결절 지역 → 기능 지역

겹집 ■ ■

대들보 아래 방을 2열로 배치한 전(田)자형의 복렬형 가옥을 말한다. 홑집에 비하여 폐쇄적인 구조이지만 방한 효과가 크다. 겨울철이 길고 추운 관북 지방과 산간 고원 지대에 분포한다.

경기 지괴 京畿地塊 ■

고생대 이전의 시 · 원생대 지층으로 편마암을 기반암으로 하고 있으며, 고생대 이래 계속 육지로 남아 있는 안정 육괴를 말한다. 편마암을 기반으로 하고 있다. 경기도, 강원도 북부, 충청도 북서부가 이에 해당된다.

경동 지형 傾動地形 ■■■

한반도 지형이 생성된 이후 장기간의 침식을 받아 평탄화되었다가 신생대 제3기의 경동성 요곡 운동으로 비대칭 융기하여 동쪽으로 경사가 급한 지형을 형성하게 된 것을 말한다. 융기량이 많은 북동부 지역에는 높은 산지와 고원 지형이 발달하였고, 융기량이 적은 서부 지역에는 낮은 산지나 파랑상의 저기복 지형이 넓게 발달하였다. 태백 · 함경 산맥을 주요 분수령으로 하는 경동 지형의 형성 결과, 우리 나라의 대 하천들은 주로 서쪽으로 흐르게 되었으며 동 · 서 양 지역간의 교통 장애를 가져왔다. 그리고 이러한 경동 지형을 극복하기 위해 스위치 백, 루프 식 등과 같은 특수 철도 시설이 설치되었다. 또한 경동 지형의 단점을 장점으로 활용한 것이 유역 변경식 수력 발전으로, 강릉 · 섬진강 · 부전호 · 장진호 수력 발전소 등이 이에 해당된다.

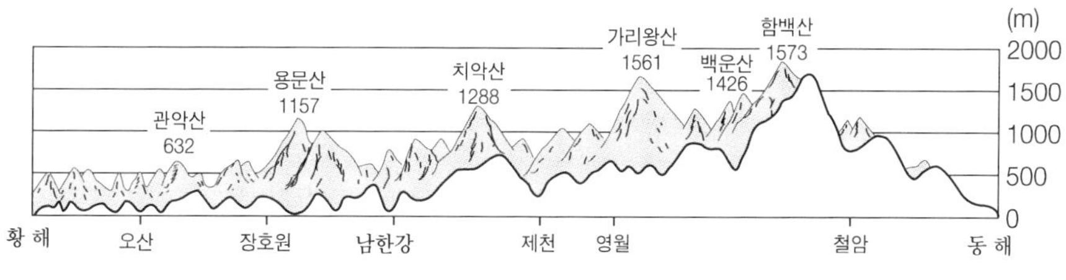

경동 지형(중부 지방의 동서 단면도)

경부 고속 전철 京釜高速電鐵

서울 · 부산 간 총 연장 412km에 달하는 고속 전철화 사업으로 2010년 완공 예정이다. 현재 경부선 철도의 수송 용량의 포화 상태와 경부 고속 도로의 차량 및 물동량 증가에 따른 사회적 비용의 증가는 우리 나라 국가 경쟁력을 악화시키는 요인으로 작용하였다. 이에 따라 경부축의 여객 및 화물 수송 능력의 확대를 목적으로 경부 고속 전철화 사업이 추진되었다. 경부 고속 전철이 완성되면 서울과 부산 간의 연결 시간을 두 시간으로 단축시켜 전국의 반나절 생활권화가 가능하게 된다. 이로 인하여 현재 수도권에 집중된 각종 기능의 분산이 가속화될 것이며, 국토의 균형적인 발전에도 큰 도움이 될 것으로 예상된다.

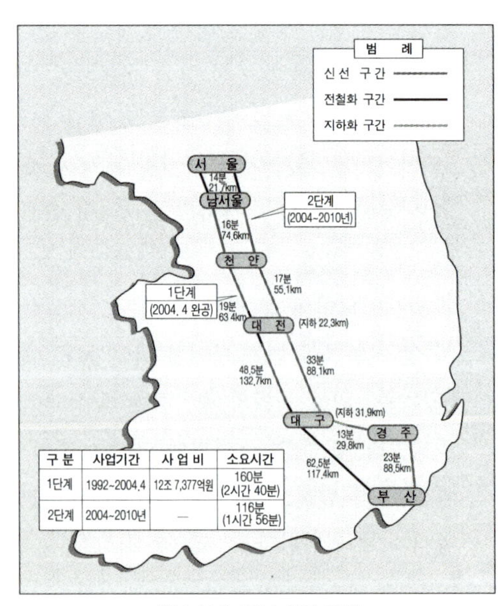

구 분	사업기간	사 업 비	소요시간
1단계	1992~2004.4	12조 7,377억원	160분 (2시간 40분)
2단계	2004~2010년	—	116분 (1시간 56분)

경부 고속 전철 사업 계획

경상계 지층 慶尙系地層

중생대 말 백악기에 경상도 지역에 습지와 호수의 발달로 형성된 대표적인 육성층의 수평 지층을 말한다. 중생대에만 살았던 공룡의 화석이 다양하게 나타나며, 신생대 제3기 초 불국사 변동에 따른 습곡 작용으로 약간 기울어진 지층 구조를 보인다.

경엽수림 莖葉樹林 ■

여름이 건조하기 때문에 키가 작고 두꺼운 잎을 지닌 나무를 말하며, 지중해성 기후 지역의 코르크나무 · 올리브나무 · 무화과나무 등이 여기에 속한다. 지중해 연안, 미국 캘리포니아, 칠레 중부, 아프리카 남서부, 그리고 오스트레일리아 남서부에 분포하고 있다.

경인 운하 京仁運河 ■ ■ ■

서해안과 한강을 연결하는 18km의 운하로, 현재 건설중이다. 수심 6m, 폭 100m 규모로 건설중인 경인 운하가 완공되면 인천 앞바다에서 2,500톤 급 화물선이 서울까지 곧바로 진입하여 컨테이너 · 자동차 · 철강 · 바다 모래 등 연간 480만 톤의 화물의 운반이 가능하다. 홍수 조절 기능도 갖추어 굴포천 유역의 상습적인 침수를 예방할 수 있다. 북한과 중국과의 교역량이 증가할 경우 이 지역과 수도권을 연결하는 수송 루트로서의 역할이 기대된다.

경인 운하 조감도

경제 블록 經濟 block ■ ■ ■

국제 경제의 개방화 추세와 더불어 공간적 접근이 쉽고 상호 이익을 추구할 수 있는 인접국끼리 자국의 경제적 이익을 위한 국제 기구를 만들어 공동 보조를 취하는 경제 공동체를 두고 일컫는다. 유

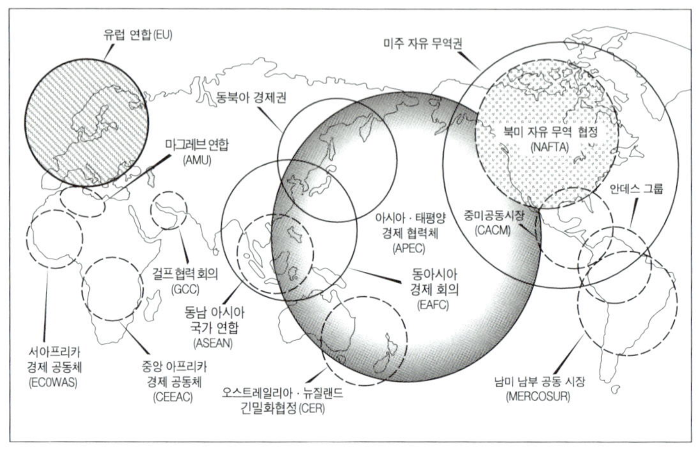

세계의 지역적 경제 블록

럽 연합(EU), 북아메리카 자유 무역 협정(NAFTA), 아시아 · 태평양 경제 협력체(APEC), 동남 아시아 국가 연합(ASEAN) 등이 경제 결속을 위한 대표적인 경제 협력 기구이다.

경제 정책 라운드 CR

경제 라운드라고도 불리는 경제 정책 라운드(Competition Policy Round)는 경제 정책 및 조건과 무역의 연계에 관한 다자간 협상으로, 국가간의 통상 문제에 있어서 시장 및 유통의 구조와 기업 경영 관행 등의 차이를 없애고 경제 조건을 평준화하자는 국제적 움직임을 말한다. 이는 국가 수출입 장벽의 완화는 물론 시장 내의 경제 활동을 제약하는 요소까지 전부 제지하는 것을 골자로 하고 있다. 경제 정책 라운드는 선진국들이 자국에 비하여 폐쇄적인 경제 구조를 지닌 개발 도상국의 경제 구조를 개방화시켜 경제 구조 조정의 부담을 전가하는 동시에 수출입 장벽을 낮추게 하여 무역에 있어서의 우위를 차지하기 위한 의도가 깔려 있다.

경제 특구 經濟特區 ■

중국이 개방화 정책에 따라 경제 발전을 꾀할 목적으로 선진국의 기술과 자본을 받아들이기 위하여 1980년 해안 지대를 중심으로 광둥성의 선전, 주하이, 산터우, 샤먼 등 네 지역을 경제 특별 구역으로 설정한 것을 말한다. 이들 경제 특구에서는 외국 기업에게 각종 세제 지원, 저임금, 수출 지원, 토지 사용 및 기초 설비 이용에의 편의 제공 등 유리한 입지 조건을 내세워 외국의 기업과 공장을 적극 유치하고 있다.

경제 협력 개발 기구 OECD ■■■

1961년 서방 선진 국가들을 중심으로 경제 발전과 세계 무역 촉진을 위하여 발족한 경제 협력 기구를 말한다. WTO와 같이 특정 국가에 제재를 가할 수 있는 기구가 아닌, 세계적인 경제 질서를 확립하고 개발 도상국의 건전한 경제 발전 지원을 목적으로 하는 선진국 중심의 기구이다. 우리 나라는 1996년 가입하였으며, 가입을 통하여 국가 위상의 격상과 함께 소비자의 권익 신장·노동 환경의 개선 등 선진국형의 경제 구조로의 많은 변화를 시도하고 있다.

경종 조직 耕種組織 ■

작물을 결합시키는 방법으로, 논에는 그루갈이, 밭에는 혼작·간작·윤작 등이 행해진다. 그루갈이는 종류가 다른 작물을 1년에 같은 경지에서 2회 재배하는 것으로, 중부 이남에서 주로 행해진다. 보통 벼를 수확한 후 보리를 심으며 2모작이라고도 부른다. 혼작은 같은 경지에서 성장 기간이 같은 두 작물을 주 농작물, 부 농작물에 관계없이 동시에 재배하는 방식이다. 간작은 같은 경지에서 성장

기간이 다른 두 작물을 함께 재배하는데, 주 농작물의 이랑 사이에 부 농작물을 재배하는 방식이다. 윤작은 같은 경지에서 서로 다른 농작물을 교대로 돌려 가면서 경작하는 방식으로, 토지의 비옥도 향상과 병충해 예방에 매우 효과적인 방법이다.

계절풍 季節風

계절풍(monsoon)은 아랍 어로 계절을 의미하는 마우심에서 유래한 말로, 대륙과 해양의 비열 차이와 상층 대기 순환의 남북 이동과 관련하여 계절에 따라 풍향이 거의 반대가 되는 바람을 말한다. 계절풍은 대체로 대륙 동안에 잘 나타나는데, 동남 아시아 · 남부 아시아 · 북동 아시아 지역에서 탁월하다. 겨울철에는 아시아 대륙으로부터 저온 건조한 바람이 불고, 여름철에는 태평양이나 인도양으로부터 고온 다습한 바람이 분다. 따라서 우리 나라에서는 겨울에는 한랭 건조한 북서 계절풍이 불고, 여름에는 고온 다습한 남동 계절풍이 분다.

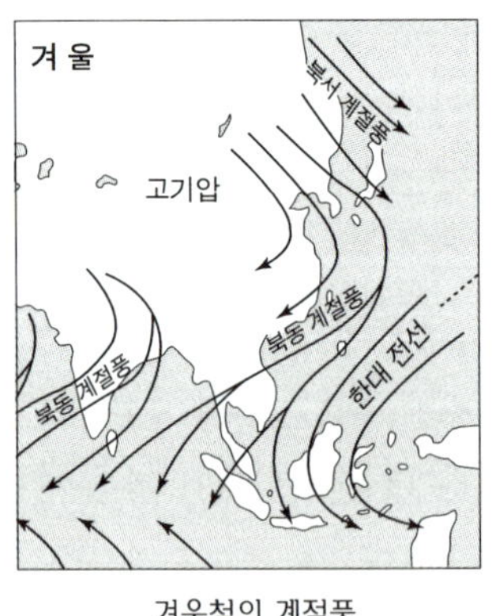

겨울철의 계절풍

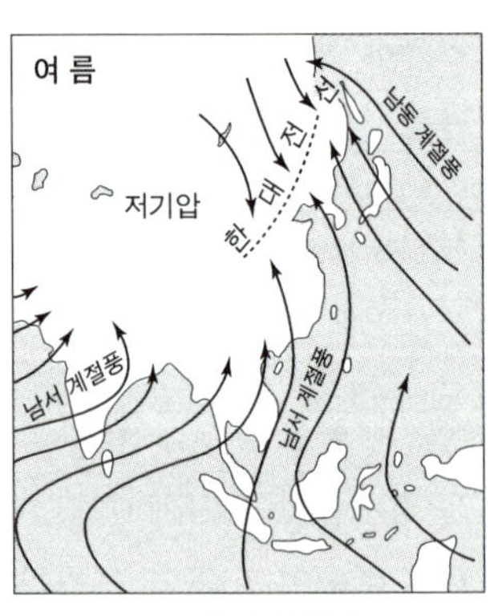

여름철의 계절풍

계절풍 기후 季節風氣候 ■■■

여름과 겨울 사이에 풍향이 반대로 바뀌는 계절풍의 영향을 받는 기후로서, 우리 나라를 포함한 아시아 몬순 기후 지역이 이에 해당된다. 겨울에는 시베리아 내륙에서 발달하는 한랭 건조한 북서 계절풍에 의하여 영향을 받고, 여름에는 북태평양 부근에서 발달하는 고온 다습한 남동·남서 계절풍에 영향을 받는다. 따라서 계절풍 기후는 건기와 우기가 뚜렷한 특징을 갖는다. 특히 우기 시에 많은 비를 몰고 오는 여름 계절풍은 벼농사에 큰 영향을 미친다. 그러므로 계절풍 기후가 나타나는 아시아 몬순 기후 지역은 세계적인 벼농사 지역으로 인구 조밀 지대에 속한다.

계층 확산 階層擴散 ■

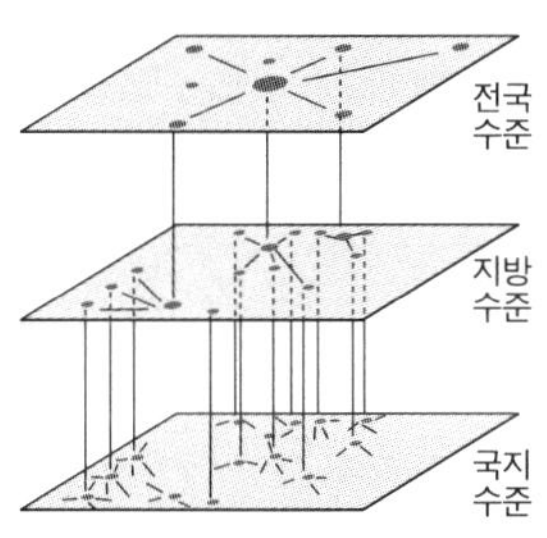

문화 요소가 기원지로부터 주변으로 전파되는 과정인 문화 확산의 한 유형으로서, 어떤 사상(事象)이 도시와 사회 계층을 따라 계층별로 전파되는 경우를 말한다. 패션의 유행이 대도시로부터 시작되어 중소 도시와 농촌으로 보급되는 경우가 이에 해당된다.

고기 습곡 산지 古期褶曲山地 ■■

고생대 이전에 습곡 작용으로 형성된 산지가 고생대에서 중생대에 걸쳐 오랜 기간의 침식을 받아 고도 1,000m 내외의 낮은 산지로 남게 된 지형을 말한다. 기복이 작고 불연속된 구릉이나 평지로 발달되었으며 석탄과 철의 매장이 많다. 애팔래치아·우랄·그레이트 디바이딩·알타이·스칸디나비아 산맥 등이 이에 속한다.

고랭지 농업 高冷地農業

기온이 낮은 고지대에서 비교적 평탄한 지형인 고위 평탄면을 중심으로 서늘한 기후를 이용하여 이루어지는 농업을 말한다. 일반적으로 표고가 600~1,000m 정도의 고지에서 재배되고 평지보다 촉성 재배가 가능하기 때문에 출하 시기가 평지와 달라 유리한 점이 있다. 영동 고속 도로가 개통되면서 강원도의 대관령 일대를 중심으로 감자·무·배추·홉 등의 고랭지 작물이 재배되고 있다.

고랭지 농업(강원도 대관령)

고립국 이론 → 튀넨의 고립국 이론

고산 기후(H) 高山氣候

저위도의 높은 산지나 산간 지방에서 고도가 증가할수록 기온이 체감하여 연중 15℃ 내외의 상춘(常春) 기후가 나타나는 특수한 기후를 말한다. 기온의 연교차는 작은 반면 일교차는 큰 편이다. 고도에 따라 열대-온대-상춘-냉대-한대의 기후가 수직적으로 차례로 나타나며, 식물과 재배되는 농작물도 높이에 따라 달라진다. 안데스 고원·멕시코 고원·히말라야 산록·티베트 고원·아비니시아 고원 등에 분포한다. 인간의 거주 지역으로 적당하며, 연중 온화한 기온 덕분에 일찍이 멕시코 고원에 아즈텍 문명, 안데스 고원에 잉카 문명과 같은 고산 문명이 발달하였다.

고원 高原 ■

고도가 600m 이상이면서 고원 내의 기복이 150m 이내인 평탄한 지형을 말하는데, 보통 고도가 높은 곳에 넓게 나타나는 저기복의 산지 및 평지를 말한다. 우리 나라에서는 강원도 대관령 일대와 전라북도 진안 일대가 대표적인 고원 지대에 해당된다. 세계적으로는 신기 조산대에 인접한 안정 지괴의 대지에서 발달하는데, 히말라야 산지 부근의 티베트 고원과 로키 산지에 인접한 콜로라도 고원이 대표적이다. 이 밖에 '세계의 지붕'이라고 불리는 파미르 고원, 이란 고원 등이 있다.

고위 평탄면 高位平坦面 ■■■

오랜 세월 침식을 받아 기복이 작아진 평탄 지형이 신생대 제3기의 경동성 요곡 운동으로 융기하여 형성된 고도 500m 이상의 높은 평탄면을 말한다. 고위 평탄면은 신생대 제3기 경동성 요곡 운동 이전에 한반도 지형이 저평화된 지형이었음을 증명하는 화석 지형이라고 할 수 있다. 영서 지방의 대관령 일대와 진안 고원 등지에서 잘 나타난다. 특히 평탄면이 산지 정상 부근에 좁게 발달하는 것을 평정봉이라고 하는데, 금오

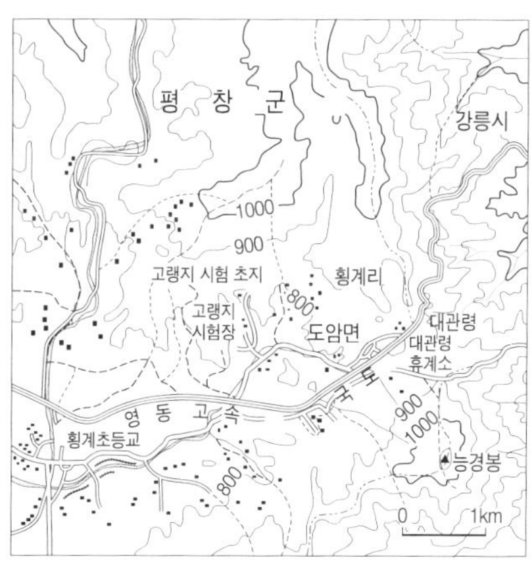

고위 평탄면(강원도 평창군)

산 · 육백산 · 사자평 등의 정상에 평정봉이 나타난다. 산성 취락이 발달한 남한산성의 정상부의 평탄 지형 또한 평정봉에 해당된다. 고위 평탄면의 토지 이용은 대개 평탄면이 넓고 교통이 발달한 경우, 서늘한 기후를 이용하여 고랭지 채소 재배와 목장 등으로 활용되는 경우가 많다. 특히 영동 고속 도로의 개통으로 수도권과의 접근성이 좋아진 대관령 지역에서는 대규모 목축업과 고랭지 채소 재배가 상업적으로 행해지고 있으며, 여름철 위락 시설은 물론 겨울철 스키장 건설 등 관광 휴양지로 개발되고 있다.

고토양 古土壤 ■ ■

현재의 기후 조건에서는 형성되기 어렵고 과거의 기후 조건에서 형성된 토양으로 화석토라고도 하며, 기후 변화의 증거물이 된다. 남해안 지역의 해발 고도가 낮은 구릉지와 산간 분지에 분포하는 라테라이트 성 적색토는 현재보다 기온이 높았던 시기에 형성된 고토양으로 볼 수 있다.

곡저 평야 谷底平野 ■

침식 분지 내에 신생대 제4기 해수면 변동으로 형성된 하안 단구와 범람원을 곡저 평야라고 말한다. 주로 화강암 지역에 발달하며, 화강암 지역의 심층 풍화토 위를 흐르는 하천은 측방 침식에 의하여 골짜기를 넓혀 가면서 양 산지 사이의 곡저 평야를 발달시킨다. 대개 농업 지역으로 이용되고 있으며, 분포 면적은 큰 하천 하류의 충적 평야에 비하여 좁은 편이다. 우리 나라에서는 조치원에서 청주 · 음성으로 이어지는 미호천 부근의 미호 평야, 여주 · 이천 일대의 평야, 홍천강 일대의 평야 등지에서 곡저 평야성 지형이 발견된다.

골드 러시 gold rush ■

새로운 유용 광물 자원이 발견됨에 따라 그곳으로 채광자, 즉 광부들이 밀려드는 현상으로, 금광인 경우 일시에 많은 금 채광자들이 쇄도하는 특이한 현상을 말한다. 1850년대 미국의 서부 개척과 함께 캘리포니아, 오스트레일리아의 서부 개척과 함께 쿨가리 · 캘굴리, 1880년대 남아프리카의 요하네스버그 등에서 골드 러시 현상이 나타났다.

공간 구조 空間構造 ■■■

어떤 지역의 자연 및 인문 · 사회 현상 등의 지리적 현상들이 공간적인 상호 작용을 통하여 공간 관계를 형성하게 된다. 이러한 공간 관계들이 지속적인 상호 작용에 의하여 하나의 안정된 틀로 형성된 것을 공간 구조 혹은 지역 구조라고 말한다. 인간이나 사회 집단이 지표상에서 활동함에 따라 나타나는 여러 현상은 서로 밀접한 관계를 맺고 있다. 사람과 물자 및 정보의 이동은 지역과 지역 사이에 이루어지는 공간 관계를 구성하는 기본 요소이며, 공간 관계는 상호 대등한 경우도 있지만 대도시와 소도시 사이에서와 같이 계층을 이루는 경우도 많다. 공간적 상호 작용에 의하여 성립된 공간 관계는 영구 불변한 것은 아니지만 일단 형성된 공간 관계는 쉽게 변하지 않는 속성을 지니고 있다.

공간적 상호 작용 모형 → 중력 모형

공업 구조 이행론 工業構造移行論 ■■

제조 공업을 소비재 산업과 생산재 산업의 두 부분으로 분류할 때, 공업화 초기에 우세한 소비재 산업의 비율이 점차 공업화의 진전에 따라 낮아지고 생산재 산업이 우위를 차지하여 공업 구조의 고도화가 이루어지는 변화 경향을 말한다. 공업 구조가 소비재 산업인 식료품 · 섬유 · 피혁 등의 경공업에서 생산재 산업인 금속 · 기계 · 화학 제품 등의 중공업으로 고도화된다는 것은 질적인 경제 발전이 이루어지고 있음을 의미한다.

공업 발달 工業發達

우리 나라의 공업의 기원은 조선 시대 강화의 화문석 · 한산의 모시 · 안동의 삼베 등과 같이 원료 산지에서 가내 수공업의 형태로 발달하기 시작한 재래 공업에서 찾을 수 있다. 전통 재래 공업 이후 근대 공업이 발달한 것은 일제 강점기에 이르러서이다. 이 당시는 일제의 식민 통치와 대륙 침략을 위한 공업이 발달하였는데, 북부는 군수 산업 위주의 중화학 공업, 남부는 제분 · 섬유 등 소비재 경공업이 발달하였다. 1960년대 이전에는 제당 · 제분 등 수입에 의존하던 제품을 국내에서 직접 생산하는 수입 대체 산업이 발달하였으며, 1960년대에는 섬유 · 신발 등 노동 집약적인 경공업이 발달하였다. 1970년대에는 중화학 공업 위주의 정책으로 전환하여 철강 · 석유 화학 · 조선 · 자동차 · 기계 등의 공업이 발달하였다. 1980년대 들어와서는 중화학 공업이 더욱 발달하면서 반도체 · 전자 · 컴퓨터 등 첨단 기술 산업이 발달하였다.

공업 입지 요인 工業立地要因

한 지역의 공업 생산에 미치는 영향과 조건 등 공장의 위치를 결정하는 요인을 말한다. 공업의 입지 조건은 크게 자연적 조건과 사회적 조건으로 나뉘며, 공업의 종류와 규모에 따라 공장이 입지하는 장소가 다르게 나타난다. 자연적 조건에는 기후 · 지형 · 지질 · 용수 등이 있으며, 사회적 조건에는 원료 · 노동력 · 자본 · 동력 · 교통 · 시장 · 기술 · 정책 등이 있다. 일반적으로 공업이 발달할수록 자연적 조건보다는 사회적 조건의 영향을 많이 받는다.

공업 입지 유형 工業立地類型

기업은 입지 인자의 작용과 입지 조건의 영향들을 고려하여 공장의 입지를 결정하기 때문에 공업의 종류와 규모에 따라 공장이 입지하는 장소는 각각 다르게 나타난다. 제조 과정에서 원료의 중량이 감소하거나 부패하기 쉬운 원료를 사용하는 공업은 원료 산지에 입지한다. 이를 원료 지향성 공업이라고 하며, 시멘트 공업과 수산 가공업 등이 이에 속한다. 제조 과정에서 제품의 부피와 중량이 증가하거나 변질 또는 파손되기 쉬운 공업, 일상 생활 용품을 생산하는 공업은 소비 시장에 입지한다. 이를 시장 지향성 공업이라고 하며, 음료 · 가구 · 인쇄 · 문구 공업 등이 이에 속한다. 생산비 중 노동비의 비중이 높은 공업은 노동력이 풍부하고 임금이 저렴한 지역에 입지한다. 이를 노동 지향성 공업이라고 하며, 전자 조립이나 섬유 공업 등이 이에 속한다. 완제품 · 반제품을 원료로 하는 조립형 공업이나 기술 연관성이 높아 집적 이익이 큰 공업들은 같은 지역에 입지한다. 이를 집적 지향성 공업이라고 하며, 자동차 · 기계 · 석유 화학 공업 등이 이에 속한다. 생산비 중 운송비가 차지하는 비중이 크고 원료의 수입 의존도가 높은 공업은 주로 항구에 입지한다. 이를 운송비 지향성 공업이라고 하며, 제철 · 제당 · 정유 공업 등이 이에 속한다. 그리고 운송비 지향성 공업은 운송비를 절약할 수 있는 교통 요지에 입지하므로 교통 지향성 공업이라고도 한다. 제조 과정에서 많은 전력을 필요로 하는 공업을 동력 지향성 공업이라고 하며, 알루미늄 공업이 이에 속한다. 제조 과정에서 부가 가치가 운송비보다 더 크기 때문에 입지가 비교적 자유로운 공업을 입지 자유형 공업이라고 하며, 항공기 · 반도체 · 전자 등과 같은 첨단 산업이 이에 속한다. 이 외에도 군수 산업과 같이 국가 정책 및 고도의 의사 결정을 요구하는 정책 지향성 공업 등이 있다.

공업 지역 工業地域 ■■

공업이 집중적으로 발달한 지역을 말하며 일반적으로 입지 조건이 좋은 곳에 공장이 집중되면 공업 지역이 형성된다. 우리 나라의 주요 공업 지역은 수도권, 남동 임해권, 중부 내륙권, 호남권, 태백산권, 영남 내륙권 등을 들 수 있다. 수도권은 기술과 자본이 축적되어 있으며, 넓은 시장과 풍부한 노동력, 오랜 전통과 편리한 교통을 지닌, 우리 나라 최대의 공업 지역을 형성하고 있다. 내륙은 소비재 중심이며, 해안은 중화학 공업 중심으로 첨단 산업이 발달하였다. 남동 임해권은 우리 나라 최대의 중화학 공업 지역으로서 원료와 제품의 수출입에 유리하며, 계열화된 공업 벨트를 형성하고 있다. 중부 내륙권은 육상 교통이 편리하며 수도권에서 분산되는 공업의 수용이 유리하다. 호남권은 중국과의 인접성, 서해안 개발 및 국토 균형 발전 정책에 힘입어 제2의 임해 공업 지대로의 발달이 기대된다. 태백산권은 풍부한 지하 자원을 바탕으로 원료 지향성 공업이 발달하였다. 영남 내륙권은 풍부한 노동력을 바탕으로 섬유 · 전자 등 노동 집약형 공업이 발달하였다.

공업 특색 工業特色 ■■■

우리 나라의 공업은 1960년대 이후 급속한 공업 발달 과정에서 많은 변화를 겪었는데, 그 특징을 보면 다음과 같다. 먼저 공업화 초기에 값싼 노동력에 의존하는 노동 집약적 경공업에서 자본 집약적 중화학 공업으로 개선되었다. 또한 최근 기술 및 지식 집약적 첨단 산업으로 구조 전환이 이루어지고 있다. 공업 원료의 대부분은 해외에 의존한 까닭에 가공 무역이 발달하였으며, 풍부하고 우수한 노동력을 바탕으로 섬유 · 신발 등 노동 집약형 공업이 발달하였다. 그러나 최근 임금 상승으로 인한 국제 경쟁력의 약화로 기술 집약형 공업의 육성이 필요하다. 공업의 규모별 구조에서 보면 대기업과 중소 기업 간의 불균형 구조가 심화되어 중소 기업의 적극적인 육성이 필요하다. 공업의 지역별 분포에서 보면 수도권과 남동 연안 지역에 집중되어 있는데, 이는 지역간 불균형 발전을 초래하였다.

공해 수출 公害輸出 ■

한 나라 기업이 다른 나라에 진출하여 대기 오염 · 수질 오염 등의 공해를 퍼뜨리는 것으로, 공해 문제 때문에 자국에 공장을 세우기 어려운 기업이 해외에 진출하여 다른 나라의 환경을 오염시키는 경향을 일컫는다. 그러나 공해 문제보다는 빈곤 문제를 먼저 해결하여야 하는 개발 도상국으로서는 공해 산업을 수용할 수밖에 없는 경우가 많다. 우리 나라도 산업화의 와중에서 선진국의 자본과 기술을 도입하며 공해 산업을 무분별하게 도입해 왔다.

관계적 위치 關係的位置 ■ ■ ■

일정 지역의 위치를 주변과의 상호 관계를 통하여 파악한 위치로서, 시대와 주변 정세에 따라 변하기 때문에 상대적 위치라고도 한다. 따라서 국력에 따라 좌우되는 위치이기도 하다. 우리 나라는 근대 이전에는 중국 대륙의 영향

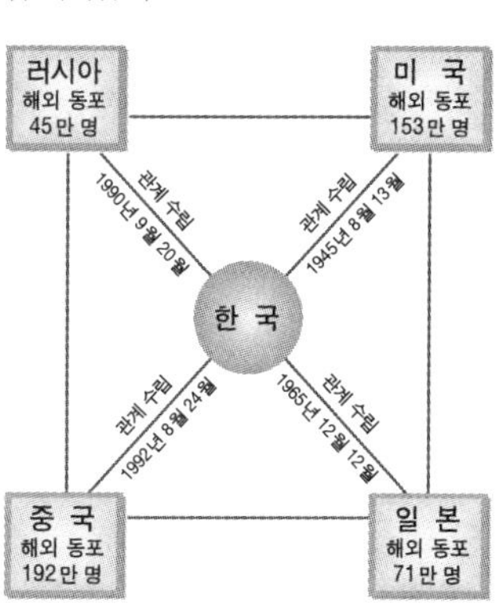

을 받는 연변적 위치, 일제 강점기에는 일제의 대륙 침략의 발판으로서 육교적 위치, 제2차 세계 대전 직후에는 자유 세계의 전초적 위치, 오늘날에는 서태평양 시대의 중심적 위치를 차지하고 있다.

관광 산업 觀光産業 ■■■

관광이란 일상 생활에서 벗어나 여가를 즐기기 위하여 다른 지역을 여행하는 행위를 말한다. 관광에 대한 사람들의 욕구를 충족시켜주는 대상을 관광 자원이라고 하며, 이러한 관광 자원을 바탕으로 사람들의 관광 욕구를 충족시키기 위하여 각종 서비스를 제공하는 것을 관광 산업이라고 한다. 관광 산업은 '보이지 않는 무역', '굴뚝 없는 공장'이라도 불릴 만큼 외화 획득을 위한 전략 산업으로 육성되고 있다. 관광 산업은 외화 획득뿐만 아니라 고용 증대, 국위 선양, 국제 친선 및 문화 교류에도 기여하는 바가 크기 때문에 현재 각 국가마다 많은 투자가 이루어지고 있다.

광역 개발 방식 廣域開發方式 ■■■

경제 성장과 지역간 균형 발전의 이중 목표를 추구하며, 넓은 지역을 종합적으로 개발하는 방식으로, 거점 개발과 균형 개발을 절충한 개발 방식을 말한다. 광역 개발 방식은 도시와 배후 농촌 지역을 하나의 생활권으로 묶어 여러 지역에 균등한 투자를 함으로써 균형 있는 발전이 이루어지도록 하는 개발 방식이다. 우리 나라에서는 1980년대 제2차 국토 종합 개발 계획 시 주민 생활권의 광역화로 소생활권을 4대 지역 경제권으로 개발하였다.

광화학 스모그 光化學 smog ■■

질소 산화물과 탄화 수소가 대기 중에 녹아 있다가 태양 광선 중 자외선과 화학 반응을 일으켜 2차 오염 물질인 옥시던트가 발생하여 대기가 안개 낀 것처럼 뿌옇게 변하는 연무 현상에 의한 대기 오염을 말한다. 광화학 스모그의 주범은 자동차 배기 가스로 알려져 있으며, 매연 등의 거무스름한 스모그와 대비하여 '하얀 스모그'라고 한다. 광화학 스모그는 전 세계적인 현상이 아닌, 일사가 발생의 주요 요인이기 때문에 열대 지방이나 일사가 강한 계절에 잘 나타난다. 미국 로스앤젤레스에서 발견되어 일명 로스앤젤레스 형 스모그라고도 한다.

교외화 현상 郊外化現象 ■■■

대도시로 인구와 산업 및 각종 기능이 집중됨에 따라 발생하는 문제점을 해소시키기 위하여 주거지나 공장이 도시 외곽으로 이주, 확산되는 현상을 말한다. 대도시일수록 교외화 현상은 더욱 뚜렷하게 나타난다. 이러한 교외화 현상으로 인하여 대도시 주변에는 도시적 경관과 농촌적 경관이 혼재하는 근교촌이 나타나기도 하는데, 점차 도시 지역으로 변모하여 나중에는 공업이나 주거 기능 등의 특화된 기능을 띠는 위성 도시로 발전한다. 최근 우리 나라의 서울 · 부산 등의 대도시권에서 나타나는 현상이다.

교통 지향성 공업 → 공업 입지 유형

교통 취락 交通聚落 ■■■

교통의 발달은 취락의 성쇠에 가장 큰 영향을 미치는 요인이라고 할 수 있는데, 교통이 발달한 주요 지점에 발달한 취락의 형태로서 도진(渡津) 취락, 역원(驛院) 취락, 영(嶺) 취락, 막(幕) 취락, 역참(驛站) 취락 등이 있다. 먼저, 하천이나 해협이 교차하는 지점에 생기는 나루터를 중심으로 발달한 도진 취락으로는 마포 · 영등포 · 노량진 · 송파 · 제물포 등이 대표적이다. 과거 육상 교통의 결절점에 해당하는 장소에 발달한 역원 취락으로는 말을 교환하던 곳인 말죽거리 · 역촌동 · 비창동과 숙박 지역인 장호원 · 이태원 · 조치원 · 사리원 등을 들 수 있다. 교통량이 많은 고개의 양측 산록에 발달한 영 취락으로서는 풍기 · 문경 · 충주 등을 들 수 있다. 그리고 일반 여행자와 보부상 같은 상인을 대상으로 한 숙박 취락인 막 취락으로는 점촌 · 문막 등을 들 수 있다. 조선 시대에 공문서를 신속히 전달하기 위하여 설치한 역참 취락으로는 구파발을 들 수 있다.

구 유고슬라비아 舊 Yugoslavia ■■

1990년 동부 유럽의 민주화와 함께 슬로베니아 · 크로아티아 등으로 분리, 독립되기 전의 유고슬라비아를 말한다. 1990년대 들어 소련의 붕괴와 함께 대부분의 동부 유럽 국가들은 자본주의 경제 체제의 도입과 민주화 운동으로 인하여 민족 단위로 분리 및 독립하는 과정을 겪었다. 이 과정에서 복잡한 인구 구성과 다양한 종교를 가지고 있던 구 유고슬라비아 또한 슬로베니아 · 크로아티아 · 보스니아헤르체고비나 · 유고슬라비아 · 마케도니아 등으로 분리되었다. 구 유고슬라비아는 제2차 세계 대전 이후 공산화되었는데, 다른 동부 유럽 국가와는 달리 티토의 지도 하에 독자적인 공산 정부를 세울 수 있었다. 그러나 구 유고슬라비아가 해체되면서 세르비아와 크로아티아 사이에 내전이 발발하였는데, 이 전쟁은 민족 · 종교 분쟁으로 바뀌면서 보스니아헤르체고비나에서 세르비아 계 주민과 이슬람 교도 간의 분쟁이 발생하여 강대국이 파견되기도 하였다.

구드 도법 → 호몰로사인 도법

구조곡 構造谷 ■

지질 구조가 상이한 두 지괴의 경계선 또는 단층선을 구조선이라고 하는데, 이 구조선은 형성된 지각의 지질 구조를 반영한다. 단층 운동으로 지각이 갈라진 구조선을 따라 오랫동안 차별 침식이 이루어지고 주변 지역보다 깊게 파이면 좁고 긴 골짜기인 구조곡이 형성된다. 우리 나라의 대표적인 구조곡은 추가령 구조곡을 들 수 있는데, 이 지역은 편마암 지역 사이에 화강암이 관입된 후 차별 침식으로 골짜기가 형성된 것이다. 이 구조곡을 따라 경원선 철도가 지나간다.

구조토 構造土 ■

주빙하 지형의 하나로서, 토양수가 동결과 융해를 반복함에 따라 토양 속의 자갈이나 바위가 지표면으로 밀려 올라와 분급 현상에 의하여 기하학적인 모양을 이룬 지형을 말한다. 주빙하 지형의 경계를 나타내는 지표로 이용된다.

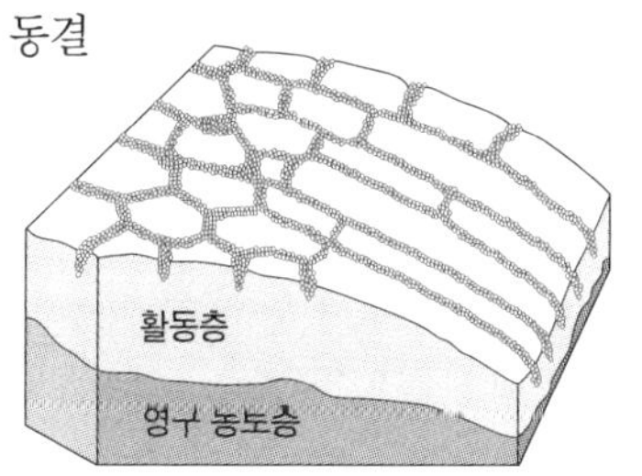

국가 지리 정보 체계 國家地理情報體系 ■ ■ ■

지도를 전산 처리가 가능하도록 수치로 전환하고, 그 위에 토지 · 자원 · 시설물 · 환경 · 사회 · 경제 등의 관련 정보를 체계적으로 입력하여 각종 의사 결정에 활용할 수 있도록 한, 국가 차원에서 운용하는 지리 정보 시스템을 말한다. 따라서 짧은 시간에 대량의 정보를 정확하게 검색, 처리할 수 있기 때문에 사회 간접 자본 계획 등 대형 프로젝트의 신속한 추진과 의사 결정 과정의 합리화가 가능하다. 이러한 시스템의 도입으로 전화 · 전기 · 가스 · 상하수도 등의 각종 시설의 혼합 보수 관리와 교통 · 환경 문제의 효율적인 통제가 가능함으로써 사회적 비용을 줄일 수 있는 장점이 있다.

국제 연합 UN

제2차 세계 대전 이후 국제 연맹을 대신하여 세계 평화와 인류의 복지 증진을 위하여 1945년 결성된 국제적인 평화 협력 기구를 말한다. 본부는 미국의 뉴욕에 있으며 가맹국은 160여 개국에 이른다. UN의 주요 기구로는 총회, 안전 보장 이사회, 신탁 통치 이사회, 국제 사법 재판소, 사무국 등이 있다. 최근 국제 분쟁이 급증하자 유엔 평화 유지 활동(PKO)을 파견하여 분쟁 조정 및 치안 유지를 위하여 노력하고 있다.

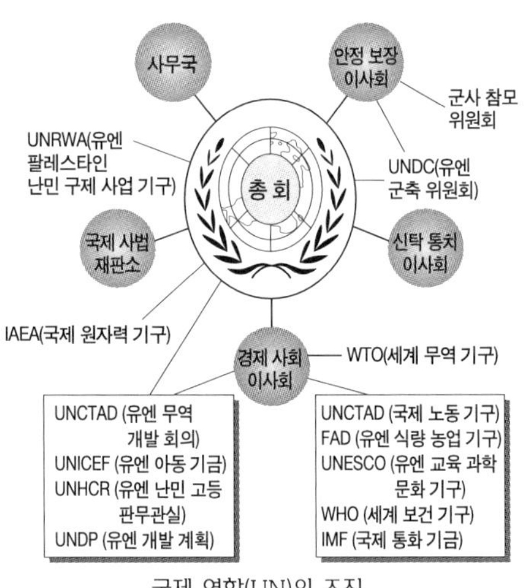

국제 연합(UN)의 조직

국제 자유 도시 國際自由都市

사람 · 상품 · 자본의 이동이 자유롭고 기업 활동에 대한 최대한의 편의를 보장하는 도시 공간으로서, 관광 · 국제 · 금융 · 국제 무역 · 생산 · 주거 등 복합 기능을 수행하는 도시를 말한다. 국제 자유 도시는 관광 중심의 국제 자유 도시, 금융 무역 중심의 국제 자유 도시, 제조업 중심의 국제 자유 도시, 복합형 국제 자유 도시 등 다양한 형태가 있다. 국제 자유 도시로 지정되는 도시는 개방과 국제화가 최고 수준의 도시이어야만 하는데, 현재 우리 나라는 지리·경제적으로 동북아 지역의 요충지인 제주도를 복합형 국제 자유 도시로 개발하려는 사업 계획을 세우고 이를 추진중에 있다.

국제화 國際化 ■■

국제 사회에서 공통으로 통용되는 가치·준칙·제도·관행을 수용하려는 경향을 말하는 것으로, 국제 경쟁과 경제 발전의 문제를 중요시한다. 국제화 시대에서는 가장 중시되는 가치가 보편성이기 때문에 국내의 법과 제도·경제 체제를 국제적 상황에 맞게 정비할 필요가 있다.

국제 환경 표준화 ISO 1400 ■

기업의 환경 보호를 유도하기 위하여 환경 인증을 부여하는 제도로서, 국제 표준화 기구(ISO) 산하에 설치된 기술 위원회(TC 207)에서 주관하고 있다. 환경 경영 시스템·환경 감사·환경 성과 평가·제품의 수명 주기 평가 및 환경 표준 등 환경 친화적인 기업 활동이 이루어질 수 있도록 하는 내용을 포함하고 있다.

국제 횡축 메르카토르 도법 UTM ■■■

양극을 연결하는 중앙 경선을 원통에 접하도록 투영한 메르카토르 도법으로서, 지도의 축척을 직선으로 나타나는 중앙 경선을 따라서만 정확하고 이 곳에서 멀어질수록 급속히 늘어난다. 중앙 경선 중심의 6° 정도의 좁은 지역에서 면적이 정확하고 정각을 나타내므로 대축척 지형도 제작에 유용하다. UTM 도법이라고 불리는 횡축 메르카트르 도법은 제2차 세계 대전 후 지형도의 도법으로 세계에 널리 보급되었으며, 현재 우리 나라의 국립 지리원에서 발간되는 대축척 지도는 모두 이 도법을 이용하여 제작되고 있다.

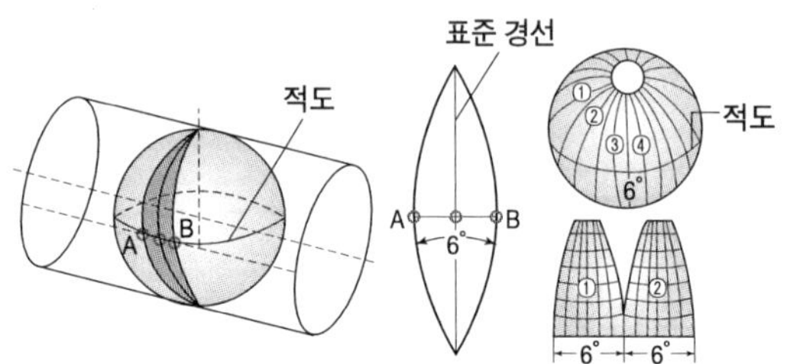

국제 횡축 메르카토르 도법의 원리

국지풍 局地風

대규모 바람이나 기압 배치에 의한 바람과 달리 지형 등의 영향으로 비교적 좁은 지역에 해당하는 특정한 지역에서만 부는 바람으로, 지방풍이라고도 한다. 낮과 밤을 주기로 방향을 바꾸는 해륙풍 · 산곡풍 등이 이에 해당되며, 특히 푄(föhn) 풍에 해당되는 우리 나라의 높새바람은 대표적인 국지풍에 해당된다. 세계적으로 푄풍에 해당되는 것으로는 초여름 알프스 북사면에 부는 푄과 로키 산맥 동사면에 부는 치누크(chinook) 등이 유명하다. 건조풍 혹은 열사풍에 해당되는 것으로서는 사하라 사막에서 지중해로 부는 시로코(sirocco), 사하라 사막에서 기니만 연안으로 부는 하르마탄(harmattan), 오스트레일리아 중앙 건조 지역에서 남부 해안으로 부는 브릭필더(brickfielder), 중앙 아시아 사막에서 우크라이나로 부는 스호베이(sukhovei) 등이 유명하다. 그리고 한랭풍에 해당되는 것으로서는 디나르 알프스 산지에서 아드리아 해로 부는 보라(bora), 프랑스 오베르뉴 고원에서 지중해로 부는 미스트랄(mistral), 파타고니아 대지에서 팜파스 저지로 부는 팜페로(pampero), 북아메리카에서 미 중앙 대평원으로 부는 블리자드

(blizzard), 북극해 연안에서 시베리아 중앙 대평원으로 부는 부란(buran) 등이 유명하다.

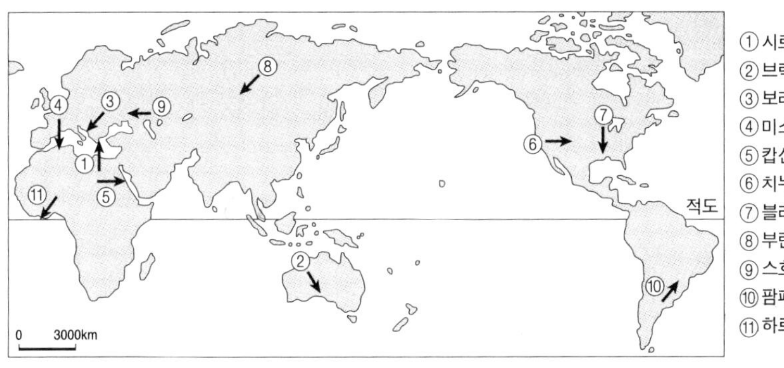

세계의 국지풍

국토 國土 ■■

한 국가의 영토로서 그 국가의 주권이 미치는 공간적 범위를 말한다. 따라서 국가는 국경 내에 포함되어 있는 영토, 영해, 영공을 모두 포함하는 범위로 한정된다. 이 때의 국토의 의미는 외부의 침입으로부터 보호하여야 할 국민의 생존 공간이 된다. 한편, 토지와 부존 자원의 이용 가치라는 면에서 파악할 때 국토는 생산 공간으로서 이해될 수 있다. 그러나 국토에 대한 가장 현대적 개념은 국토를 생활 공간으로 이해하는 것으로, 국토에 살고 있는 사람들이 온갖 활동을 수행하는 장소의 집합이라고 파악하는 것이다. 일반적으로 생산 공간으로서의 국토는 경제적 효율성을 중요시하는 개발 도상국에서, 생활 공간으로서의 국토는 생활의 질을 중요시하는 선진국에서 강조하는 개념으로 인정된다.

군산 · 장항 지구 지역 개발 群山張項地區地域開發 ■■■

군산과 장항의 해안에 간척지를 조성하여 공업 단지와 신항만 등을

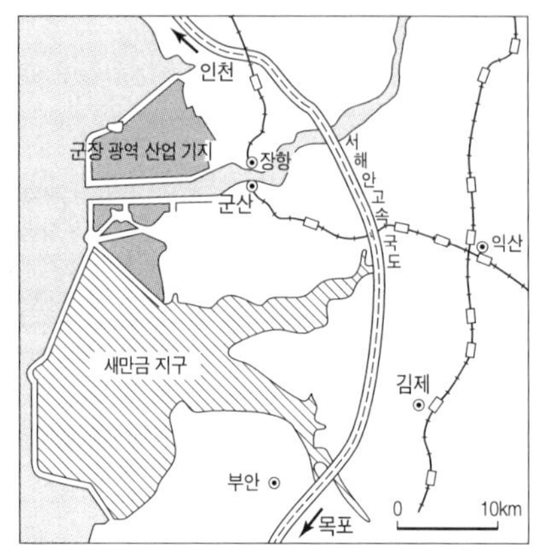

군장 광역 산업 기지와 새만금 지구

건설하려는 대단위 국토 종합 개발을 말한다. 공업 단지로 조성될 군장 지구 국가 공단은 한반도 서남부 지역의 공업 발전 거점뿐만 아니라 대중 교역의 전진 기지로서의 역할을 수행할 것이다. 그리고 더 나아가 서해안 고속도로가 완공되는 2000년대는 서해 연안의 주요 공업 지대가 될 것이다. 입지할 주요 공업은 자동차 · 정밀 · 기계 · 화학 · 전자 공업 등으로 군산 · 장항–익산–전주로 연결되는 지역을 새로운 산업 지대로 개발하면서 연담 도시로 개발하는 전략을 가지고 있다.

권곡 → 빙하 지형

귀틀집 ■

태백 산지나 개마 고원 등의 나무가 풍부한 산간 지역에서 통나무를 우물 정(井)자 모양으로 쌓아올린 후 그 틈 사이를 흙으로 메워 벽채를 만든 집을 말한다. 울릉도의 투방집의 벽채도 이와 같은 방식에 속한다.

균형 개발 방식 均衡開發方式 ■■■

경제 활동 기반이 약한 낙후 지역을 우선 개발하여 주민의 기본 수요를 직접 충족시켜 주고 다른 지역과의 격차를 줄여 지역 간의 균형 발전을 추구하는 개발 방식을 말한다. 지방 정부가 주도하기 때문에 상향식 개발 방식에 해당된다. 균형 개발은 효율성보다는 형평성을 추구하여, 성장의 속도가 다소 늦어지더라도 지역의 실질 성장을 가할 수 있기 때문에 선진국에서 주로 채택하는 방식이다. 그러나 이 방식은 낙후 지역의 노동력과 자원에 기준하여 개발하기 때문에 자원이 부족하거나 주민의 참여도가 낮을 경우 실효를 거두기가 어려운 단점이 있다. 우리 나라에서는 1980년대 제3차 국토 종합 개발 계획에서 균형 개발 방식을 채택하였다.

그루갈이 → 경종 조직

그리스 정교 Greek正教 ■

동서 분열 이후, 콘스탄티노플을 수도로 한 동로마 제국에서 발달한 크리스트 교의 일파로, 비잔틴 의식을 행하며 카톨릭과는 다른 독자적인 교리와 조직을 갖춘 교회가 되었다. 그리스 · 헝가리 · 러시아 등 동부 유럽의 넓은 지역에 걸쳐 신도들이 분포하고 있으며, 민족주의에 의하여 각국의 자립 교회로 분립된 상태이다.

그린 라운드 GR ■■■

그린 라운드(Green Round)는 환경과 무역의 연계에 관한 다자간 협상으로서, 선진국을 중심으로 지구 환경 보호의 명분 아래 환경 파괴 상품의 생산 및 생태계의 훼손 행위에 대한 무역 규제를 가하려는 국제적 움직임을 말한다. 그린 라운드의 핵심은 환경 국제 기준을 위반한 국가에는 무거운 관세를 부과하고, 국제 환경 협약으로 무역 규제 및 수입 금지 조치를 취할 수 있다는 것이다. 그린 라운드는 현재 전 지구적 차원에서 발생하는 환경 문제의 심각성으로 인하여 점차 그 필요성이 크게 인정됨에 따라 세계 무역 질서 개편에 중요한 의제로 등장하고 있다. 그러나 환경 규제를 이유로 무역을 제재하는 성격을 띠고 있기 때문에 신흥 개발 도상국에게는 또 다른 무역 장벽으로 작용할 가능성이 크다.

그린 벨트 → 개발 제한 구역

그린피스 Greenpeace ■■

1973년 알래스카 암치트카 핵 실험에 항의하면서 행동을 시작한 국제적인 환경 운동 단체를 말한다. 야생 동물 보호 · 해양 생태계 보호 · 포경 반대 · 플루토늄 반출 반대 · 원자력 발전 반대 · 핵 폐기물 처리 반대 등 폭 넓은 활동을 벌이고 있는, 가장 영향력 있는 대표적인 비정부 단체(NGO)라고 할 수 있다.

근교 농업 近郊農業 ■■■

도시 근교에서 채소 · 화훼 · 과수 등의 상품 원예 작물을 집약적으로 재배하는 농업을 말한다. 지가가 비싸기 때문에 고도로 집약적인 토지 이용이 이루어지며, 비닐 하우스 등의 시설 재배를 통하여 연중 작물을 재배한다. 교통의 발달 · 재배 기술의 향상 · 수요 증가 · 도시권의 확대 등에 따라 재배 지역이 점차 확대되고 있다.

근교 농촌 近郊農村 ■■■

도시 주변에 발달한 농촌 지역을 말하는 것으로, 도시적 경관과 농촌적 경관이 혼재된 특징을 갖는다. 따라서 지가가 비싸기 때문에 시설 재배를 통한 집약적 토지 이용이 나타나며, 고용 노동력을 이용하기 때문에 공동체적 성격이 약하다. 순수 전업 농가보다는 겸업 농가가 많다.

기능 지역 機能地域 ■ ■ ■

하나의 중심지와 그 중심지의 기능이 미치는 공간적 범위, 즉 중심지와 배후지가 기능적으로 결합된 지리적 범위로서, 결절 지역이라고도 한다. 특히 2, 3차 산업이 발달됨에 따라 중심지 기능을 수행하는 도시와 그 주변 지역이 기능적으로 결합되어 두 지역이 상호 유기적 관계를 이룰 때 기능 지역이 잘 형성된다. 도시권, 상권, 통근권, 통학권 등이 기능 지역의 대표적인 예이다. 기능 지역은 보편적으로 ① 사람 · 물자 · 정보 등 지리적 현상의 흐름이 발생하는 단계 → ② 거리 마찰력을 극복하기 위한 교통망의 형성 단계 → ③ 교통망의 교차점에 중심지가 형성되는 단계 → ④ 크고 작은 도시 사이에 계층이 발생하는 단계 등 이상의 과정을 통하여 형성된다.

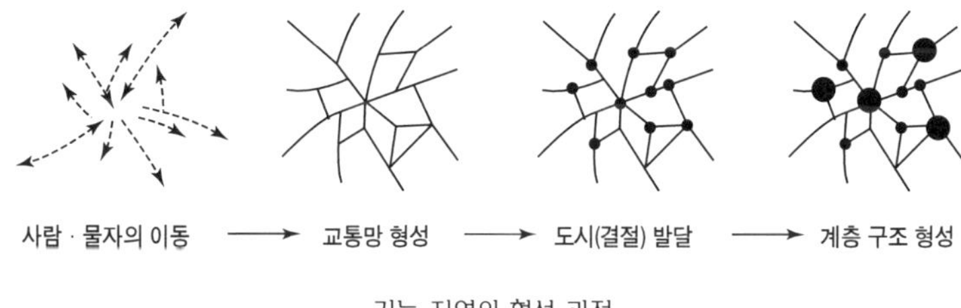

기능 지역의 형성 과정

기단 氣團 ■ ■

광범위한 지역에 걸쳐 있는 등질적인 공기 덩어리로서, 대기가 한 곳에 장기간 정체하고 대양과 대평원 같이 넓고 동일한 성질의 지표면이 발달한 곳에서 형성된다. 우리 나라에 영향을 주는 기단으로는 겨울철 한랭 건조한 시베리아 기단, 여름철

우리 나라에 영향을 주는 기단

고온 다습한 북태평양 기단, 초여름 냉량 습윤한 오호츠크 해 기단, 봄 · 가을 온난 건조한 양쯔 강 기단 그리고 태풍을 몰고 오는 고온 다습한 적도 기단을 들 수 있다. 우리 나라의 계절 변화는 이들 기단이 세력을 확장 및 축소하는 과정에서 나타난다.

기반 기능 基盤機能 ■■■

도시가 수행하는 기능은 크게 도시 외부 지역에 재화나 서비스를 제공함으로써 소득을 도시로 가져와 도시 성장과 존재의 기반이 되는 기반 기능과 도시 자체 주민의 수요를 충족시킴으로써 외부로부터 소득을 가져오지 못하는 비기반 기능(非基盤機能)으로 나뉜다. 일반적으로 공업 도시 · 광산 도시와 같이 특화 기능을 갖는 생활 도시는 기반 기능의 비중이 높고, 도시의 규모가 커질수록 비기반 기능의 비중이 증대되는 경향이 있다.

기생 화산 寄生火山 ■■■

한라산의 화산체가 완성된 이후 산록 주변의 틈새를 타고 쌓인 화산 쇄설물로 이루어진 분석구를 말한다. 정확한 지형학 용어로는

기생 화산(제주도 남제주군)

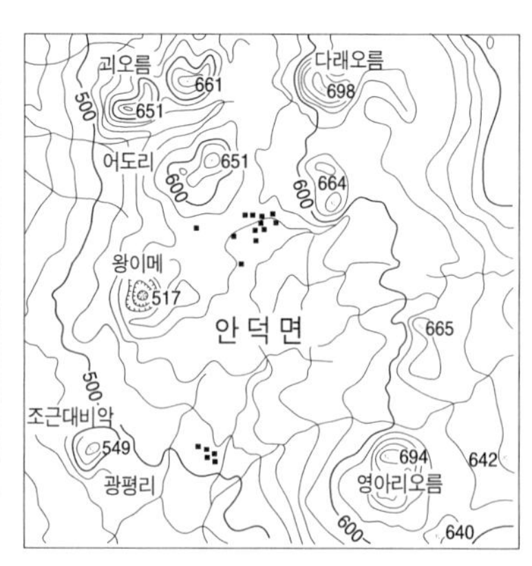

측화산이라는 표현이 옳지만, 제주도에서는 '오름' 또는 '악'으로 불린다. 약 360여 개의 기생 화산이 분포하며 관광 자원으로 활용되고 있다.

기술 라운드 TR ■■■

기술 라운드(Technology Policy Round)는 기술과 무역의 연계에 관한 다자간 협상으로, 국가간의 통상 문제에 있어서 기술 개발에 관한 세계 규범과 원칙을 정하자는 무역 정책의 국제적 움직임을 말한다. 개별 국가의 기술 개발 정책이 직·간접적으로 무역에 많은 영향을 미치고, 국가간의 마찰 요인으로 작용하여 공정 무역을 해치므로 국가의 기술 개발 지원을 규율하는 국제 규범을 만들자는 것이다. 이는 선진국이 개발 도상국에 대하여 자국의 기술을 보호하고 기술 이전을 엄격히 통제하기 위한 의도가 깔려 있다.

기온 역전 氣溫逆轉 ■■■

일교차가 큰 봄·가을이나 겨울철 밤에 지표면이 급속도로 냉각되어 지표면의 기온이 상층보다 낮아지는 현상으로, 주로 분지 지역에서 잘 나타난다. 기온 역전 현상이 발생하면 농작물에 냉해의 피해가 있으며, 지표면에 가까운 대기층의 수증기가 응결하여 복사 안개가 발생하므로 교통 장애를 유발한다. 또한 대기의 안정으로

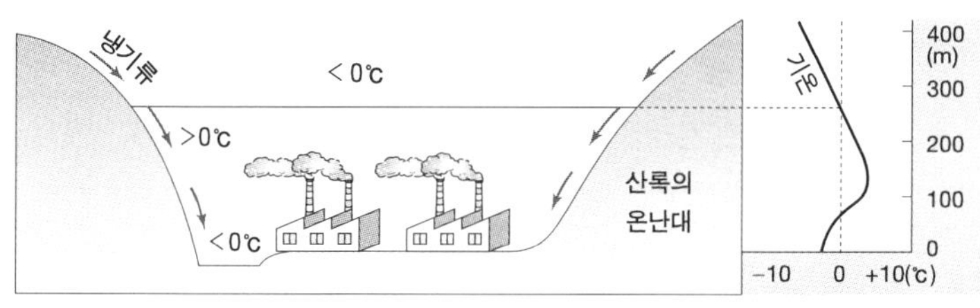

기온 역전 현상

대류 작용이 약화되어 복사 안개와 오염된 대기가 결합하여 스모그 현상이 발생한다.

기후 氣候

대기의 종합적이고 평균적인 상태를 말하는 것으로, 한 지역에서 거의 매년 되풀이되어 나타난다. 기후는 여러 가지 기후 요소가 종합적으로 결합하여 형성되며, 인구 분포 · 취락 경관 · 농업 및 경제 활동 등 인간 생활에도 큰 영향을 줌으로써 지표면의 다양한 문화 형성을 초래한다.

기후 구분 氣候區分

각 지역에 따라 각기 다른 기후를 동일한 기후 특색을 나타내는 범위로 묶어 지역적으로 유형화하여 구분하는 것을 말한다. 기후 구분의 방법은 분류 대상 지역의 스케일이나 분류 목적 등에 따라 서로 다르게 나타날 수 있다. 기후 구분은 크게 각 지역의 기후를 반영하고 있는 식생 · 토양 · 육수 등의 공통성을 지닌 기후를 묶는 경험적 기후 구분과 기후 요소의 평균치 · 풍계 · 기단 · 전선대 등의 위치 및 계절 변동 등을 중시하는 성인적 기후 구분으로 나뉜다. 가장 잘 알려진 쾨펜의 기후 구분은 식생이 기후를 잘 반영하고 있다는 점에 착안하여 기후대를 구분한 것이기 때문에 경험적 기후 구분에 해당된다. 우리 나라의 기후 구분은 쾨펜에 의한 기후 구분에 의하면 1월 평균 기온 -3℃의 등온선(아산만-진안 고원-태백 산맥-원산만)을 기준으로 하여 이북 지역은 냉대 기후(D), 이하 지역은 온대 기후(C)로 나뉜다. 그리고 남북 간의 기온차에 따라 냉대 기후는 다시 개마 고원형, 북부형, 중부형으로 나뉘고, 온대 기후는 다시 남부형과 남해안형으로 나뉜다. 그리고 이는 다시 낭림 산맥과 태백 산맥, 해안으로부터의 거리에 따라 서안형, 내륙형, 동안형으로 나뉜다. 이밖에 울릉도형과 대구 특수형을 별도로 설정하여 구분하고 있다.

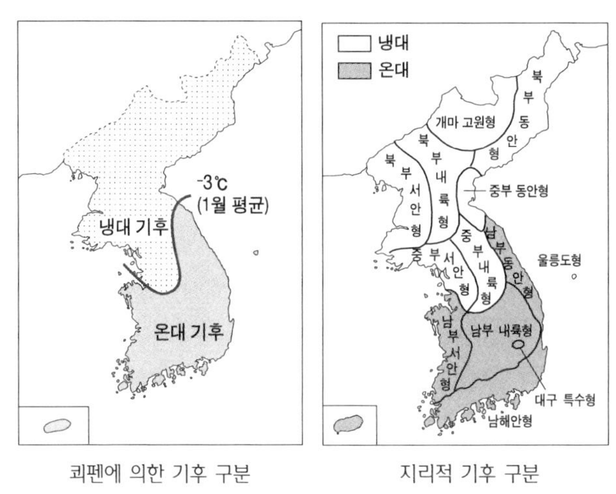

쾨펜에 의한 기후 구분　　　지리적 기후 구분

기후 변화 협약 氣候變化協約

화석 연료 사용에 따른 지구 온난화 방지를 위한 국제 연합 기본 협약으로, 1992년 브라질 리우 선언에서 채택되었다. 화석 연료 사용을 감축하자는 국제적인 공동 인식을 반영한 것으로, 각 국가들에게 대기권을 보호 및 보존할 임무를 부과하는 동시에 대기권의 오염을 예방 · 감시 · 통제하기 위한 모든 적절한 조치를 취할 것을 요구하고 있다.

기후 요소 氣候要素

기후를 구성하는 대기 현상으로 기온 · 강수량 · 바람 · 습도 · 일조 시간 등이 이에 속하며, 기후 변화에 직접적으로 영향을 미친다.

기후 인자 氣候因子 ■■■

지구상의 기후 분포에 지역적인 차이를 발생하게 하는 요인으로서, 위도 · 해발 고도 · 식생 피복 · 수륙 분포 · 지형 · 해류 등의 지리적 기후 인자와 대기 대순환 · 기단 · 전선 등 동적 기후 인자가 이에 속한다.

꽃샘 추위 ■■■

봄에 한랭 건조한 시베리아 고기압이 일시적으로 강화하여 북서 계절풍이 불어와 기온이 내려가는 현상을 말한다. 매년 거의 같은 시기에 발생하는 기후 현상 가운데 하나로서, 따스한 봄 날씨 속에 꽃이 피는 것을 시샘하여 오는 추위라는 뜻에서 붙여진 이름이다.

나홋카 경제 특구 Nakhodka經濟特區 ■

러시아가 극동 지역의 경제 개발을 목적으로 나홋카 항과 파르티잔스크 일부, 보스토치니 항을 포함하는 면적 4,600km²에 이르는 지역을 핵심 축으로 하는 극동 지구 개발 사업을 말한다. 우리 나라와 일본 등 극동 지역 국가들과 인접한 이 지역에 외국 자본을 유치하여, 풍부한 자원을 활용한 소비재 생산 지역으로 특화시켜 생산된 상품을 러시아 내의 각 지역으로 공급하는 것을 핵심으로 하고 있다. 우리 나라는 1991년부터 보스토치니 항과 부산항과의 정기 항로를 개설하였고, 나홋카의 파르티잔스크 자유 경제 지역에 100만 평 규모의 한국 업체 전용 공단을 조성할 계획에 있다.

낙농업 酪農業 ■■

젖소를 사육하여 우유 및 유제품을 생산하는 산업을 말한다. 우리 나라에서는 낙농업이 전통적으로 경시되어 왔으나, 최근 소득 증가에 따른 식생활 변화로 생산량이 늘어나고 있다. 낙농업은 넓은 소비 시장과 교통이 편리한 곳에 발달하므로 수도권인 경기도 일대에 집중하여 발달되었다. 젖소 사육 또한 경기도가 가장 많으며, 수도권에서 멀어질수록 목장의 규모가 커지며 조방적인 경영이 이루어진다.

낙동강 물 분쟁 ■■■

대구 지역의 위천 지역 일대를 산업 단지화하려는 계획을 둘러싸고 개발을 추진하려는 대구 지역과 개발을 반대하는 낙동강 하류 지역 간의 대립과 갈등을 말한다. 대구시는 침체된 대구 경제의 활성화를 위하여 미래 성장 산업 단지를 위천 지역에 조성하여 지역의 산업 구조를 섬유 중심에서 전자 및 기계 산업 중심으로 개편하고자 한다. 반면, 낙동강을 상수원으로 하고 있는 낙동강 하류 지역은 위천 지역 개발에 따른 낙동강의 수질 오염의 악화가 가속화될 것에 우려하여 위천 산업 단지 조성 계획의 백지화를 주장하고 있다.

날짜 변경선

지구상에서 날짜를 변경하기 위해 편의상 설정한 경계선을 말한다. 교통과 통신의 발달로 지방시가 커다란 차이가 나타나는 지점들 사이에 교류가 활발해지면서 시차상의 많은 불편과 혼란이 야기되자 이를 극복하기 위하여 시차 조정이 필요하였다. 따라서 이러한 모순을 해결하기 위하여 태평양 중앙부에 해당하는 동경 180°의 선을 따라 남극과 북극을 잇는 날짜 변경선을 설정하였다. 이 선을 기준으로 하여 서에서 동으로(우리 나라에서 미국 쪽으로) 넘을 때에는 1일을 빼고, 동에서 서로(미국 쪽에서 우리 나라로) 넘을 때에는 1일을 더한다. 이 선은 주로 태평양 한가운데를 지나가기 때문에 혼란을 최소한으로 줄일

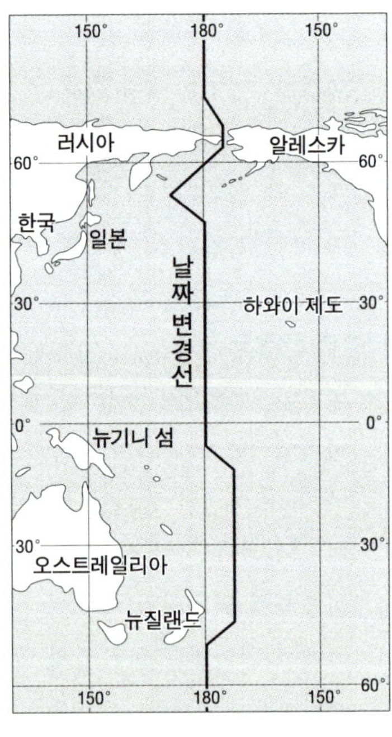

수 있었으며, 동일 시간대에 속한 지역들에서 날짜를 조절하여야 하는 불편이 없도록 그런 지역들을 피하여 지그재그로 그려진 것이다.

남극 조약 南極條約

남극 대륙에 대한 각국의 영유권 주장을 동결하고 남극 이용의 원칙을 확립한 조약을 말한다. 1959년 미국 · 소련 · 영국 · 프랑스 · 일본 등 12개국이 미국의 워싱턴에서 개최된 남극 회의에서 작성하였으며, 남극 대륙의 평화적 이용, 학술 조사의 자유와 국제 협력, 영토권 주장 금지를 목적으로 하고 있다. 현재는 여러 국가가 학술 · 자원 · 기상 · 군사 등의 목적으로 조사단을 파견하고 있는 상황이다. 우리 나라는 1986년 33번째로 남극 조약에 가입하여 킹조지 섬에 세종 기지를 준공하여 기상 관측과 생물 · 지하 자원의 조사, 연구 활동을 하고 있다.

남남 문제 南南問題

남으로 불리는 개발 도상국간의 경제 격차 및 이에 따라 수반되는 여러 가지 문제를 말한다. 북반구의 선진 공업국과 남반구의 개발 도상 국가 사이의 남북 문제에 상대되는 새로운 용어로, 주로 후진 개발 도상국의 남북 문제를 의미한다. 풍부한 석유를 지닌 석유 수출국 기구(OPEC), 일찍이 산업 개발을 통하여 경제 발전을 이룩한 라틴 아메리카와 아시아의 일부 신흥 공업국들과 자원 부족과 개발이 낙후된 아프리카, 아시아 국가 등과의 사이에는 1인당 국민소득과 개발 속도에서 큰 차이가 나타난다. 이로 인하여 신흥 공업국들과 후진 개발 도상국들 간에 대립과 갈등이 심화되어 국제 문제로 야기되고 있다.

남부 유럽 문화 지역 → 유럽 문화권

남북 문제 南北問題 ■ ■ ■

미국 · 유럽 등 적도 이북의 부유한 선진 공업국과 아시아 · 아프리카 · 라틴 아메리카 등 적도 이남의 빈곤한 개발 도상국 간의 경제적 격차 및 이에 수반되는 여러 가지 경제적, 사회적 문제를 말한다. 남북 문제의 본질적 핵심은 북측의 선진 공업국과 남측의 개발 도상국 간의 경제적 격차의 해소 문제이다. 남측의 개발 도상국들은 열악한 1차 산업 위주의 경제 구조, 자본과 기술의 부족, 사회 기간 시설의 빈약, 인구 폭발 등의 요인으로 인하여 선진 공업국들과의 경제 격차가 크게 벌어졌다. 따라서 개발 도상국들이 겪는 빈곤 · 기아 · 질병 문제는 선진국의 지원 없이는 독자적인 해결이 불가능한 상태이다. 그러므로 개발 도상국들은 선진 공업국들과의 경제적 격차를 축소하기 위하여 선진 공업국과 점차 대결 자세를 강화하고 있으며, 선진 공업국 측에서도 개발 도상국 측을 전혀 무시할 수 없는 상태이다.

남서 기류 南西氣流 ■ ■

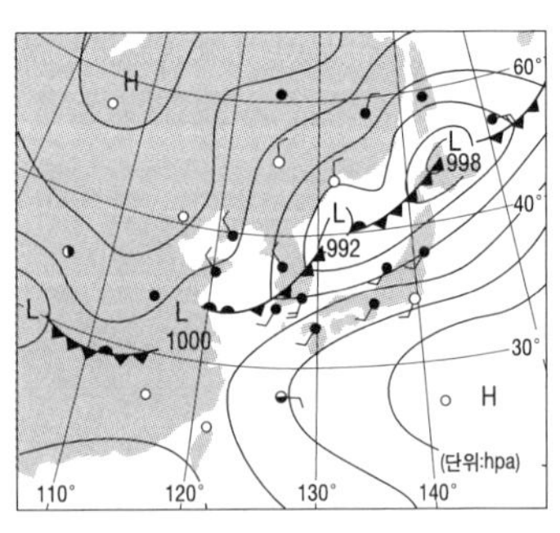

남서 기류 일기도

우리 나라에 저기압 혹은 전선이 걸쳐 있을 때, 북태평양 고기압에서 우리 나라 쪽으로 유입되는 남서 기류를 말한다. 저기압 중심을 향하여 반시계 방향으로 회전하기 때문에 생성된다. 주로 여름철 남쪽 바다에서 유입되는 습기가 많은 기류로서, 우리 나라로 이동하여 남해안 및 섬진강 유역, 소백 산맥의 서사면, 한강 중 · 상류 지역에 지형성 강우를 형성하여 많은 비를 내리게 한다.

남선 북마 南船北馬 ■

고대 중국의 교통 체계를 단적으로 표현한 말로서, 대표적인 교통수단이 남쪽 지방은 배, 북쪽 지방은 말이라는 의미를 지닌다. 화남 지방은 양쯔 강 · 주장 강을 비롯하여 수량이 풍부한 하천이 많기 때문에 수운이 편리하다. 반면, 화북 지방은 산과 사막이 많은 데다가 강수량도 적어 하천 수량이 부족하기 때문에 선박의 항행이 불리하여 말을 이용한 육로 교통이 발달한 데 근원을 두고 있다.

남포 공단 南浦工團 ■

북한이 외국의 자본과 기술을 유치할 목적으로 평안남도 남포에 조성한 대규모 경공업 단지를 말한다. 남포항을 정비하고 교통망을 신설하는 한편 남한 기업의 참여를 적극 권장하고 있다. 현재 남한의 여러 기업체가 입주하여 제품 생산을 하고 있으며 남 · 북 간 경제 협력 사업에 큰 역할을 하고 있다.

내적 영력 → **지형 형성 영력**

냉대 기후(D) 冷帶氣候 ■ ■ ■

남반구에만 나타나는 기후로서, 최한월 평균 기온 -3℃ 미만, 최난월 평균 기온 10℃ 이상 지역으로 기온의 연교차가 큰 대륙성 기후를 말한다. 겨울이 몹시 춥고 길며 여름은 짧다. 겨울 강수량 정도에 따라 냉대 습윤 기후(Df)와 냉대 동계 건조 기후(Dw)로 나뉜다.

냉대 동계 건조 기후(Dw) 冷帶冬季乾燥氣候 ■■■

겨울이 길고 강수량은 적으며 혹한을 이루기 때문에 기온의 연교차가 매우 큰 대륙성 기후로서, 시베리아 동부에서 중국의 북동부 등 북위 40~60°의 대륙 동안에 분포한다. 또한 우리 나라의 차령 산맥 이북 지역도 이에 속한다. 동부 시베리아는 세계의 극한지로서 연교차가 가장 크다. 이 기후 지역의 남부에서는 밀과 잡곡의 재배가 우세하고, 북부에서는 침엽수 중심의 임업이 행해지고 있다.

냉대림 冷帶林 ■■

스칸디나비아 반도에서 러시아 북부, 시베리아, 알래스카 남부를 거쳐 캐나다에 이르는 타이가 지대에서 자라는 침엽수림을 말한다. 단순림으로 벌채가 용이하고, 소비지에 인접하고 있는 까닭에 세계 최대의 임업 지역을 형성하고 있다. 연질재이기 때문에 제지 · 펄프용으로 쓰이며, 미국 · 캐나다 · 스칸디나비아 3국 등이 대표적인 목재 생산국이다.

냉대 습윤 기후(Df) 冷帶濕潤氣候 ■■■

연중 고른 강수를 보이며 겨울이 길고 혹한을 이루기 때문에 기온의 연교차가 큰 대륙성 기후로서, 시베리아, 북아메리카 대륙 북부, 스칸디나비아 반도 등의 지역에 분포한다. 이 기후 지역의 남부에서는 봄밀 · 귀리 · 호밀 등 전작 재배가 우세하고, 북부에서는 타이가라는 냉대 침엽수림이 넓게 분포하여 세계적인 임업 지대를 이룬다.

너와집 ■

나무가 많은 태백 산지 · 개마 고원 일대 · 울릉도 등에서 통나무를 잘라 만든 나무 판자 또는 두꺼운 나무 껍질을 이용하여 지붕을 이은 가옥으로, 너새집이라고도 한다. 너와는 단열 효과가 크고 통풍이 잘 되어 여름에는 시원하고 겨울에는 보온 효과가 크다. 오늘날 거의 사라지고 강원도 삼척 일대에 일부 남아 있다.

노동 지향성 공업 → 공업 입지 유형

노예 무역 奴隸貿易 ■■■

노예를 상품으로 거래한 근세 유럽의 무역 형태를 말한다. 고대 그리스 · 로마와 중세의 노예 무역과는 달리, 근세의 노예 무역은 지리상의 발견 이후 아메리카 대륙의 산업 개발에 필요한 노동력을 위하여 아프리카 대륙의 흑인들을 수입하였다. 대서양의 노예 무역이 절정에 달한 18세기에는 해마다 7만 5,000명에서 9만 명에 이르는 아프리카 흑인들이 노예로 대서양을 건너 팔려갔다.

노촌 → 열촌

녹색 혁명 綠色革命 ■

개발 도상국에서 수확량이 많은 개량 품종을 도입하여 식량의 증산을 꾀하는 일종의 농업 개혁을 말한다. 녹색 혁명은 비료의 사용량을 증가시키는 방법과 새로운 다수확 신품종 곡물의 개발이라는 두 가지 방법을 통하여 이루어진다. 개발 도상국에서는 녹색 혁명을 적극 도입함으로써 농업 생산 증대를 꾀하고 있다.

농공 단지 農工團地 ■

농어촌 지역의 소득 향상을 목적으로 약 1만 명에서 3만 명에 달하는 일정 인구 규모의 공업 지역을 조성하여 입주 업체에게 금융 ·

세제 및 각종 행정 · 기술력 지원을 제공하는 농어촌 지역의 공업 지구를 말한다. 전국 농어촌 지역에 입지한 농공 단지는 낙후된 농어촌 지역의 경제 발전에 크게 기여하고 있다.

농업 발달 農業發達 ■■

우리 나라의 농경의 기원은 신석기 시대 중국 화북 지방의 영향으로 조 · 피 등 잡곡류를 재배한 데에서 찾을 수 있다. 삼한 시대에 이르러 철제 농기구가 보급되고 벽골제 · 의림지와 같은 저수지가 축조되는 등 벼농사가 널리 보급되었다. 연맹 왕국 시대에는 부여의 영고와 고구려의 동맹 등의 농업 관련 행사가 이루어졌으며, 삼국 시대에는 쟁기가 사용되고 가축이 사육되었다. 고려 시대에는 우경에 의한 심경법과 2년 3작의 윤작법이 보급되었으며, 계단식 경작이 행해졌고, 보(洑)가 축조되었다. 조선 시대에는 이앙법의 보급으로 그루갈이가 행해졌고, 농서 · 측우기 · 수차 등 농업 기술의 발달과 고추 · 호박 · 감자 등 외래 작물의 도입이 이루어졌다. 일제 시대에는 산미 증식 계획과 간척 사업이 추진되어 생산량의 증가를 가져왔으나, 일제에게 식량을 수탈당하는 어려움을 겪어야만 하였다. 8·15 광복 후에는 근대화와 더불어 녹색 혁명 · 기술 개발 등 영농의 과학화를 꾸준히 추진하여 농업 생산성을 향상 발전시켜 왔다. 그러나 최근 우루과이 라운드(UR) 타결에 따른 농산물 수입 개방으로 인하여 취약한 농업 구조를 지닌 한국 농업은 많은 어려움에 처해 있다.

농업 입지 요인 農業立地要因 ■■

한 지역의 농업 생산에 미치는 영향과 조건 등 농업의 형태와 경작 방식을 결정하는 요인을 말한다. 농업의 입지 조건은 자연적 조건과 사회적 조건으로 나뉜다. 자연적 조건에는 기후 · 지형 · 토양 · 무상 일수 등이 있으며, 특히 기온 · 강수량 등에 의하여 작물의 재배 한계가 결정되고 지역별 경작 양식의 차이점이 나타난다. 사회적 조건으로는 식생활 양식 · 경제 발전 수준 · 교통 · 노동력 · 농업 정책 등이 있으며, 특히 상업적 농업 경영 방식에서는 소비 시장과의 접근성과 수요에 의하여 농업 입지가 좌우된다. 농업 입지는 1차적으로 자연적 조건에 의하여 크게 영향을 받지만, 현대 사회에서는 교통 발달 · 기술 개발 · 소비 시장의 규모 등 사회적 조건의 영향이 중요해지고 있으며, 농업 입지에 대한 자연적 제약도 점차 극복되고 있다.

농업 지역 구분 農業地域區分

우리 나라의 농업 지역은 크게 경작 양식에 의한 구분과 논 · 밭 비율에 의한 구분으로 나누어 볼 수 있다. 경작 양식에 의한 구분은 기후 조건을 반영하는 것으로, 최한월(1월) 평균 기온을 기준으로 1년 1작, 2년 3작, 2년 4작으로 나뉜다. 1년 1작과 2년 3작의 경

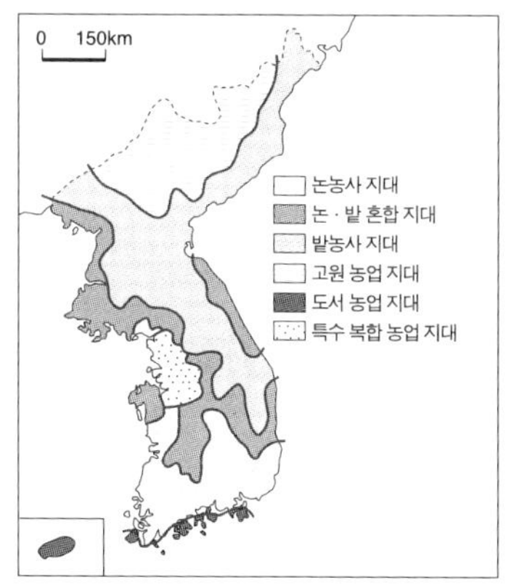

논 · 밭 지역에 의한 구분

경작 양식에 의한 구분

계는 가을밀의 북한계선(1월 평균 기온 -14℃), 2년 3작과 2년 4작의 경계는 그루갈이의 북한계선(1월 평균 기온 -5℃)과 일치한다. 논·밭 비율에 의한 구분은 지형 조건을 반영하는 것으로, 논·밭 비율을 기준으로 남서부에서 북동부로 가면서 논농사 지대→논·밭 혼합 지대→밭농사 지대→고원 농업 지대의 순으로 배열되어 있다. 태안 반도 일대가 논·밭 혼합 농업 지역으로 구분된 이유는 그 지역 일대가 낮은 구릉성 산지로 구성되어 있으므로 경지를 주로 밭과 과수원·논으로 이용하고 있기 때문이다. 그리고 특수 복합 농업 지역인 수도권 지역은 벼농사와 함께 각종 원예 작물이나 낙농품·축산물 등을 생산하는 가장 집약적이고 발전된 농업 지대로 나뉜다.

농업 특색 農業特色

우리 나라의 농업은 전통적으로 곡물 중심의 자급적 농업 형태였으나 최근 들어와 영농의 다각화를 통한 상업적 농업 형태로 변하고 있다. 영농 규모는 소규모 형태의 영세농 위주였으나 이촌 향도에 따른 농업 인구 감소로 농가 1호당 경지 면적이 확대되면서 점차 자립 영농이 증가하는 추세에 있다. 그러나 이촌 향도에 따른 농업 인구의 감소는 노동력 부족 현상을 야기하여 그루갈이가 격감하고 휴경지가 증가하는 등 경지 이용률이 감소하고 있다. 또한 노동력 부족 현상은 영농의 기계화를 촉진하였으며, 최근에는 전문 위탁 영농 회사가 출현하였다. 그리고 경지 정리 및 영농 방법의 개선에 따라 점차 기술 집약적인 농업 구조로 전환되고 있다. 뿐만 아니라 전업 농가의 비율이 감소하고 겸업 농가가 계속 증가하여 농외 소득의 비중이 점차 증가하고 있는 추세이다.

농업 혁명 農業革命 ■

기원전 7,000년 전 인류가 수렵 · 채집 경제에서 곡류의 재배 · 가축 사육에 성공하여 생산 경제의 농업 사회로 이행한 문명사의 획기적 사건을 말하는 것으로, 신석기 혁명이라고도 한다. 18세기 발생한 산업 혁명과 맞먹을 만큼 인류 변천사에 중요한 사건이라고 할 수 있다.

농작물 북한계선 農作物北限界線 ■■

농작물이 기후 조건의 제약으로 더 이상 재배할 수 없는 지역적 한계를 나타내는 것으로, 최한월(1월) 평균 기온과 무상 일수에 의하여 결정된다. 따라서 농작물에 따라 북한계선은 각기 다르게 나타난다. 1월 평균 기온에 따른 주요 농작물의 북한계선은 그림과 같다.

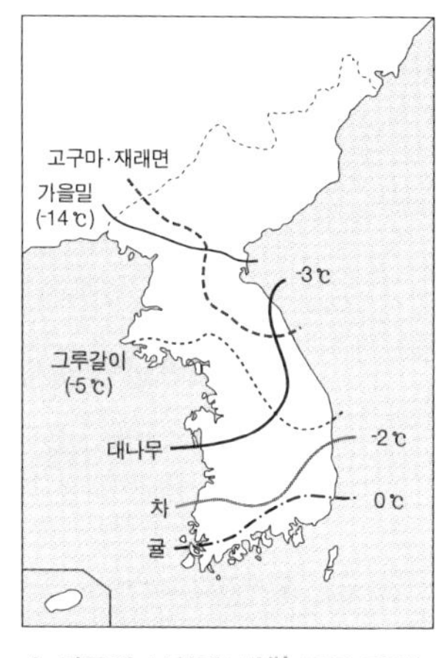

농작물의 북한계선(1월 평균 기온)

농촌 지역 변화 農村地域變化 ■■■

농촌 지역은 1960년 이후 도시화 · 산업화에 따른 영향으로 많은 변화를 겪었는데, 이를 살펴보면 다음과 같다. 먼저 인구 구조의 변화 면에서 보면 이촌 향도 현상으로 말미암아 농촌의 절대 인구수가 감소하고 노년층의 비중이 증가하여 농촌의 노동력 부족 문제가 발생함으로써 휴경지 증가, 농업 생산성이 약화되고 있다. 혼인 연령층의 남초 현상이 가속화되어 농촌 총각의 결혼 문제가 심각해지자 최근에는 동남아계 및 조선족 여성과의 국제 결혼도 이어지고 있다. 또한 여성 노동력 비중이 증가하고 있다. 토지 이용의 변화 면에서 보면, 간척 사업과 같은 농경지 확장에도 불구하고 공업 단지 · 주택 단지 · 도로 등의 건설로 인하여 경지 면적은 매년 감소하고 있으나 농가 1호당 경지 면적은 늘어나고 있다. 또한 영농의 상업화 추세에 따라 근교 · 원교 농업 형태가 활성화되고 있다. 사회, 경제적 변화 면에서 보면, 농촌 지역에서도 교통 수단의 발달에 따라 주민의 생활권이 확대되고 지역간 교류가 활발해지자 정기 시장이 쇠퇴하게 되었다. 또한 전통적 촌락 공동 생활체로서의 연대 의식이 약화되고, 동족촌이 와해되고 있다.

높새바람 ■■■

늦은 봄에서 초여름에 걸쳐 오호츠크 해 고기압이 확장될 때, 태백산맥을 넘어 영서 지방으로 부는 고온 건조한 북동풍을 말한다. 봄에 높새바람이 불면 푄 현상의 일종으로 여름 날씨와 같은 이상 고온 현상이 나타나고, 경기 · 영서 지방의 농작물에 가뭄 피해를 준다.

뉴 라운드 New Round ■■■

우루과이 라운드(UR) 협상 타결과 함께 새로 제기된 네 개의 다자간 무역 협상으로, 부당한 근로 조건에서 생산된 상품에 대하여 국제 교역에서 제재를 가하자는 블루 라운드(BR), 환경 비용을 동등하게 지출하여 상품 교역을 하자는 그린 라운드(GR), 자유롭고 공정한 경쟁 조건에서 거래하자는 경쟁 라운드(CR), 신국제 기술 규범 제정을 위한 기술 라운드(TR)를 포함한 네 개의 다자간 협상을 말한다. 뉴 라운드에서 제기된 이와 같은 새로운 국제간 무역 협상은 앞으로 세계 무역 확대에 큰 변화를 가져올 것으로 예상된다.

니아비 현상 NIABY ■■■

니아비(Not In Anybody's Back Yard) 현상이란 어느 지역에서도

장례 · 화장 시설 · 납골당 등의 혐오성 개발이나 시설의 입지를 허용하지 않는 포괄적인 반대 현상을 말한다. 장례 식장이나 납골당 등이 들어서면 지역 주민의 정서뿐만 아니라 교통 문제, 부동산 값 하락, 인근 학교 교육에도 지장을 초래하기 때문에 절대적으로 반대하는 것이다.

님비 현상 NIMBY ■■■

쓰레기 매립장 및 소각장 · 분뇨 처리장 · 하수 종말 처리장 · 납골당 등 혐오 시설의 입지에 대한 필요성은 인정하면서도 이러한 시설물들이 자신의 거주 지역에는 입지할 수 없도록 항의하거나 반대하는 현상을 말한다. 님비(Not In My Back Yard) 현상은 지역 이기주의에서 기인하는 것으로서, 우리 나라뿐만 아니라 세계 각국이 공통적으로 겪고 있는 어려움이라고 할 수 있다.

님트 현상 NIMT ■■■

님트(Not In My Term)는 지방 자치 제도가 도입된 이후 지방 자치 단체장들이 자신의 임기 동안에는 환경 오염 시설물 설치나 혐오 시설의 입지 등 주민들에게 인기 없는 일을 하지 않으려는 현상을 말한다.

ㄷ

다국적 기업 多國籍企業 ■■

세계 각지에 자회사(子會社) · 지사 · 공장 등을 확보하고 국적을 초월하여 세계적인 규모와 범위로 생산이나 판매 활동을 수행하는 기업 운영 방식으로, 세계 기업이라고도 한다. 다국적 기업은 국내 활동과 해외 활동의 구별이 없으며 이익 획득을 위한 장소와 기회만 있으면 어디든 진출한다. 미국의 코카콜라와 IBM이 대표적인 다국적 기업에 속한다.

다모다르 강 유역 개발 사업 DVC ■

인도 북동부 지역의 다모다르 강에 다목적 댐을 건설하여 홍수 및 가뭄 조절 그리고 관개 용수를 확보하는 한편, 수력 발전을 통하여 공업을 육성시키고자 하는 다목적 개발 사업을 말한다. 다모다르 강 유역에 일곱 개의 다목적 댐을 건설하여 홍수 방지, 관개에 의한 농업 개발, 운하 건설, 전원 개발 등을 병행하는 종합적인 지역 개발 사업으로, 인도 정부가 후진 경제를 극복하려는 대규모 국토 개발 사업 가운데 하나이다.

다목적 댐 多目的dam ■■

하나의 댐을 건설하여 전력 개발에만 그치지 않고 홍수 조절 · 관개 · 생활 및 공업 용수 공급 등 여러 가지 목적에 다각적으로 이용할 수 있도록 건설한 댐을 말한다. 미국의 테네시 개발 사업에 의한 댐(TVA)과 이집트의 에스원 댐이 유명하며, 우리 나라에는 소양강댐 · 안동댐 · 충주댐 등이 다목적 댐으로 건설되었다. 다목적 댐의 건설은 대형 인공호를 형성하여 안개 일수가 증가되고 이상 기온 현상이 나타나는 등 기상 변화를 초래하기도 하며, 유속의 약화로 수질이 악화되는 등 하천 생태계의 변화를 유발시키기도 한다.

다우 지역 多雨地域 ■ ■ ■

우리 나라에서 연중 강수량이 많은 지역으로는 섬진강 하류, 한강 중 · 상류, 청천강 중 · 상류 지역이 해당된다. 이 지역의 비는 지형의 영향을 받는 지형성 강우에 속한다. 세계적으로는 아마존 분지 · 기니 만 연안 등 대류성 강우가 탁월한 열대 수렴대 지역과 지형성 강우가 탁월한 인도의 아삼 지방이 연 강수량 2,000mm 이상의 다우 지역에 속한다. 그리고 한대 전선이 위치한 위도 50° 주변 고위도 저압대도 다우지에 속한다.

다핵심 이론 多核心理論 ■ ■ ■

울만(E. Ulman)과 해리스(C. Harris)가 1945년 미국의 대도시를 조사하여, 도시의 발달은 하나의 핵을 중심으로 구조화되어 있지 않고, 다른 기능을 수행하는 몇 개의 핵을 중심으로 전개된다는 사실을 규명한 이론이다. 도시의 성장과 발달은 도심의 업무 지구 이외에도 여러 개의 교통 결절점을 중심으로 한 부심이나 신주택 단지 또는 신공업 지구 등에

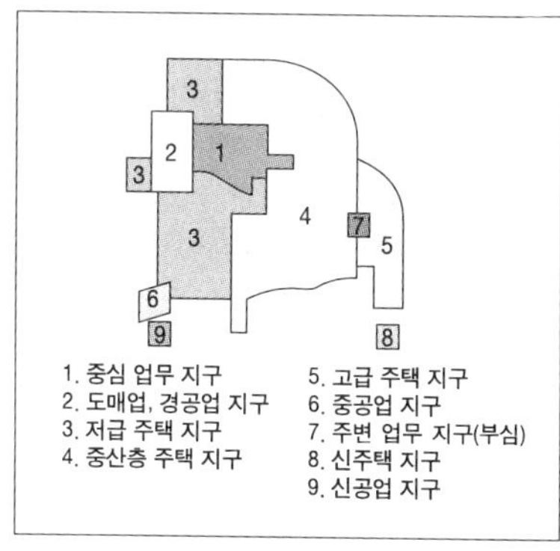

의해서도 이루어진다고 보았다. 다핵심 이론은 현대의 복잡한 도시 구조를 설명하는 데 가장 적합한 모형을 제시하고 있다.

단계 구분도 → **통계 지도**

단열 변화 斷熱變化 ■

지상으로부터 공기가 수직적으로 상승하거나 하강할 때 기압의 증감과 관련한 온도의 변화를 말한다. 대류권 내에서는 지표면에 가까울수록 중력의 작용으로 공기 밀도가 높고 수증기 함량이 많기 때문에 고도가 높아질수록 평균 0.65℃/100m씩 기온이 하강한다. 이것은 권계면 평균 고도인 11km에서의 평균 기온인 -56℃와 지표면의 평균 기온인 15℃의 차이에서 구한 것이다. 즉, -56.5℃-15℃=-71.5℃/11km=0.65℃/100m이다. 따라서 푄 현상과 같은 고도에 따른 기온의 체감은 단열 변화에 의하여 설명이 가능하다.

단층 斷層 ■

지각에 생긴 틈을 경계로 양측의 지반이 상대적으로 이동하여 어긋나 있는 구조를 말한다. 장력에 의하여 상반층이 내려가는 정단층, 횡압력에 의하여 상반층이 올라간 역단층, 단층면을 따라 수평 이동한 주향 이동 단층, 단층면의 경사가 45° 이하로 대규모 역단층인 오버스러스트가 있다.

단층(미국 산 안드레이스)

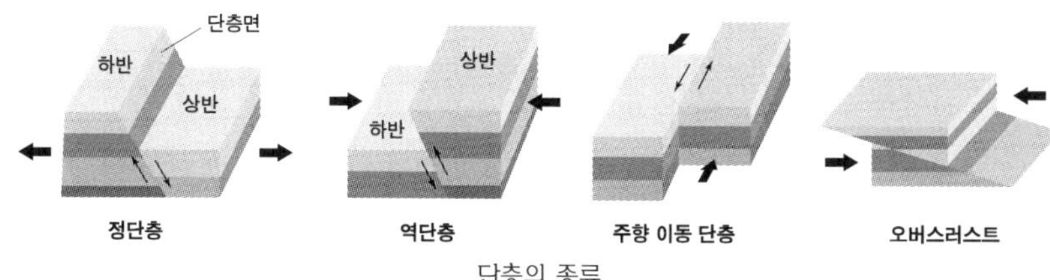

단층의 종류

대권 도법 → 심사 도법

대기 대순환 大氣大循環

태양 및 지구의 복사 에너지는 위도에 따라 다르게 나타나는데, 고위도 지방은 열 부족 현상, 저위도 지방은 열 과잉 현상이 나타난다. 따라서 지구는 복사 평형 상태를 유지하기 위하여 지구 전체 규모에서의 대기 순환이 발생하는데, 이를 대기 대순환이라고 한다. 위도에 따른 일사량의 차이는 지역에 따라 기압 차이를 가져온다. 따라서 연중 일사량이 많아 기온이 높은 적도 지방에는 대기의 가열로 적도 저기압대가 형성되어 상승 기류가 나타난다. 상승된 기류는 적도 상공에서 남북으로 갈라져, 남 · 북위 30° 부근에서 하강하여 아열대 고기압대를 형성한다. 한편 극지방에서는 찬 공기가 축적되어 극 고기압대를 이루며 극 고기압대의 찬 기류가 아열대 고압대의 찬 기류와 위도 60° 부근에서 만나 고위도 저압대(한대 전선대)를 형성한다. 대기 대순환의 방향은 지구 자전의 영향으로 전향력의 작용에 의하여 결정된다. 그림은 대기 대순환의 평균값을 나타낸 것으로, 실제의 대기 순환은 지형의 기복 등의 원인으로 여러 규모의 소용돌이가 생겨 훨씬 더 복잡하게 나타난다.

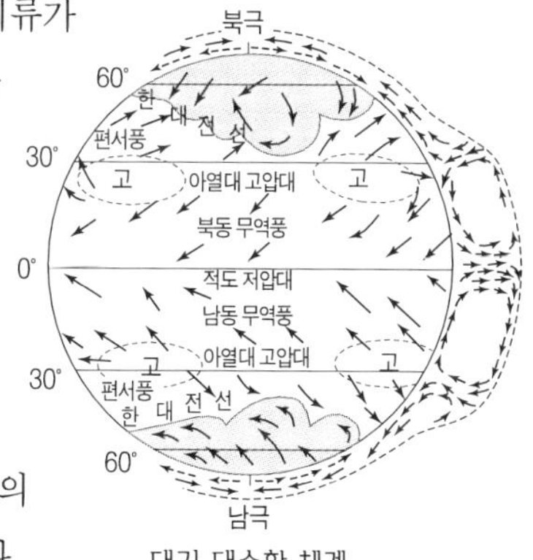

대기 대순환 체계

대기 오염 大氣汚染

산업화에 따른 화석 연료의 과다 사용으로 인한 매연이나 가스 등에 의하여 발생하는 비정상적인 대기 상태를 일컫는다. 매연은 광화학 작용에 의한 스모그 현상을 일으키기도 하고, 대기중의 물방울에 녹아 산성비의 원인이 되기도 한다. 또한 온실 효과와 지구 온난화와 같은 기상 변화를 유발하기도 하고, 프레온 가스는 오존층을 파괴하여 피부암과 같은 질병을 유발하기도 한다. 대기 오염의 대책으로는 청정 연료의 개발 및 보급의 확대, 자동차 배기 가스의 규제 기준 강화, 집진기 설치, 공해 유발세 부과, 삼림 녹화 등을 들 수 있다.

대도시권 大都市圈

특정 대도시를 중심으로 넓은 지역이 하나의 일상적인 도시 생활권으로 포섭되는 지역 범위를 말한다. 현대 사회의 교통과 통신의 발달은 주거 기능을 도시 주변 지역으로 확산시켜 교외 지역의 도시화를 촉진하였다. 이와 같이 교외 지역으로까지 도시화가 촉진됨에 따라 대도시 주변 지역은 상당한 범위까지 대도시의 영향력을 받게 되고 대도시와 기능적으로 통합되어 간다. 대도시권은 중심 도시, 교외 지역, 농촌 배후 지역의 세 개 권역으로 구성되어 있다. 우리나라에서는 서울과 인천, 경기 일대를 포함하는 수도권에서 이러한 대도시권의 권역 분화가 잘 나타난다.

대동여지도 大東輿地圖

조선 말기 고산자 김정호가 제작한 청구도를 수정, 보완하여 제작한 실측도이다. 모두 22첩으로 되어 있으며 접으면 책자가 되는 분첩 절첩식(分帖折帖式)으로 소지 및 휴대에 간편하다. 한반도 전역

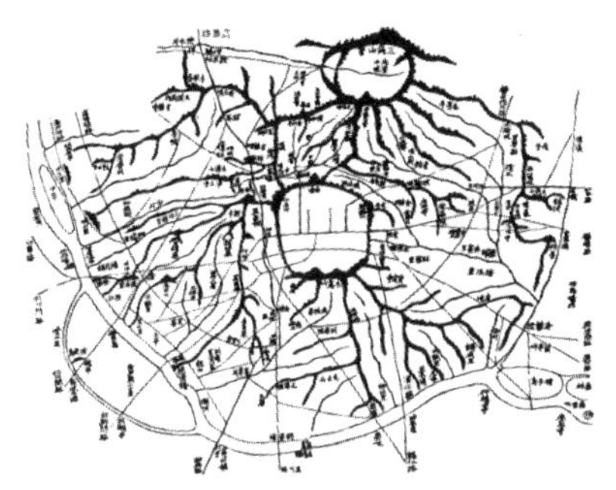
대동 여지도(한양 부근)

을 1:160,000의 축척을 적용하여 그렸는데, 실제 현 지도와의 윤곽을 비교해 보면 큰 차이가 발견되지 않을 만큼 정교한 특징을 지니고 있다. 지도 내부에 축척 방안 표시가 없지만, 마을과 마을 사이의 도로 선상에 10리(약 4km)마다 점을 찍어 실제 거리의 산출이 가능하도록 한 과학적인 실측 지도라고 할 수 있다. 지도 내용은 청구도와 같이 추상화된 방법이지만 산맥과 산, 하천 지형 및 하계망 등의 자연적 요소와 역참, 봉수대, 조운로 등이 종합적으로 표현되어 있다. 또한 판각본으로 제작되어 장시(場市)의 발달로 교통로가 자세히 표현된 지도를 필요로 하던 당시의 대중적 요구를 반영하고 있다. 대동여지도의 제작 경위에 대해서는 확실한 기록이 없는 탓에 논란의 여지가 많은 것은 분명한 사실이다. 하지만 조선 후기 실학의 영향을 받은 실용적이고 대중적인 지도로서 우리 선소늘의 지리관을 잘 반영한 전통 지도의 집대성 본이라는 점에서 의의가 매우 크다.

대류성 강우 對流性强雨 ■■

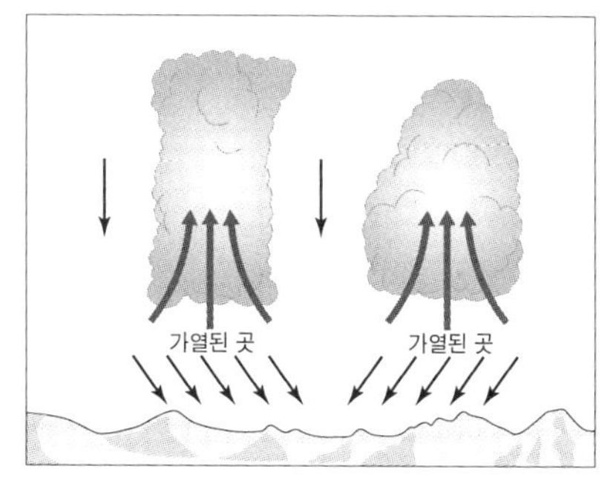

맑은 여름날 지표의 복사열로 국지적으로 대기 하부층의 공기가 가열되어 높이 상승할 때 내리는 비를 말한다. 대류성 강우는 단시간에 내리는 특징이 있으며, 대기가

과열 과습한 열대 지방에서 자주 발생한다. 열대 지방의 스콜(squall), 우리 나라의 소나기 등이 이에 속한다.

대륙도 大陸度 ■■

대륙이 기후에 미치는 영향 정도를 수치화한 것으로, 어느 지역의 기후가 대륙에 영향을 많이 받는가 아니면 해양에 영향을 많이 받는가를 알 수 있다. 고르친스키(W. Gorczynski)가 기온의 연교차가 기후의 대륙성을 가장 잘 반영함에 착안하여 만든 것으로, $K=1.7R/\sin\theta-20.4$(K:대륙도, R:기온의 연교차, θ:위도값) 식에 의하여 값을 구한다. 일반적으로 기온의 연교차는 해양보다 대륙이, 저위도보다는 고위도에서 크며, 연교차가 클수록 대륙도도 크게 나타난다. 지구상에서 대륙도가 가장 큰 곳은 시베리아의 베르호얀스크로 100이며, 우리 나라에서는 중강진이 90으로 가장 높다.

대륙 동안 기후 大陸東岸氣候 ■■

대륙의 동쪽에서 탁월하게 나타나는 기후로서, 여름과 겨울 각기 다른 계절풍의 영향을 많이 받는 기후, 즉 계절풍 기후를 말한다. 따라서 기온의 연교차가 크기 때문에 한서의 차가 크고 건계와 우계가 뚜렷하다.

대륙붕 大陸棚 ■■■

수심 200m 이내의 육지와 연속된 해저 지형을 말한다. 대륙붕은 좋은 어장의 형성과 석유 · 유황 등의 자원 개발 가능성이 높고, 국가 안보 차원에서도 중요성이 높기 때문에 그 가치가 매우 크다. 1945년 미국의 트루먼 선언이 있은 후 대륙붕 영유권을 주장하는 국가들이 속출하였고, 자원의 보존을 비롯하여 영해의 확장, 어업 규제 등의 움직임이 활발하다. 우리 나라의 경우 서 · 남해는 수심 100m 이내의 대륙붕이 발달하여 좋은 어장을 형성하며 현재 석유 탐사가 진행중에 있는데, 특히 제7광구는 석유의 매장 가능성이 높은 것으로 알려졌다. 또한 1998년 울산 근해의 대륙붕에서 채산 가능한 양의 천연 가스가 매장된 것으로 밝혀져 곧 개발에 들어갈 예정에 있다.

대륙 서안 기후 大陸西岸氣候 ■■

대륙의 서쪽에서 탁월하게 나타나는 기후로서 편서풍과 난류의 영향을 많이 받는 기후, 즉 서안 해양성 기후를 말한다. 따라서 기온의 연교차가 작기 때문에 대륙 동안 기후에 비하여 연중 기온과 강수량이 고른 편이다.

대륙성 기후 大陸性氣候 ■■■

해양성 기후의 상대적인 말로, 대륙의 영향으로 한서의 차가 큰 기후를 말한다. 해안에서 멀리 떨어진 대륙 내부에서 나타나는 기후로, 큰 대륙에서 뚜렷하며 기온의 일교차와 연교차가 크다. 유라시아 대륙 동안에 위치한 우리 나라는 중위도 상층의 서풍 기류가 대륙을 지나면서 도달하기 때문에 대륙성 기후를 나타낸다. 따라서 편서풍과 난류의 영향으로 해양성 기후를 나타내는 같은 위도대의 서유럽과는 대조적으로 여름이 덥고 겨울이 춥다.

대륙 이동설 大陸移動設 ■■

독일의 기상학자인 베게너(A.L. Wegener)가 주장한 이론으로, 지구상의 대륙이 약 3억 년 전 하나의 초대륙(팡게아)을 이루고 있다가 고생대 말과 중생대 초에 걸쳐 분열하기 시작하여 현재와 같은 모양의 대륙 분포를 이루었다는 것이다. 이 이론은 남아메리카 동안과 아프리카 서안을 서로 갖다 맞추면 잘 들어맞을 것 같다는 점에 착안하여 나온 것으로, 서로 멀리 떨어져 있어 환경이 서로 다른 남극 대륙 · 오스트레일리아 · 남아메리카 · 남아프리카에서 같은 식물 화석이 분포한다는 점과 열대 지방에서 발견되는 석탄층이 남극 대륙에서 발견된다는 점, 북아메리카의 애팔래치아 산맥과 스코틀랜드의 칼레도니아 산맥과 같이 현재 멀리 떨어져 각 대륙에 분포되어 있는 산맥의 지질 구조가 연속적으로 연결된다는 점 등이 대륙의 이동을 시사하는 증거라고 보고 있다. 이러한 대륙 이동설은 초기 발표될 당시 대륙을 이동시키는 힘의 근원에 대한 설명이 충분하지 못하여 큰 지지를 얻지 못하였지만 1950년대 고지 자기학 발달로 빛을 보게 되었다.

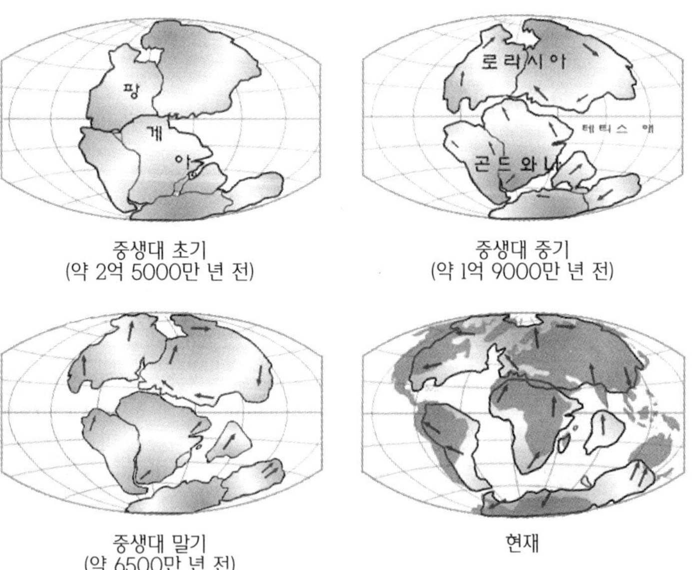

중생대 초기
(약 2억 5000만 년 전)

중생대 중기
(약 1억 9000만 년 전)

중생대 말기
(약 6500만 년 전)

현재

대륙 이동 과정

대보 조산 운동 大寶造山運動 ■■

중생대 쥐라기 말에 한반도 전역에 걸쳐 일어난 가장 강력한 지각 변동으로 습곡 운동이 활발하였다. 대보 조산 운동에 의하여 중국 방향의 지질 구조선이 형성되었으며, 차령 · 노령 · 소백 산맥 등의 습곡 산맥이 형성되었다. 그리고 우리 나라에 전국적인 규모에 걸쳐 화강암의 관입이 이루어진 것도 대보 조산 운동에 의해서이다.

대보초 大堡礁 ■

오스트레일리아 북동부 해안에 길이 약 2,012km에 이르는 대산호초를 말한다. 해안의 약 3/5을 차지하면서 해안과 평행하게 남북으로 형성되어 아름다운 장관을 이루지만 해상 교통에 장애가 되고 있다.

대서양 북동부 어장 大西洋北東部漁場 ■

스칸디나비아 반도에서 에스파냐에 이르는 북해 중심의 해역에 형성된 어장으로, 멕시코 난류와 동 그린란드 한류가 만나 조경 수역을 형성하고, 도기 뱅크 · 그레이트 피셔 뱅크 등의 발달로 세계 제2의 어장을 이루고 있다. 청어 · 대구 · 고등어 · 숭어 등이 잡히며, 풍부한 자본과 첨단 기술을 활용한 첨단 어업이 발달한 곳이다.

대서양 북서부 어장 大西洋北西部漁場 ■

뉴펀들랜드 근해에서 뉴잉글랜드 연안에 이르는 해역에 형성된 어장으로, 멕시코 난류와 래브라도 한류가 교차하여 조경 수역을 형성하고, 그랜드 뱅크 · 조지 뱅크 등이 발달하였으며, 현대식 장비와 풍부한 자본에 힘입어 대구 · 청어 · 넙치 등 많은 어획고를 올리고 있다.

대지모 사상 大地母思想 ■■■

토지를 신성시하는 사상으로, 땅이 인간 생활이 이루어지는 터전인 동시에 만물을 생성하게 하는 힘을 가지고 있는 것으로 믿는 사상을 말한다. 따라서 토지에서 생활에 필요한 물자의 대부분을 얻고 있던 정착 농경민에게 토지는 물질적 생산과 풍요로움의 근원으로 여겨져 지모신으로 숭상되었다. 이러한 대지모 사상은 지역 공동체를 형성하게 하였으며, 동향인으로서 지연 의식을 강화하는 등 우리 나라의 고유한 민족 문화 형성에 큰 영향을 미쳤다.

대척점 對蹠點 ■■

지구 중심을 사이에 둔 지구상의 반대편 지점을 말하는 것으로, 계절 및 낮과 밤이 서로 반대이다. 우리 나라의 대척점은 우루과이 수도 몬테비데오 남동 해상(38°S, 52.5°W)이다.

대체 에너지 代替energy ■■■

석탄·석유 등 고갈성 에너지의 한계를 극복할 수 있는 재생 가능한 태양열·지열·풍력·조력 등의 자연 에너지와 농·임산물 등에서 얻는 에너지인 바이오매스(biomass) 등의 순환 동력 자원 일체를 말한다. 현재 가장 이용도가 높은 것은 태양열이다. 순환 동력 자원의 개발은 유리한 점이 많지만 개발과 이용에 따른 기술적, 경제적 과제가 문제이다. 세계 각국은 현재 대체 에너지 개발에 막대한 예산을 들여 박차를 가하고 있다. 우리 나라에서도 현재 이 분야에 많은 노력을 기울이기 시작하였으나 아직 전반적인 대체 에너지 개발은 매우 초보적인 수준이어서 이에 대한 연구 개발이 시급하다.

댐식 수력 발전 → **수력 발전**

데칸 고원 Deccan高原 ■■

인도의 반도부 남부를 차지하는 고원으로, 지표상에서 가장 오래된 육지 중 하나이다. 선캄브리아 대의 암석을 주체로 하는 안정 육괴(安定陸塊)를 기반으로 하고 있으며, 중생대 육성층이 쌓인 곤드와나 대륙의 일부로 오랫동안 침식을 받아 준평원화된 후, 중생대 백악기 이후의 현무암 분출과 단층을 수반한 융기 운동에 의하여 현재의 고원 모습을 갖추었다. 현무암의 용암 분출은 북서부에 약 50만km^2의 데칸 용암 대지를 형성하였고, 이 곳에는 현무암이 풍화되어 생성된 점토질 토양인 레구르 토가 발달하여 매우 비옥한 토양을 이루고 있다. 비옥한 레구르 토와 계절풍의 영향으로 목화 재배에 유리한 기후 조건을 가진 데칸 고원에서는 목화 재배가 대규모로 행해지고 있는데, 그 생산량은 전 세계 생산량의 1/6을 차지한다고 한다.

도·농 복합 형태의 시 ■

농어촌 주민의 자동차 소유 증가와 교통로의 개선으로 농촌 지역의 중심 도시와 주변의 순수 농업 지역 간의 접근성이 증대되어 단일 생활권으로 통합된 시를 말한다. 농촌 지역에서는 교통의 발달로 생활권이 확대되자 주변 도시와의 관계가 매우 긴밀해졌다. 이에 따라 정부는 1995년 이후 농촌 정주

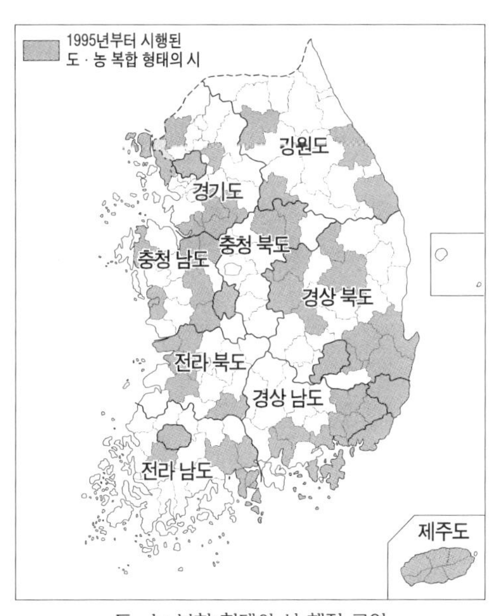

도·농 복합 형태의 시 행정 구역

권 계획의 일환으로 중심 도시와 주변 농촌의 동일 생활권을 이루면서도 시와 군이 분리되어 있는 행정 단위를 하나의 행정 단위로 통합하게 되었다. 예를 들면, 충주시와 중원군을 합쳐 충주시로, 대천시와 보령군을 합쳐 보령시로 통합한 경우가 될 수 있다.

도시 기능 都市機能

도시를 기능적 특색에 따라 분류할 때, 한 도시의 기능은 다른 도시들과의 비교에서 그 도시가 갖는 특화된 기능이 무엇인가에 의하여 결정된다. 일반적으로 특화 기능에 따른 도시 유형의 분류 지표로는 산업별 인구 구성이나 산업별 생산액 등이 사용된다. 특화된 산업 종류에 따라 태백 · 사북 · 영월 등은 광업 도시, 울산 · 포항 · 광양 등은 공업 도시, 주문진 · 속초 등은 수산업 도시, 경주 · 부여 · 제주 등은 관광 도시, 진해 · 동두천 · 오산 등은 군사 도시, 공주 · 춘천 · 청주 등은 교육 도시, 영주 · 제천 · 익산 등은 교통 도시에 속한다. 그리고 서울 · 부산 · 대구 등 대도시는 이러한 기능들이 복합되어 있는 종합 기능 도시에 해당된다.

도시 기후 都市氣候

도시 중심부에 나타나는 기후로, 고층 건물의 집중, 도로의 포장, 차량의 증가 등이 원인이 되어 나타나는 특유한 국지 기후를 말한다. 도시가 발달함에 따라 주변과는 다른 특색을 나타낸다. 일반적으로 주변 지역보다 기온이 높고, 습도는 낮으며, 풍속이 약하다. 공기중에는 먼지 · 매연 · 아황산 가스 등의 오염 물질이 많아 안개가 자주 발생한다. 특히 도심 지역은 주변 지역보다 온실 효과가 크기 때문에 열섬 현상이 나타난다.

도시 내부 구조 都市內部構造 ■■■

도시의 내부 지역은 여러 기능이 혼재하여 입지하지만, 이들 기능이 각각 질서 있는 배열 상태를 띠고 분화되는 구조를 말한다. 도시 내부의 기능 지역 분화는 지가, 접근도, 지대의 차이에 의하여 크게 영향을 받는다. 도시 지역 내에서 일반적으로 지가 및 지대는 도심에 가까울수록 높게 나타나며 도심에서 멀어질수록 낮아진다. 따라서 도시 내부에서 높은 지가의 압력에도 불구하고 상업 · 업무 · 오락 등의 접근성을 강하게 요구하는 기능들은 도심 지역으로 모이는 집심 현상을 보이는 반면, 지가 압력이 약한 주거 · 교육 · 공업 기능들은 도심에서 벗어나려는 이심 현상이 나타난다.

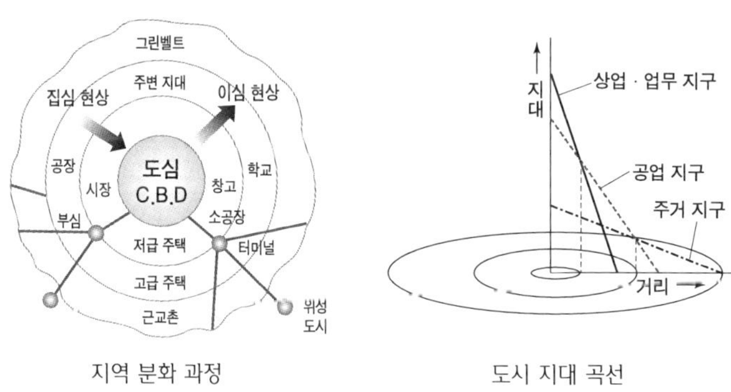

지역 분화 과정　　도시 지대 곡선

도시 문제 都市問題 ■■■

우리 나라는 도시화가 단기간에 매우 빠른 속도로 진행되었기 때문에 많은 도시 문제가 발생하였다. 이러한 도시 문제는 국토 전체의 문제와 도시 자체의 문제로 구분할 수 있다. 국토 전체적으로 볼 때는 수도권의 과밀화와 중소 도시의 정체가 지역차를 발생시켜 도시 간 성장의 불균형을 초래하였다는 점을 들 수 있다. 그리고 도시 자체의 문제로 볼 때는 주택 부족 문제 · 교통 혼잡 문제 · 환경 오염 문제 · 실업 문제 · 범죄 문제 등과 도시의 무질서한 팽창(스프롤 현상)에 따른 녹지 잠식 · 지가 상승 · 통근 거리 연장 등의 문제를 들 수 있다.

도시 분포 유형 都市分布類型

도시는 그 도시가 수행하는 기능에 따라 분포하는 유형이 각기 다를 수 있는데, 크게 선형 분포, 밀집 분포, 균등 분포로 나뉜다. 선형 분포는 간선 도로나 하천을 따라 교통의 결절 기능을 수행하는 도시들이 드문드문 입지하여 지역 전체로는 도시가 띠 모양의 분포를 이룬다. 일제 시대 항구 도시들을 중심으로 내륙으로 발달한 도시들에서 나타난다. 밀집 분포는 광물 자원, 관광 자원 등을 중심으로 특수 기능을 수행하는 도시들이 밀집하여 형성된 것으로, 1960~1970년대 강원도 석탄 개발에 의한 붐타운(boom-town)으로 형성된 탄전 도시들이 그 예이다. 균등 분포는 주변에 재화와 서비스를 공급하는 중심지 기능을 수행하는 도시들이 지역 전체로 볼 때 일정한 거리를 두고 고르게 분포하는 경우를 말하는데, 도시 규모의 차이에 따라 계층성이 나타난다.

도시 사막화 都市沙漠化

대도시에서 콘크리트, 아스팔트로 지면이 뒤덮여 빗물이 지하에 침투하지 못하고, 지표로부터 수분 증발량이 감소하고 대기에 인공열이 덧붙여져 기온은 상승하고 습도는 하락하는 현상이 지속되는 것을 말한다. 대기 오염까지 가세하면 이끼나 지의류 등 착생 식물의 사막화가 보다 확대된다.

도시 재개발 都市再開發

도시 초기 단계에 건축된 저층의 불량 노후 건물이 밀집되어 슬럼화되었거나 도시 기능을 제대로 할 수 없는 지역을 도시의 효율적인 발전을 도모하기 위하여 새로운 계획에 따라 공공 시설을 정비하고 건축물을 개량하는 사업을 말한다. 도시 재개발의 대상 지역은 교외 지역보다는 도심부의 오래된 지역, 불량 거주 지역 등이며, 사업은 대체로 개인보다 공공 집단에 의하여 시행된다.

도시 체계 都市體系

한 국가 또는 한 지역의 상호 의존적인 도시들의 일련의 집합을 말한다. 도시들간에 있어서는 여러 기능을 가진 각 도시들이 상호 의존적으로 연관되어 분포하고 있는데, 도시 규모가 클수록 도시의 수는 적고 규모가 적을수록 도시의 수는 많다. 우리 나라의 도시 체계는 중추 관리 기능과 전문적 서비스 기능이 집중된 서울이 최고위 계층 도시, 도(道)를 세력권으로 하는 도청 소재지 도시들이 중위 계층 도시, 읍 · 면의 중심지에 위치한 도시들이 저위 계층 도시를 이루는 도시 체계를 띠고 있다.

도시 형태 都市形態

도시 형태는 자연 환경, 도시의 기능, 주민의 문화적 특성 등이 상호 작용하여 만들어지는 것으로, 평면 형태와 입면 형태로 나눌 수 있다. 도시의 평면 형태는 교통 수단과 가로망의 발달에 의하여 나타난다. 가로망의 형태에 따라 구분할 때, 대체로 자연 발생 도시는 불규칙한 미로형 가로망이 나타나며, 계획 도시는 비교적 규칙적인 가로망 형태인 직교형 · 방사형 · 직교 방사형이 나타난다. 역사적으로 오래된 중소 도시에서 신구 시가지가 공존하는 경우에는 혼합

형 가로망이 나타난다. 그리고 도시의 평면 형태는 시대별 교통 수단의 발달에 따른 교통로의 변화에 의하여 크게 영향을 받는다. 도보 · 우마차 시대에는 이동 거리를 최소화할 수 있는 소규모 원형 도시가 발달하며, 철도 · 전차 시대에는 궤도선의 교통 축을 따라 별형의 도시 형태로 변화한다. 자동차 시대에는 노선의 제약이 적은 자동차의 발달로 다시 원형으로 확대 · 발전하고, 도시간 고속 교통 시대에는 도시 고속 도로망을 따라 도시가 확장되어 다시 동심원적인 형태로 광역화된 도시권이 형성된다. 도시의 입면 형태는 도시의 고층화 현상과 건물의 밀도에 의하여 나타난다. 도심과 부도심은 업무 기능과 각종 서비스 기능이 집중되어 지가가 상승하기 때문에 건물의 고층화 현상이 뚜렷하다. 최근에는 중심부 지역뿐만 아니라 도시 외곽 주변부에서도 고층 아파트 지구가 형성되면서 스카이 라인이 높아지는 현상이 나타나고 있다.

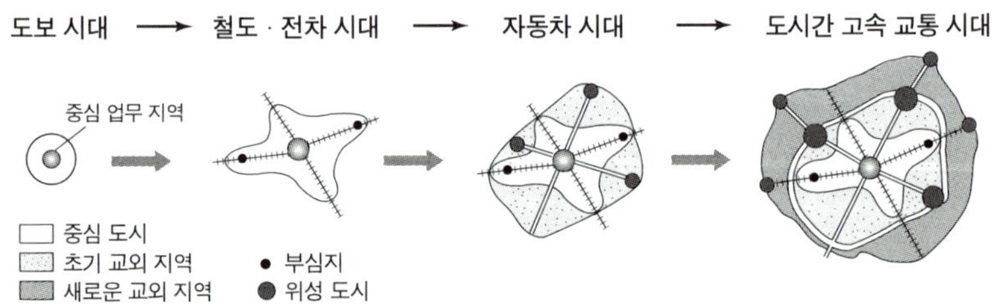

도시 형태의 변천 모형

도시화 都市化

제한된 공간 내에 많은 사람이 살고, 도로를 중심으로 건물이 밀집 분포하며, 2, 3차 산업에 종사하는 주민들의 비율이 높게 나타나는 특징을 지닌 지역을 도시라고 말한다. 그리고 이러한 도시 지역의 공간적 확산, 도시 인구의 증가와 2, 3차 산업 비중의 증가, 도시적 생활 양식으로의 확대를 총칭하여 도시화라고 한다. 우리 나라는

1960년대 이후 근대화와 더불어 경제 성장과 함께 도시화가 급속하게 이루어져 2001년 현재 약 88.1퍼센트의 도시화율을 나타내고 있다.

도시화 곡선 都市化曲線

도시화의 지표인 도시화율의 시간적 변화 패턴을 그래프화한 것을 말한다. 도시화의 정도는 국가별로 다양하지만 대체적으로 초기 단계→가속화 단계→종착 단계→퇴행 단계의 S자형 곡선을 이룬다. 초기 단계는 도시화율이 낮고 인구가 전국적으로 분산된 농업 중심의 사회로 도시 인구 비율이 25퍼센트 미만이다. 가속화 단계는 산업화에 의한 이촌 향도 현상으로 도시 인구가 급증하는 단계로 도시 인구 비율이 25~70퍼센트이다. 종착 단계는 도시화의 신장률이 둔화되고 후기 산업 사회로 발전하는 단계로 도시 인구 비율이 70퍼센트 이상이다. 선진국은 산업 혁명 이후 도시화·산업화가 진행되어 지금은 정착 단계에 있다. 그러나 개발 도상국은 제2차 세계 대전 이후 급속한 산업화와 함께 도시화가 진행중에 있다. 우리 나라는 1960년대 이전에는 전통적인 농업 사회로 초기 단계였으나 1960년대 이후 경제 성장과 함께 도시화가 급속도로 진행된 가속화 단계를 거쳐 현재는 도시화율이 80퍼센트를 넘어서 종착 단계에 진입하고 있다.

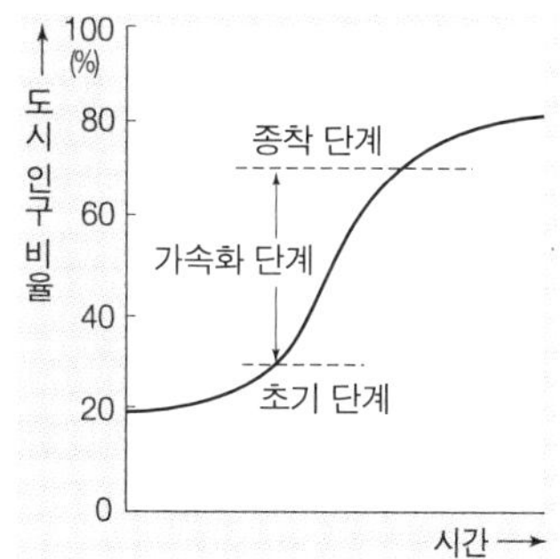

도심 都心

도시 활동의 핵심을 이루는 지역으로, 정치·행정·예술·상업 등의 중심 업무 관리 기능과 고급 서비스 기능이 집중된 중심 업무 지구(CBD)를 말한다. 접근성과 지가, 지대가 높기 때문에 집약적 토지 이용을 통한 건물의 고층화와 고밀화가 나타난다. 또한 상주 인구의 감소로 인구 공동화 현상이 나타나고, 주 · 야간 인구 이동의 확대로 상습적인 교통 혼잡이 발생한다. 서울의 4대문 안 지역이 이에 해당된다.

도진 취락 渡津聚落 ■■

하천, 해협이 교차하는 수상 교통로 지점에 생기는 나루터를 중심으로 발달한 취락을 말하는 것으로, 도(渡)는 비교적 규모가 큰 나루터를, 진(津)은 도에 비하여 규모가 작은 나루터를 말한다. 포(浦)는 배가 드나드는 정박 기지를 일컫는 말로 도진 취락에 포함된다. 도는 삼전도 · 벽란도, 진은 노량진 · 삼랑진, 포는 마포 · 영등포 등이 있으며, 이 외에 송파 · 충주 · 나주 등이 있다.

도형 표현도 → 통계 지도

독도 문제 獨島問題 ■■■

원래부터 우리 나라의 영토였던 독도를 일본은 1905년 다케시마로 개칭하고 국제법의 선점 원칙을 내세워 합법적 영토 취득이라고 주장하였다. 1952년 우리 나라는 독도를 포함한 인근 해양 주권에 대한 대통령 선언을 통하여 독도가 우리의 영토임을 천명하자, 일본은 국제법을 이유로 내세워 자국의 영토를 주장하게 된 결과, 한 · 일 간의 독도 문제가 발생하였다. 그러나 독도가 우리 나라 영토임은 엄연한 사실이다. 《세종 실록 지리지》 · 《동국 여지 승람》 · 《성종 실록》 등 역사적 기록에서도 일찍이 독도를 울릉도와 함께 강원도 울진현에 포함시키고 있다. 또한 19세기 말 작성된 서양인의 각종 지도에서도 독도가 우리 나라의 영토로 표시되어 있는 것을 볼 수 있다. 뿐만 아니라 지리적 위치에서만 보더라도 독도는 울릉도에서 약 50마일 떨어져 있으나, 독도와 가장 가까운 일본의 영토인 오키 섬으로부터 무려 약 90마일이 떨어져 있어 우리 나라의 영토에 보다 가까이 있음을 알 수 있다.

독립 국가 연합 CIS ■■

과거 소비에트 사회주의 연방 공화국(USSR), 즉 소련에 속한 나라들 가운데 11개국이 소련의 소멸과 함께 결성한 정치 공동체를 말한다. 1990년 발트 3국의 구소련 연방 탈퇴와 독립 선언으로 USSR는 해체, 붕괴되어 지구상에서 사라졌다. 1991년 에스토니아 · 라트비아 · 리투아니아 등 발트 3국과 그루지야를 제외한 11개국이 모여 독립 국가 연합(Commonwealth of Independent States)를 구성하였다. 11개국은 러시아 · 우크라이나 · 벨로루시 · 몰도바 · 카자흐스탄 · 우즈베키스탄 · 투르크메니스탄 · 타지키스탄 · 키르기즈스탄 · 아르메니아 · 아제르바이젠 공화국으로, 1993년 그루지야가 가입함으로써 12개국으로 늘어났다. 이들 독립 국가 연합의 회원국들은 각각의 독립국으로서 독자적인 주권을 가지고 있고, 군사력을 보유하고 있으며, 외교 활동 또한 독립적으로 수행하고 있다.

돈대 墩臺 ■

홍수의 피해가 많은 하천 연안의 범람원이나 삼각주 등에서 홍수 시 대피 장소로 주위보다 높고 평평하게 땅을 돋우어 놓은 피수대를 말한다. 하천 유역의 저지대에서 수해를 막기 위하여 돌 또는 흙으로 집터를 돋운 터돋움집과 함께 홍수 예방을 위한 대표적인 피수 시설이다.

돌리네 doline ■■

석회암이 빗물에 의한 용식 작용을 받아 형성된 와지 지형으로 석회암 지역에서 흔히 볼 수 있는 지형이다. 돌리네는 집단적으로 발달하는 것이 보통이며, 전면에는 경작지로 이용할 수 있는 토양이 발달되어 있는데, 이를 테라로사(terra rossa)라고 한다. 돌리네가 확대되면 인근의 돌리네와 연결되어 우발라(uvale)가 형성되며 이는 다시 더 큰 규모의 폴리에(polje)로 확대된다.

돌리네(충청북도 단양)

동남 아시아 문화 지역 → 동양 문화권

동남 아시아 국가 연합 ASEAN ■■■

동남 아시아 국가들의 자원 개발, 기술 · 과학 발전에의 공동 협력 및 통합 협조를 통하여 지역 경제를 활성화하기 위해 결성한 협력 기구를 말한다. 태국 · 말레이시아 · 인도네시아 · 싱가포르 · 브루나이 · 베트남 · 필리핀 · 미얀마 · 라오스가 가입 회원국이며, ASEAN의 자유 무역 지역을 아세안 자유 무역 지대(AFTA)라고 한다. 이 기구는 중국 · 베트남 전쟁을 일련의 사태로 동남 아시아 국가들의 안전 보장 기구로서의 성격이 강해졌다.

동력 지향성 공업 → 공업 입지 유형

동부 유럽 문화 지역 → 유럽 문화권

동심원 이론 同心圓理論 ■■■

버제스(E. Burgess)가 1925년 시카고를 대상으로 도시 성장은 사회 계층의 공간적 분화 과정에 의하여 다섯 개의 동심원으로 이루어진다는 이론을 통하여 도시 내부 구조를 파악한 것이다. 제1지대는 중심 업무 지구를 중심으로 구심력이 강한 금융 · 상업 활동으로 도심에 집중한다. 제2지대는 그 주변의 상업 · 주택 · 경공업 기능이 혼재된 점이 지대가 발달한다. 제3지대는 점이 지대를 벗어난 저소득층 주택 지구, 제4지대는 중산층 주택 지구, 제5지대는 교외 지구 순으로 나타난다. 이와 같이 주택 지구의 공간 분화가 나타나는 이유는 각 지대의 거주자들이 보다 좋은 환경의 지대로 이주하려는 경향 때문이다. 즉, 저소득층일수록 통근의 편리성 때문에 도심 가까이 입지하려고 하고 고소득층일수록 전원적 경관과 도시적 생활의 편리함을 동시에 얻고자 최외곽에 입지하려고 하기 때문이다.

동아프리카 지구대 東Africa地溝帶 ■

동부 아프리카를 남북으로 달리는 폭 35~60km에 달하는 대단층 함몰 지대로, 지반이 융기하면서 지층이 갈라져 내려앉은 열곡대에 해당된다. 신생대 제3기에 이루어져 화산과 지진 활동이 활발하며,

빅토리아 호·탕가니카 호·니아사 호 등의 대규모 단층호가 다수 발달하였다. 특히 이 지역은 오스트랄로피테쿠스와 같은 인류의 화석이 많이 발견되어 인류의 기원지로 잘 알려져 있기도 하다.

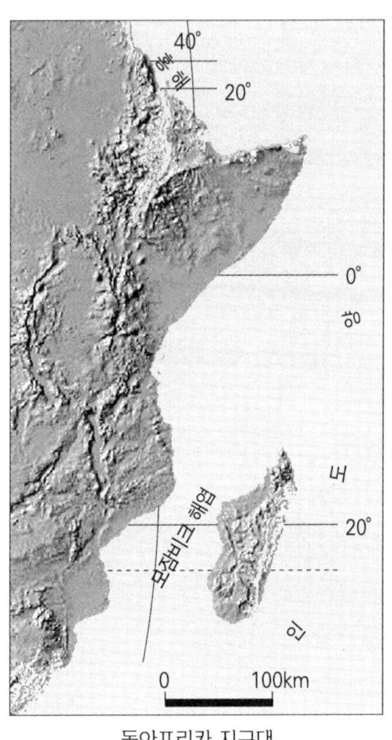

동아프리카 지구대

동양 문화권 東洋文化圈 ■■■

황하 문명과 인더스 문명 등 고대 문명의 발상지로서, 대체로 계절풍 기후 지역에 해당되어 여름이 고온 다습하기 때문에 벼농사가 발달하였다. 동양 문화권은 크게 황하 중심의 중국 문화 지역과 인도차이나 반도 중심의 동남 아시아 문화 지역, 인더스 강 중심의 인도 문화 지역으로 나뉜다. 중국 문화 지역은 중국·한국·일본을 포함하는 동북 아시아 지역으로 유교·불교의 영향을 받아 한자를 공통으로 사용한다. 계절풍 기후의 영향으로 벼농사 위주의 동양식 생활 경관이 나타난다. 동남 아시아 문화 지역은 인도차이나 반도·말레이 반도·인도네시아·필리핀에 해당되는 지역으로 중국·인도·이슬람·해양 및 도서 문화가 혼합되어 있으며, 근대 이후 유럽의 영향으로 인종·종교·언어가 복잡하다. 인도 문화 지역은 인도·파키스탄·방글라데시·스리랑카·부탄·네팔에 해당되는 지역으로, 민족·종교·언어 등이 복잡하며, 힌두 교·불교·이슬람 교 등 다양한 문화 특성이 복합된 지역이다.

동족촌 同族村 ■■■

동성 동본의 씨족이 한 지역에 모여 생활하는 자연 촌락으로, 풍수지리의 영향을 받아 주로 배산 임수의 산록 사면에 입지한다. 유교의 영향, 문벌 중시 사상, 장자 상속에 의한 토지 소유 제도, 협동 노동의 필요성 등에 힘입어 크게 발달하였다. 그러나 봉건 제도의 붕괴, 산업화·도시화에 따른 이촌 향도, 경제 수준의 향상, 교통 수단의 발달, 가치관의 변화 등으로 기능이 약화되어 현재는 거의 해체된 상태이다.

동질 지역 同質地域 ■■■

지역 구분에서 지표로 사용된 어떤 현상이 일정한 공간 내에 균등하게 분포하는 지리적 범위를 말하며, 등질 지역(等質地域)이라고도 한다. 지형구, 기후구 등과 같이 지형 조건을 구분 지표로 한 지역에서 잘 나타나지만, 이들 자연 조건을 기초로 형성되는 문화권, 농업 지역, 종교 지역 등 인문 조건에 의한 구분에서도 잘 나타난다.

동질 지역(농업 지역)

동티모르 사태 東Timor事態 ■■

1975년 동티모르를 지배하던 포르투갈이 물러간 후, 인도네시아에 의하여 강제 점령된 동티모르의 독립 운동 과정에서 인도네시아가 유혈 탄압을 하면서 발생한 일련의 사태를 말한다. 인도네시아가 강제 점령한 이후, 카톨릭 교도가 대부분인 동티모르 주민들은 이슬람 국가인 인도네시아의 합병에 반대하여 독립 운동을 벌였고, 이 과정에서 수많은 사람들이 학살되었다. 1999년 동티모르 사태가 발생하자, 한국 정부도 유엔 평화 유지군의 일원으로서 상록수 부대를 파견하여 동티모르의 평화 유지 활동을 전개하였다.

두만강 유역 개발 계획 豆滿江流域開發計劃

유엔 개발 계획(UNDP) 주관으로 두만강 접경의 중국, 북한, 러시아 3국과 주변국인 한국, 중국, 일본 등 3국이 참여하는 다자간 경제 협력 사업을 말한다. 이 지역을 미래의 교통 · 금융 · 관광의 중심지 및 가공 공업 센터로 개발하고, 인구 · 자원 · 기술 · 자본을 효과적으로 결합하는 환동해 경제권을 형성하기 위한 것이다. 함북 나진 · 웅기(선봉) 일대를 자유 경제 무역 지대로, 나진 · 웅기 · 청진항을 자유 무역항으로 지정하고 이 지역 내에서만 외국인의 기업 활동을 보장한다고 하였다. 이는 서방 측 시장 경제의 북한 내 확산을 차단하기 위한 것이다. 개발 대상 지역은 북한의 나진 · 중국의 훈춘 · 러시아의 포시에트를 연결하는 약 1,000km²에 이르는 소 삼각 지대와 북한의 청진 · 중국의 옌지 · 러시아의 블라디보스토크를 연결하는 약 10만km²의 지역을 대 삼각 지대로 구분하였다.

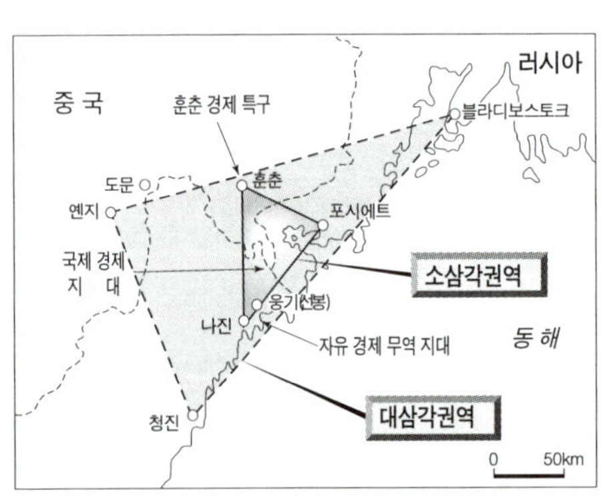

등고선 等高線 ■■

평균 해수면으로부터 같은 고도를 갖고 있는 여러 점들을 이은 선으로 등치선도에 해당된다. 등고선의 간격은 축척에 따라 달라지지만 절대 끊기거나 교차하지 않는 특성이 있다. 등고선의 간격이 조밀하면 급경사, 간격이 넓으면 완경사 지형을 의미한다.

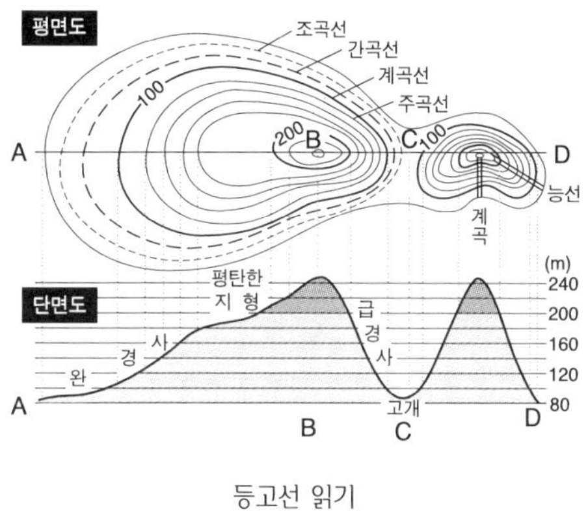

등고선 읽기

등질 지역 → 동질 지역

등치선도 → 통계 지도

ㄹ

라니냐 La Niña 현상

엘니뇨 현상과는 반대로 적도 무역풍이 강해지면서 적도 부근의 서태평양 해수 온도는 평년보다 상승하게 되고, 동태평양 해수 온도는 저온이 되는 해류의 이변 현상을 말한다. 라니냐 현상은 엘니뇨 현상의 시작 전이나 끝난 후, 평균보다 강한 적도 무역풍이 지속될 때 발생하는 기후 변동 현상이다. 라니냐 현상이 발생하면 원래 찬 동태평양의 바닷물은 더욱 차가워져 서쪽으로 향하게 된다. 따라서 인도네시아 · 필리핀 등의 동남아시아에는 격심한 장마가, 페루 등 남아메리카에는 가뭄이, 북아메리카에는 강추위가 나타날 수 있다.

라마 교 Lama敎

티베트를 중심으로 하여 발전한 불교를 말한다. 인도에서 티베트로 전해지기 전에 힌두 교의 영향으로 은둔적이며 신비한 영향을 강하게 받았으며, 그 위에 불교가 수입되어 신앙 · 의식 등에 독특한 면을 갖게 되었다. 따라서 특수한 형태로 발전하였으며, 티베트를 비롯하여 중국의 만주 지역 · 몽고 · 부탄 · 네팔 등 광범위한 지역에 전파되었다.

라이프 사이클 life cycle

경제학 용어로 상품의 수명을 말한다. 하나의 신제품이 시장에 도입, 보급되고 포화 상태가 되면서 대체품인 신제품의 등장으로 시장에서 소멸되는 기간을 말한다. 현대는 상품에 대한 기술 혁신의 속도가 빠르고 기술 개량을 이룩한 신제품의 등장이 빨라져 제품 수명은 점점 단축되는 경향이다. 특히 컴퓨터 관련 분야에서 현저하게 나타난다.

라테라이트 토 laterite土 ■

연중 고온 다우한 열대 습윤 지역에서 용탈(溶脫)이 잘 되지 않는 철분과 알루미늄 산화물만 남아 적색을 띠는 강산성의 토양을 말한다. 매우 척박하여 농업에는 부적합하지만 보크사이트 · 망간 등의 광물 자원이 채굴된다. 우리 나라에서는 과거 우리 나라가 아열대 기후에 속할 당시 형성된 것으로 보이는 라테라이트 성 적색토가 남해안 지역에 분포하고 있다.

라테라이트 화 작용 laterite化作用 ■

열대 습윤 기후 지역에서 라테라이트 토양이 생성되는 작용을 말하는 것으로, 열대 우림 기후 · 사바나 기후 · 아열대 기후 등 고온 다습한 기후에서 잘 발달한다. 비가 많고 기온이 높아 암석의 화하저 풍화 작용이 활발히 진행되고, 토양 중에 염기뿐만 아니라 규산까지도 상당히 용탈되며, 철 · 알루미늄 산화물만 남아서 적색을 띠게 된다. 이렇게 형성된 토양을 라테라이트라고 한다. 고온 다습하기 때문에 박테리아 활동도 활발하여 유기질 분해가 빠르고 부식이 집적되지 않으며, 과도한 용탈로 농사에는 부적당하다.

라틴 아메리카 문화 지역 → 아메리카 문화권

람사르 조약 Ramsar條約 ■ ■

동 · 식물, 물새 서식처로서 국제적으로 중요한 습지를 보호하기 위한 국제 협약으로, 1971년 이란의 람사르에서 채택되었다. 습지 자원의 보전 및 현명한 이용을 위한 기본 방향을 제시한 것으로, 우리 나라는 1997년 101번째로 가입하였다. 강원도 대암산의 용늪과 경상남도 창녕의 우포늪이 협약에 등록되어 있다.

러시 아워 rush hour ■

도시의 일일 교통 흐름에 있어서 교통량이 가장 많은 시간을 말하는 것으로, 피크 아워(peak hour)라고도 한다. 아침 · 저녁의 출퇴근 시간을 전후한 2시간은 변두리의 주택가와 도심 지역 간의 심한 인구 이동으로 승차 인구가 급증하여 교통 혼잡이 발생한다.

런던 협약 London協約 ■■

폐기물 및 기타 물질의 투기에 의한 해양 오염을 방지하기 위한 국제 협약으로, 1975년 영국 런던에서 채택되었다. 인류의 건강을 위협하고 해양 생물과 자원에 피해를 주며, 바다의 효율적인 사용을 방해하는 폐기물의 무단 방출에 의한 해양 오염을 방지하는 데 주 목적을 두고 있다.

레구르 토 regur土 ■■

현무암이 풍화되어 형성된 흑색을 띤 데칸 고원의 토양을 말한다. 매우 기름지며 다공질로 수분을 다량으로 보유하고 있으므로 면화 재배에 가장 적합하기 때문에 면화토라고도 한다.

로마 클럽 보고서 RomaClub報告書 ■■■

1968년 이탈리아 실업가인 아우렐리로 페체를 중심으로 결성된 국제적인 연구 단체인 로마 클럽에서 세계의 인구 구조와 생태계의 변화에 관하여 장기적으로 예견하고 인구, 자원, 환경의 위기를 경고한 보고서를 말한다. 천연 자원의 고갈, 공해에 의한 환경 오염, 개발 도상국의 인구 증가 등으로 100년 이내에 지구상에는 '성장의 한계'가 나타날 것이라고 경고하였다. 즉, 유한한 지구에서 무한한 성장은 불가능하다는 명제를 제시한 것이다. 따라서 인구와 경제력이 균형을 이루는 적정 인구를 유지하고 생산량이 증대되도록 환경을 보호하여야만 인구 문제를 해결할 수 있다고 본 것이다. 이는 21세기에 인류가 직면할 위기를 전망한 인간의 예견력과 대응력이 발휘된 대표적인 사례로 손꼽힌다.

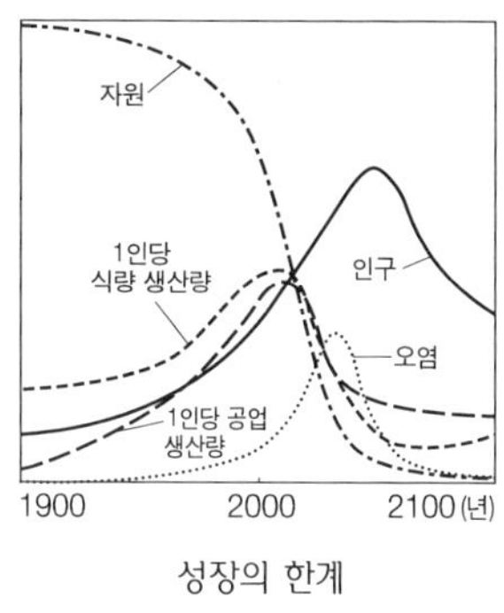

성장의 한계

뢰슈의 수요 입지론需要立地論 ■■

베버(A. Weber)의 최소 비용 이론에 상반되는 이론으로, 뢰슈(A. Lösche)가 최대 수요 이론에 근거하여 수요를 최대화할 수 있는 장소가 공업의 최적 입지임을 설명한 공업 입지론을 말한다. 뢰슈는 평야상의 한 지점에 위치한 공업 생산품은 공장에서 운송 거리에 따라 판매 가격이 증가되고, 점차 수요량이 감소되다가 어느 지점에 이르러서는 수요가 0이 되는데, 이 거리를 반지름으로 하는 원이 그 공업이 독점할 수 있는 시장 범위가 된다고 하였다. 따라서 이 원의 중심은 공업 입지의 최적 장소로 보는 수요 입지론을 주장하였다. 그런데 시장 구조는 원형이 되어야 하지만 시장의 공백을 해소하기 위하여 육각형의 구조로 변한다고 제시하였다.

뢰스 Loess ■ ■ ■

대륙의 반건조 지역에 바람에 의하여 운반되는 실트(silt)가 쌓여 형성된 토양으로서 흔히 황토라고 한다. 중국 대륙 북부, 유럽 북부, 동 · 북부 아프리카, 북아메리카 중부 등에 널리 분포한다. 중국의 경우에는 아시아 내륙의 몽고 · 타클라마칸 사막 등에서, 유럽이나 북아메리카의 경우에는 제4기 빙하 시대에 널리 퍼져 있었던 대륙 빙하의 퇴적물에서 편서풍에 실려 날아온 실트가 퇴적되어 형성되었다. 주성분은 실트 질로, 다공질인 데다가 층리가 없으며 수직적인 절개가 쉽기 때문에 절벽을 잘 형성한다. 또한 토양의 지탱력이 크기 때문에 황토 고원 사람들은 혈거 생활을 하기도 한다.

루프 식 철도 loop式鐵道 ■

경사진 산지 지형을 운행하기 위한 특수 철도 시설로서, 선로를 고리처럼 둥근 모양으로 우회하도록 만든 철도를 말한다. 지형의 어려움을 극복하는 방법으로 터널을 나선형으로 원을 그리면서 터널 위쪽으로 파내어 급경사 산지를 통과하도록 한 것이다. 우리 나라에서는 중앙선의 치악재와 죽령에 설치되어 있다.

리모트 센싱 → 원격 탐사

리비아 대수로 공사 Libya大水路工事 ■

우리 나라의 동아 건설 주식 회사가 리비아에 건설중인 수로 공사로서, 리비아가 남부 사막 지역에 매장되어 있는 풍부한 지하수를 개발하여 송수관을 통하여 북부 지중해 연안 지대까지 끌어들여 광대한 사막과 황무지를 농경지로 바꾸려는 사업을 말한다. 이는 리비아가 녹색 혁명을 이룩하려는 사업 계획의 일환으로 건설하는 것이며, 세계 최대의 자연 개조 사업이라고 할 수 있다.

리사이클링 시스템 recycling system ■

자원을 인공적으로 순환시켜 재생 이용을 도모하는 방법으로, 자원의 순환 이용에 의하여 공해를 줄이고 자원 및 에너지를 효율적으로 이용하려는 두 가지 목적을 수행하려는 것이다. 음식물 찌꺼기의 사료화, 폐식용유를 이용한 무공해 비누 제조, 알루미늄캔의 재활용 등이 이에 해당된다.

리아스식 해안 rias式海岸 ■■

하식곡(V자곡)이 침수된 해안으로, 해안에 직교하는 산지 말단부와 곡부가 지반의 침강과 해수면 상승에 의하여 바다 밑으로 침수해서 형성된 불규칙하고 복잡한 톱니 모양의 해안을 말한다. 에스파냐의 비스케 만에 이러한 해안이 많으며, 리아스라는 말은 이 지방에서 이 해안을 리아(rias)라고 부른 데서 유래한다. 배후지 발달이 어려워 항구 발달에는 불리한 편이다. 미국의 북동부 해안과 우리 나라의 남 · 황해안의 다도해가 이에 해당된다.

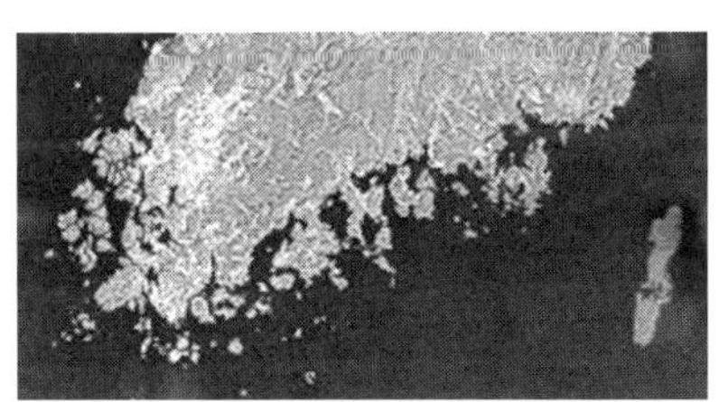
리아스식 해안(한국 남해안)

리우 회의 Rio會議 ■

1992년 브라질 리우데자네이로에서 각국 대표들과 민간 단체들이 지구 환경 보전을 위하여 개최한 회의를 말한다. 리우 회의를 통하여 리우 선언과 의제 21을 채택하였는데, 리우 선언은 지속 가능한 개발과 환경 보전에 있어서 국제적인 협력 관계의 유지를 원칙으로 삼았으며, 의제 21은 이를 위한 행동 강령을 구체화한 것으로 지구 환경 보전의 지침서가 되고 있다. 이 외에도 지구 온난화 방지 협약, 생물 다양성 보존 협약, 삼림 보전 원칙 등을 채택함으로써 지구 환경 보호 활동의 수준을 한 단계 끌어올리는 성과를 낳았다.

마그레브 Maghreb ■

리비아 · 튀니지 · 알제리 · 모로코 등 아프리카 북서부 일대를 합한 지역을 말한다. 마그레브란 아랍 어로 '해가 지는 땅', '서쪽' 이라는 뜻으로, 아랍과 페르시아 인 중심으로 이루어진 이슬람의 동방 국가들과는 달리 서부 아랍 국가들은 아랍계 베르베르 인을 주축으로 형성되었다는 데에서 유래한다. 이슬람의 서방 세계에 속하는 아프리카 북서부 지역은 자연 환경이 비슷하고, 아랍의 침입에 이은 프랑스의 식민지 활동 등 역사적 배경 또한 같이 하고 있다. 아울러 제2차 세계 대전 후 협력 체제를 유지하며 독립 운동을 전개하였다. 이러한 배경에서 마그레브라는 말이 생겨났으며, 현재도 이들 지역은 교통 · 통신 · 무역 · 관광 등의 여러 분야에 걸쳐 협력 체제 유지를 위한 목적으로 마그레브 정신을 살리기 위해 노력하고 있다.

마스트리히트 조약 Maastricht條約 ■■

유럽의 정치 통합과 경제 및 통화 통합을 위한 유럽 통합 조약을 말한다. 유럽 연합 활동의 법적 기반을 이루고 있는 유럽 통합에 가속력을 부여하기 위하여 1991년 회원 국가들의 수반들이 네덜란드 마스트리히트에서 조약을 체결하였다. 단일 통화의 도입을 통한 경제 통합, 공동의 외교 안보 정책의 추진을 통한 정치 통합, 치안 · 내부 · 사법 · 행정 등의 사회 통합을 주 내용으로 하고 있다.

막 취락 → 교통 취락

망류 하천 網流河川 ■

하천이 운반하는 토사가 운반력에 비하여 과다할 때 하상에 퇴적 현상이 일어나고 유로가 여러 개로 갈라져 형성된 하천을 말한다. 일반적으로 하곡에 비하여 수심이 매우 얕고, 유로 변동이 심하여 하천 자체가 매우 불안정한 특징을 갖는다. 일시적으로 대량의 풍화 산물을 공급받는 건조 지역의 하천이나 곡구(曲口)를 중심으로 토사를 집중적으로 쌓는 선상지의 하천, 강 하구의 삼각주의 하천 등에서 망류 하도가 잘 형성된다.

매스 무브먼트 mass movement ■

사면에서 암설이 하천 · 빙하 · 바람과 같은 운반 매개체 없이 중력에 의하여 아래로 이동하는 일련의 과정을 말한다. 수분과 얼음은 매스 무브먼트의 중요한 촉매 역할을 한다. 수분과 얼음을 함유한 암석이 집단적으로 유체처럼 내부 구조를 바꿔 가며 이동하는 유동성 이동과 건조한 암석이 내부 구조의 변화 없이 일정한 사면을 이동하는 활동성 이동으로 구분된다. 유동성 이동에는 토양 포행 · 솔리플럭션 · 포석류 · 암석 애버런치 등이 있으며, 활동성 이동에는 암석 슬라이드 · 슬럼프 등이 있다.

먼로 효과 Monroe effect ■

도심의 건물 사이에서 생기는 난기류의 일종으로서, 고층 건물이 난립한 데에서 생겨나는 특이한 기류의 소용돌이 현상을 말한다. 건물과 건물 사이의 좁은 길과 모퉁이 등지에서 잘 발생한다. 먼로 효과는 '7년' 만의 외출' 이라는 영화에서 마릴린 먼로의 스커트가 지하철 환기통 위에서 올라오는 바람에 의하여 치솟는 장면에서 비롯된 이름이다.

메르카토르 도법 Mercator圖法 ■ ■ ■

원통 도법의 원리를 개량한 것으로, 경선 간격의 확대율에 따라 위선 간격의 확대율을 조정한 비투시 도법을 말한다. 경위선이 수직 교차하며, 방위가 정확하여 등각 항로가 직선으로 표시되기 때문에 선박의 항해도로 이용된다. 또한 지도의 모양이 반듯하여 세계 지도 작성에 많이 이용된다. 그러나 적도 부분은 정확한 반면, 고위도로 갈수록 면적이 확대되고 극이 표시되지 않기 때문에 분포도로서는 정확성이 떨어지는 단점이 있다.

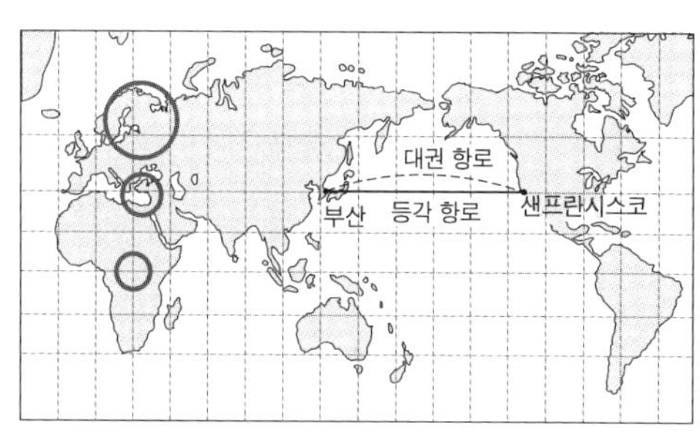

모레인 moraine ■

빙하에 의하여 운반되어 온 점토 · 모래 · 자갈 등의 물질이 빙하의 말단부에 퇴적된 빙하 지형으로 퇴석이라고도 한다. 하천과 해수에 의하여 운반된 토양과는 달리 층리가 없고, 크고 작은 암층이 혼합한 채로 퇴적된다.

몬트리올 의정서 Montreal議定書 ■ ■

지구 오존층을 보호하기 위하여 염화 불화 탄소 · 할론 등의 오존층 파괴 물질의 사용을 규제한 국제 환경 협약으로, 1987년 캐나다 몬트리올에서 채택되었다. 오존층 파괴 물질의 생산 및 규제가 주 목적으로 염화 불화 탄소의 단계적 감축, 비가입국에 대한 통상 제재를 주요 내용으로 하고 있다.

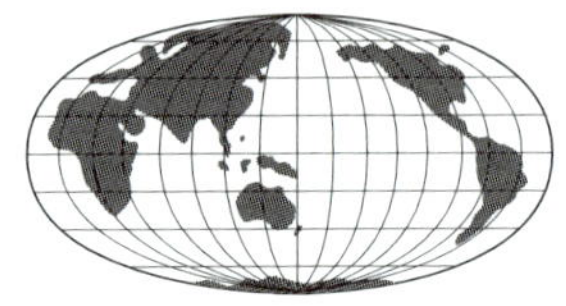

몰바이데 도법 Mollweide圖法 ■■

정적 도법의 하나로, 지구의(地球儀)의 반구를 원으로 표현하고 나머지 반구를 둘로 나누어 그 바깥쪽으로 연장한다는 원리를 적용한 비투시 도법을 말한다. 경선은 등간격이며, 타원 곡선으로 제작하였다. 위선은 평행하고 정적성을 살리기 위하여 고위도로 갈수록 간격을 축소, 조정하였다. 고위도 지방은 정확하지만 저위도 지방이 왜곡이 나타난다. 따라서 유럽 대륙과 같은 고위도 중심의 세계 지도 표현에 적합하다.

무상 일수 無霜日數 ■■■

서리가 내리지 않는 기간으로, 마지막 서리와 첫 서리 사이의 기간을 말한다. 서리는 대개 식물 성장에 요구되는 최저 기온인 5℃를 전후하여 내리므로 농작물의 생육 기간을 결정한다. 무상 일수는 일반적으로 남에서 북으로 갈수록, 해안에서 내륙으로 갈수록 짧아진다. 작물 재배의 적합한 지역을 검토하는 데 중요한 인자가 된다.

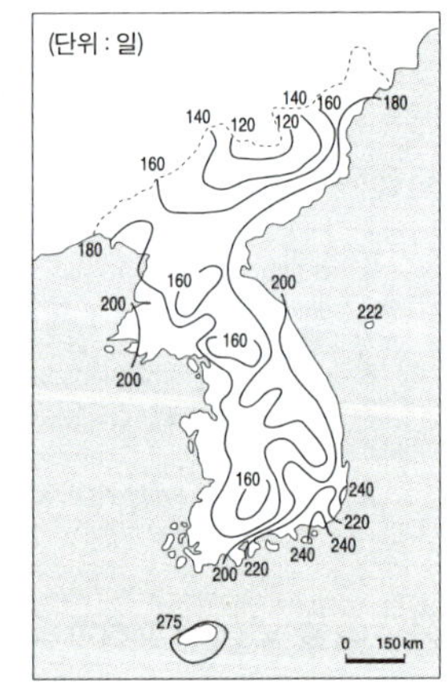

무역 貿易 ■■

국가간 부존 자원의 차이로 인하여 모든 재화를 자급할 수 없기 때문에 발생하는 국가간의 교역을 말한다. 국가간에 무역이 발생하는 이유는 한 국가에서 모든 상품을 생산하기보다는 다른 국가에 비하여 상대적으로 유리한 상품을 생산하고, 이들 상품을 교역하는 것이 보다 합리적인 비교 우위의 원리가 작용하기 때문이다. 우리 나라는 1960년대 이전까지는 농업 위주의 후진국형 무역 구조였으나, 1960년대 후반부터 산업화와 더불어 수출 주도형 공업 정책을 추진하여 무역량이 급증하였으며, 1980년대 후반에 들어서는 공업국형의 선진국형 무역 구조로 변화하였다. 우리 나라의 주요 무역 상대국은 미국과 일본에 집중되었으나 점차 동남아 · 중국 · 중남미 등 다변화가 이루어지고 있다. 남 · 북 간의 교역은 제3국을 통한 간접 교역 형태로 이루어지고 있으며, 교역 물품은 남한에서 북한으로는 공업 제품이, 북한에서 남한으로는 원자재와 농산물이 주를 이루고 있다. 최근 세계 무역 기구(WTO) 체제의 출범으로 무역 자유화와 선진국의 시장 개방 압력 등 국제 무역 환경의 변화로 인하여 무역에 많은 어려움을 겪고 있다. 이에 따라 기술 혁신을 통한 첨단 제품의 생산, 산업 구조 조정을 통한 경제 체질 개선 등 국제 경쟁력 강화를 위한 노력이 필요하다.

무역풍 貿易風 ■■

아열대 고압대로부터 적도 저압대로 부는 항상풍(恒常風)으로, 1년 내내 적도를 향하여 북반구에서는 북동 방향, 남반구에서는 남동 방향으로 부는 바람을 말한다. 무역풍은 옛날부터 알려져 범선 시대에 항해에 많이 이용되었고, 콜럼버스도 이 바람을 이용하여 북미 대륙의 발견에 성공하였다고 한다. 무역풍이란 주로 무역 범선이 이 바람을 이용한 데에서 비롯되었다.

문화 文化 ■■■

오랜 전통과 자연 환경과의 조화를 통하여 형성된 어떤 인간 집단의 공동 생활 양식을 말하는 것으로, 인간이 환경에 적응하는 방식이 지역에 따라 다르기 때문에 문화 또한 지역에 따라 각기 다를 수 밖에 없다. 따라서 문화는 지역을 이해하는 데 중요한 지표가 된다. 문화는 언어 · 종교 · 기술 · 법 · 예술 · 관습 등의 무형적 요소와 가옥 구조 · 경작 방법 · 농기구 등의 유형적 요소가 오랜 역사를 통하여 결합된 문화 속성을 지니고 있다. 또한 이러한 문화 속성들이 유기적으로 결합되어 촌락 경관 · 결혼 풍습 · 장묘 풍습 등의 문화 유형을 갖게 된다. 그리고 이러한 문화는 인구 이동 등에 의하여 다른 지역으로 확산, 전파되어 새로운 문화를 만들어 내기도 한다. 근래에는 교통과 통신의 발달로 문화 확산이 보다 빠른 속도로 이루어지고 있다.

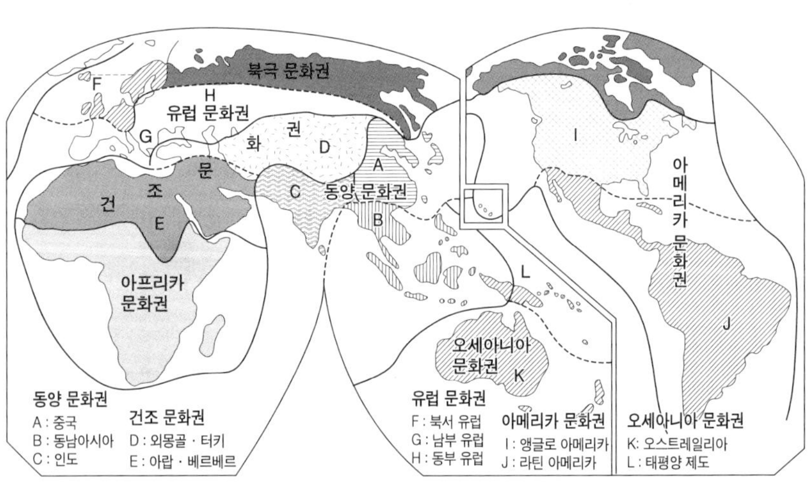

세계의 문화권

문화 결정론 文化決定論 ■■■

인간의 생활이나 역사는 인간이 오랜 역사를 통하여 발전시켜 온 문화에 의하여 영향을 받는다고 보는 견해를 말한다. 인간의 행위는 그들의 문화적 배경에 의하여 결정된다고 보는 것으로서, 인간과 자연과의 관계를 문화와 자연과의 관계로 파악하는 이론이다. 미국에서는 골드 러시(gold rush) 이후 많은 이주민들이 캘리포니아 지방에 정주하였다. 이곳에 정주한 라틴 계열은 지중해식 농업, 튜턴 계열은 혼합 농업, 남방계 중국인은 벼농사, 북방계 중국인은 밭농사를 주로 하는 등 자기 문화권에서 행하던 농경 형태가 그대로 신대륙에 옮겨졌다. 이와 같이 농경 방식에서의 차이점은 이주민들의 각각의 문화적 배경을 달리하고 있다는 점에서 찾을 수 있기 때문에 문화 결정론의 좋은 예가 된다.

문화권 文化圈 ■■

지표상의 다른 지역과 구별되는 동질적 문화 유형의 지리적 범위를 말하는 것으로, 대륙 규모에 이르는 문화 지역을 의미한다. 문화권은 인종과 종교, 언어가 비교적 비슷한 지역으로 산맥 · 하천 · 사막 등 뚜렷한 자연 조건에 의하여 구분되기도 하지만 대부분은 그 경계에 점이 지대가 존재한다. 그리고 문화권은 영구 고정된 것이 아니라 인류 이동과 문화 전파 등에 따라 변화된다. 일반적으로 세계의 문화권은 크게 동양 문화권, 유럽 문화권, 아메리카 문화권, 오세아니아 문화권, 북극 문화권으로 나뉜다.

문화의 섬 ■■■

일단의 문화 요소가 성격을 달리하는 이질 문화에 둘러싸여 섬과 같이 분포하는 경우를 말한다. 섬을 이루는 문화 요소의 특성에 따라 다양하게 나타난다. 유럽 인종에 의하여 둘러싸인 몽골 인종으로 핀란드의 핀 족 · 헝가리의 마자르 족 · 미국의 아메리카 인디언 · 에스키모 족 등은 '인종의 섬'에 해당되며, 동남 아시아 대부분의 국가가 신봉하는 불교에 의하여 둘러싸인 말레이시아와 인도네시아의 이슬람 교는 '종교의 섬'에, 라틴 아메리카의 대부분 국가가 사용하는 에스파냐 어에 둘러싸인 브라질의 포르투갈 어는 '언어의 섬', 동부 유럽의 대부분을 차지하는 슬라브 족에 둘러싸인 루마니아의 라틴 족은 '민족의 섬'에 해당된다.

미기후 微氣候 ■

인간 생활과 관계가 깊은 지상 1.5m의 높이에서 관측되는 것을 보통 기후라고 할 때, 대지(大地)와 직접 접한 대기층의 기후를 미기후라고 한다. 이 기후는 지표의 상태, 토질, 토양의 함수율 등에 큰 영향을 주기 때문에 특히 농작물의 생장과 밀접한 관계가 있다.

민족 民族 ■■■

민족이란 지리적으로 인접되어 오랫동안 함께 생활해 오면서 언어 · 종교 · 생활 양식 등이 맞아 공통된 문화적인 특징을 지닌 집단으로, 문화적 동질성과 공동체 의식을 갖게 된다. 신체적 특징이 같은 인종은 다시 여러 민족으로 세분된다. 아시아 인종은 몽골 족 · 한민족 · 한족 · 티베트 족 · 핀 족 · 에스키모 족 등으로, 유럽 인종은 튜턴 족 · 라틴 족 · 슬라브 족 등으로, 아프리카 인종은 반투니그로 족 · 수단니그로 족 · 피그미 족 · 부시맨 족 등으로 나뉜다. 그리고 소수 민족으로는 아일랜드의 켈트 족 · 피레네 산지의 바스크 족 · 마다가스카르 섬 동부의 호바 족 · 뉴질랜드의 마오리 족 · 뉴기니 섬의 파푸아 족 · 오스트레일리아의 아보리진 등이 있다.

민족의 섬 → 문화의 섬

밀 캘린더 wheat calender ■

서남 아시아가 원산지인 밀은 성숙기 약 3개월간의 평균 기온 15℃ 이상에서 잘 자라는 작물로, 특히 냉량 건조한 기후에서도 잘 자라기 때문에 전 세계적으로 재배된다. 따라서 지구상 어느 곳에서도 연중 수확되고 있으므로 밀 캘린더의 작성이 가능하다. 북반구에서는 위도에 따라 보통 3월부터 시작하여 11월까지 수확하는 반면, 남반구에서는 12월부터 2월 사이에 수확한다. 따라서 남반구 국가의 밀 수확기는 북반구와 계절이 반대이므로 수출에 유리하다. 북반구의 미국과 캐나다와 함께 남반구의 오스트레일리아, 아르헨티나, 브라질 등이 대표적인 밀 수출국에 속한다. 그리고 밀은 국제적으로 볼 때 남반구에서 북반구로, 신대륙에서 구대륙으로 이동하는 특징을 가지고 있다.

국명 \ 월	1	2	3	4	5	6	7	8	9	10	11	12
아르헨티나	■											■
오스트레일리아	■										■	■
인도			■	■	■							
이집트			■	■	■							
미국						■	■	■	■			
프랑스						■	■	■	■			
캐나다							■	■	■			
구소련							■	■	■			

밀 캘린더(수확 시기)

ㅂ

바나나BANANA 현상

'어디에든 아무 것도 짓지 마라.' 이는 쓰레기 매립지나 소각장 처리장 등 각종 환경 오염 시설물을 자기가 사는 지역권 안에는 절대 설치하지 못한다는 지역 이기주의의 한 현상이다. 이를 바나나(Build Absolutely Nothing Anywhere Near Anybody) 현상이라고 한다.

바닷길

알렉산드리아로부터 홍해와 아라비아 해를 거쳐 인도, 말래카 해협을 지나 중국의 광저우에 이르는 해상 교통로로서, 중국의 정화와 이슬람 상인의 상업 활동에 적극적으로 이용되었다. 이 길을 통하여 불교 · 힌두 교 · 이슬람 교가 아시아로 전파되었으며, 2세기 후반에는 로마의 사신이 도착하기도 하였다. 9세기 이후에는 중국 상인들이 동남 아시아에 진출하여 도자기를 거래하였으며, 명나라의 정화는 무역을 촉진하기 위하여 대선단을 이끌고 동남 아시아와 인도를 거쳐 아프리카에까지 진출하였다.

바람받이 사면斜面

바람이 불어오는 곳, 즉 바람이 산의 경사를 따라 상승하는 지역을 말하는 것으로, 바람받이 사면에서는 공기의 상승에 따라 단열 변화로 인하여 지형성 강우가 나타난다. 따라서 바람받이 사면 지역은 다우지를 형성하는데, 우리 나라의 다우 지역에 속하는 섬진강 유역 · 한강 중상류 지역 · 청천강 중상류 지역은 모두 바람받이 사면에 해당된다.

바람 의지 사면

바람받이 사면의 반대 지역을 말하는 것으로, 산에 의하여 상승한 공기가 산을 넘어 하강하는 지역을 말한다. 바람받이 사면에서 습기를 잃은 공기가 산을 넘어 높은 곳에서 낮은 곳으로 내려오면서 단열 압축으로 인하여 100m당 1℃씩 상승하여 바람 의지 사면에서의 공기는 고온 건조하다.

바람 장미 wind rose

임의의 관측 지점에서 특정 기간 동안 각 방위별, 풍향별 바람의 출현 빈도를 방사 모양의 그래프로 나타낸 것을 말한다. 바람 장미에서 화살대의 방향은 풍향을, 화살대의 길이는 바람이 분 시간의 비율이며, 원의 숫자는 바람이 불지 않는 정온 상태가 나타나는 시간의 비율을 나타낸다. 바람 장미는 그 지역의 바람 특성을 이해하는 데 매우 유용하다.

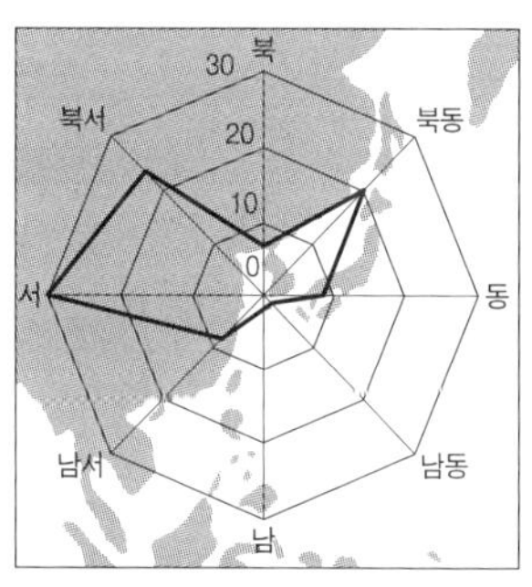

서울의 바람 장미

바이오 산업 bio産業

바이오테크놀러지(bio-technology)를 기업화하려는 새로운 산업 분야를 말한다. 유전자 조작과 같은 생체 응용 기술을 통하여 필요한 물질을 생산하려는 것으로, 이미 당뇨병 특효약인 인슐린, 암 억제제인 인터페론 등이 상업화되고 있다. 현재 의약품뿐만 아니라 화학 · 식품 등의 업종에서도 연구 개발이 활발히 진행되고 있으며, 품종 개량 · 식량 생산 등 농업 관계에서도 응용될 것으로 기대된다.

바젤 협약 Bagel協約 ■ ■

유해 폐기물의 국가간 이동 및 처분 규제에 관한 국제 협약으로, 1989년 스위스 바젤에서 채택되었다. 병원성 폐기물을 포함한 유해 폐기물의 국가간 이동을 엄격히 통제하는 최초의 범세계적 환경 협약이다. 후진국이 선진국의 폐기물 처리장화되어서는 안 된다는 위기 의식에서 출발하고 있으며, 다른 환경 협약과 달리 아프리카 등 77그룹이 주도적인 역할을 하고 있다.

방위 도법 方位圖法 ■ ■

방향이 정확하게 나타나는 도법으로, 경위선 망을 투시하는 시점의 위치에 따라 정사 도법, 평사 도법, 심사 도법으로 구분된다. 두 지점간의 최단 거리가 직선으로 표시되기 때문에 항공도로 이용된다. 교통과 통신이 발달된 오늘날 매우 유용하게 사용되는 도법으로, 평면 도법이라고도 한다.

방조제 防潮堤 ■

조수에 의한 피해를 방지하기 위하여 바다에 쌓은 제방으로서, 해수의 범람으로 인한 농경지의 염해를 방지하고 각종 용수를 확보할 수 있는 장점이 있다. 우리 나라에서는 아산만 · 남양만 · 삽교천 · 서산 · 시화 방조제 등이 있다.

배사 구조 → 석유

배산 임수 背山臨水 ■■■

배산 임수 지형(전라남도 부안군 산서면)

배산 임수의 촌락 입지

뒤쪽은 산으로 에워싸여 있고, 앞으로는 하천이 흐르는 곡구나 산록 사면의 입지를 말하는 것으로, 풍수 지리적으로 볼 때 명당에 해당된다. 배산 임수 지형에 입지한 촌락은 겨울에 차가운 북서풍을 차단해 주는 배후의 산지가 있고, 산지로부터 연료 획득이 유리하다. 그리고 앞으로 하천이 흘러 풍부한 생활 및 농업 용수의 확보가 가능하고, 하천이 형성한 범람원이 있어서 경지 확보가 유리하며, 취락의 입지가 남향을 이루어 일조에 유리한 특징을 가지고 있다. 우리 나라의 배산 인수 촌락의 입지는 자연 환경에 적응한 결과라고 할 수 있다.

배타적 경제 수역 EEZ ■■■

썰물 때에는 해안선에서 200해리까지로 공해에 속하지만 연안국이 수산 자원 및 광물 자원에 대한 탐사 및 개발에 관한 주권적 권리와 해상 인공 구조물 설치 및 사용, 해양 환경 오염의 규제 등에 대한 배타적 관할권을 행사하는 수역을 말한다. 배타적 경제 수역(Exclusive Economic Zone)에 대한 제3국의 권리는 잉여 어업에 대한 관습적 어로 행위가 일부 허용되고, 수역 내에서의 항행과 상공 비행의 자유가 주어진다. 우리 나라는 일본, 중국과 인접하고 있기 때문에 만약 3국이 EEZ를 설정할 경우 상당 부분이 중첩되어 인접 국가와의 마찰이 예상된다.

배후 습지 → 범람원

백호주의 白濠主義 ■■

백인만의 오스트레일리아를 주장하여 백인 이외의 인종, 특히 아시아인의 이민을 배척하였던 오스트레일리아의 인종 차별주의를 말한다. 금광 개발로 골드 러시가 일어나면서 중국과 인도인 등 아시아계 노동자의 유입이 늘자 백인 노동자들이 위협을 느끼게 되면서 백인 노동자들의 보호를 위하여 유색 인종의 이민을 금하는 차별 정책을 추진하게 된 것이다. 그러나 오스트레일리아는 국토 면적에 비하여 인구가 지나치게 적기 때문에 차별적인 이민 정책은 심각한 노동력 부족 문제를 발생시키는 등 피해가 커지자 1970년대 이래 폐지되었다. 현재는 투자 이민을 적극 권장하고 있으며, 이민 총수의 절반 정도가 아시아 계 이민이다.

뱅크 → 해저 지형

범람원 汎濫原 ■■■

하천의 하류 지역에서 하천의 범람으로 운반 물질이 하천 양안에 퇴적되어 형성된 평탄 지형을 말한다. 우리 나라의 대하천 하류에 발달한 대부분의 범람원은 후빙기 해수면 상승과 관련하여 하천의 퇴적 작용이 활발히 진행되는 과정에서 생겨난 것들이다. 범람원은 크게 자연 제방과 배후 습지로 구성되며, 범람원 상을 흐르는 하천은 자유 곡류하여 우각호 · 하중도 · 구하도 등의 부속 지형이 발달한다. 자연 제방은 사질(沙質) 퇴적물로 구성되어 배수가 양호하고, 수위가 높아져도 쉽게 침수되지 않기 때문에 취락과 교통로가 입지하며, 대개 밭 · 과수원 등으로 활용된다. 반면 배후 습지는 점토질 퇴적물로 구성되어 배수가 불량하고, 수위가 높아지면 쉽게 침수된다. 따라서 배후 습지는 인공 제방을 쌓고 대부분 논으로 개간하여 이용하고 있다.

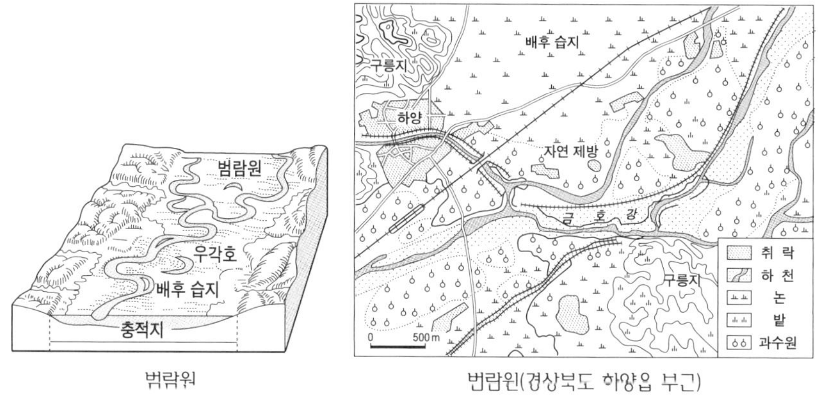

범람원

범람원(경상북도 하양읍 부근)

베네룩스 3국 Benelux三國 ■

벨기에 · 네덜란드 · 룩셈부르크의 3국을 일괄적으로 부르는 말로서, 3국의 머릿글자(Be, Ne, Lux)를 따 사용하게 되었다. 이들 3국은 민족이나 종교 등의 차이는 다소 있으나, 지리적으로 인접하였으며, 경제적으로 자국 내에서의 경제적 수요를 충족시킬 수 없었기 때문에 서로 물자를 교역할 필요가 있었다. 따라서 이 3국은 매우 밀접한 관계를 가지게 되었는데, 1948년 무역에 관한 물자 이동의 경우 서로 관세를 부과하지 않도록 호혜 조약을 체결하여 관세 동맹을 맺었다. 이후 1960년대부터는 비관세 동맹을 넘어 자본 · 상품 · 노동력 · 기술 · 서비스 등의 이동도 자유화하여 베네룩스 경제 동맹으로 발전하였다. 이 동맹은 이후 유럽을 하나의 국가 단위로 통합하는 유럽 연합(EU)의 시초가 되었다는 점에서 의의가 있다.

베드 타운 bed town

중심 도시에 비하여 주택 지역으로 특화된 위성 도시를 말하는 것으로, 침상 도시라고도 한다. 대도시 주변에 개발된 주택 도시로서의 성격이 짙다. 베드 타운은 지역 내의 소비 수요를 충족시킬 만한 자체 기능을 갖추고 있지 못하므로 대도시로의 통근자들에게 있어서 잠만 자는 장소밖에 되지 않기 때문에 붙은 이름이다. 도시로 출퇴근을 하는 통근자가 대부분인 베드 타운은 새로운 교통 문제를 야기하고 있다. 최근 서울 주변에 들어선 신도시들은 대부분 베드 타운의 성격을 벗어나지 못하고 있다.

베버의 공업 입지론工業立地論

베버(A. Weber)에 의하여 체계화된 공업 입지론으로서, 최소 비용으로 제품 생산이 가능한 장소가 공업의 최적 입지임을 밝힌 이론을 말한다. 베버는 공업 입지의 최적 장소는 최소 생산비 지점이라고 주장하였으며, 공업 입지에 가장 큰 영향을 미치는 요소로 운송비 · 노동비 · 직접 이익 등을 들었다. 생산비 중 운송비를 공업 입지 결정의 가장 중요한

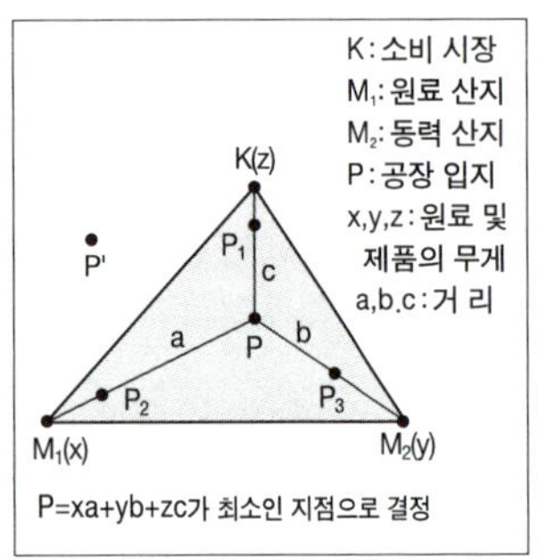

P : 최소 운송비 지점의 공장 입지
(P_1:시장 지향, P_2:원료 지향, P_3:동력 지향)
P' : 노동비 절약 지점, 직접 이익의 지점에 공장 입지

베버의 공업 입지론
(최소 운송비 지점)

요인으로 보았다. 그러나 만약 노동비 절약분이 운송비의 증가분보다 크면 공장은 노동비를 절약할 수 있는 지점에 입지한다고 보았다. 그리고 공업의 집적으로 인한 이익이 발생할 때, 이 곳까지의 운송비 증가분보다 직접 이익이 크면 공업은 집적 이익 지점으로 옮겨진다고 하였다. 이와 같은 베버의 공업 입지론은 오늘날 공업 입지 이론을 전개하는 데 개념적 기틀이 되고 있으나 시장 수요의 무시, 운송비의 비현실적 단순화 등 실제에 적용하는 데에는 한계가 있다.

베세토 벨트 BESETO belt

중국의 베이징, 한국의 서울, 일본의 도쿄를 연결하는 동북아 중심 도시의 연결 축을 일컫는 말이다. BESETO란 명칭은 Beijing, Seoul, Tokyo의 앞자리 영문 두 글자씩을 따서 지은 것이다. 한국 · 중국 · 일본 3국의 수도를 하나의 경제 단위로 묶는 초국경 경제 권역으로, 21세기 아시아 · 태평양 시대에 대비하자는 취지에서 맺은 협력 체제이다. BESETO 벨트는 앞으로 21세기 북미 자유 무역 협정(NAFTA), 유럽 연합(EU)과 함께 세계 경제 질서를 삼분하는 동북아 경제의 중심 축으로 부상할 전망이다.

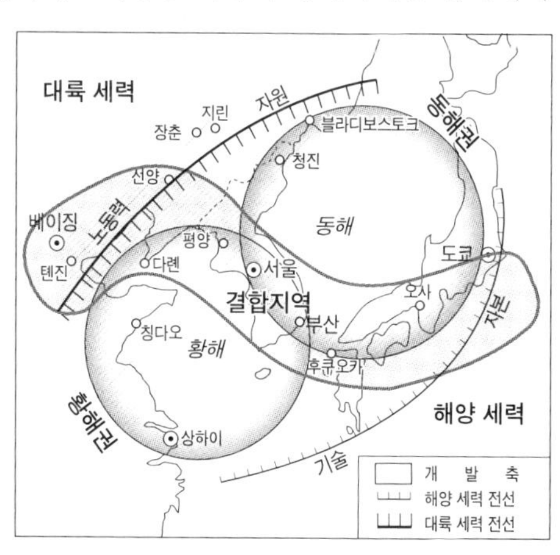

베이비 붐 baby boom ■■

아기를 가지고 싶어하는 어떤 시기의 공통된 사회적 경향을 일컫는 현상으로, 출생률이 급격히 증가하는 것을 의미한다. 대체로 전쟁이 끝난 후 또는 불경기가 끝난 후 등으로 경제적, 사회적으로 풍요롭게 안정된 상황에서 일어나는 경향이 있다. 베이비 붐이 한번 생기면 세대를 거듭하면서 제2, 제3의 베이비 붐이 생긴다. 우리 나라에서는 6·25 사변이 끝난 후, 1955년 이후 베이비 붐이 일어나 인구 증가율이 3퍼센트 수준까지 증가하기도 하였다.

벤처 기업 venture business ■

신기술이나 노하우(know how) 등을 개발하고 이를 기업화함으로써 사업을 하는 창조적인 기술 집약형 기업을 말한다. 벤처 기업의 주된 특성은 기술 창업인이 기술 혁신의 아이디어를 상업화하기 위하여 설립한 신생 기업으로 높은 위험 부담이 있으나, 성공할 경우 매우 높은 기대 이익이 예상된다는 점이다. 우리 나라에서도 최근 벤처 기업에 대한 관심과 중요성이 매우 높아지고 있다.

병목 현상 甁目現象 ■

bottle neck이라고 부르는 병목 현상은 도폭의 정도가 상이한 다리나 터널 입구 등에서 교통 신호 대기 시간으로 인하여 차량의 소통이 정체되는 현상을 말한다. 거대 도시에서 나타나는 대표적인 교통 체증 현상이다.

복류천 伏流川 ■■

하천의 바닥을 구성하는 토양층의 입자가 굵은 모래 · 잔 자갈과 같은 조립질 물질로 구성되어 있을 경우, 하천수가 바닥으로 스며들어 땅 속으로 숨어 흐르는 하천을 말한다. 선상지의 선앙 지역을 흐르는 하천과 다공성 토질인 현무암 지대를 흐르는 제주도의 하천에서 흔히 복류천이 나타난다.

본 도법 Bonne圖法 ■

정적 도법의 하나로서 원추 도법을 응용한 도법이다. 중앙 경선은 직선이고 나머지 경선은 곡선이며, 위선은 동심원의 호이다. 중앙 경선을 따라서는 형태가 명확하지만 멀어질수록 왜곡이 심하다. 세계 지도의 작성은 가능하지만 중위도의 국가 지도의 사용에 적합할 뿐 대륙 이상의 지도에는 사용되지 않는다.

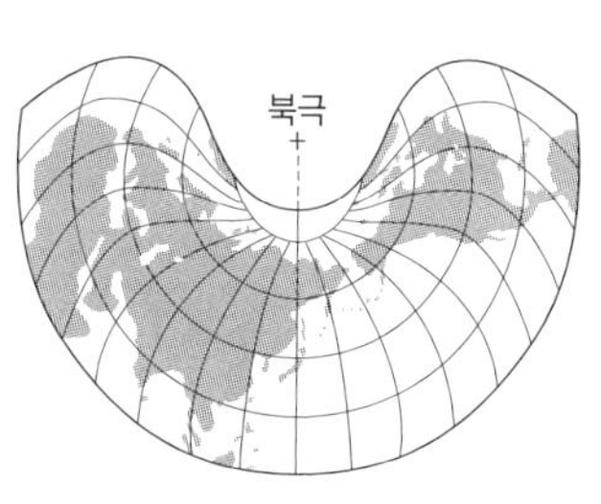

본초 자오선 本初子午線 ■■■

경도의 기준이 되는 경도 0°의 자오선. 영국 런던의 구(舊) 그리니치 천문대(현재 케임브리지로 이전)를 지나는 경선을 말한다. 경선은 국가마다 독특한 기준을 가지고 있었기 때문에 불편한 점이 많았다. 이를 극복하기 위하여 1884년 당시 영국의 그리니치 천문대를 지나는 경선을 본초 자오선(경도 0°선)으로 정하고 동서 방향으로 각각 180°씩 분할하는 경선 체계를 정하였다. 우리 나라의 중앙 경선은 동경 127.5°선이지만 표준 경선은 135°선으로 정하고 있기 때문에 우리 나라의 표준시는 본초 자오선상의 시간보다 9시간 빠르다.

부도심 副都心 ■■■

부도심은 도심과 주변 지역 사이의 교통의 결절점에 발달하여 도심의 기능을 일부 분담하는 중심 지역을 말한다. 도심에 비하여 중추 관리 기능은 미약하지만 도심과 유사하게 건물이 밀집, 고층화되어 있는 곳으로, 서울의 신촌 · 영등포 · 청량리와 인천의 부평, 부산의 서면 등이 이에 해당된다.

부메랑 효과 boomerang效果 ■

선진국이 개발 도상국에 경제 원조나 투자와 기술 협력 등을 한 결과, 개발 도상국의 생산력 수준이 높아져 개발 도상국의 완제품이 역수입되어 선진국 산업에 타격을 입히는 것을 말한다. 선진국이 민간 차원의 경제 협력을 억제하고자 할 때 좋은 구실이 되는 경우가 많다. 일본은 현재 한국에 대하여 철강 · 자동차 기술 등의 이전을 주저하고 있는데, 이는 부메랑 효과를 경계하기 때문이다.

부영양화 현상 富營養化現象 ■■

호수와 연근해 등의 정체 수역에 공장 폐수 · 생활 하수 · 농축산 폐수 등의 유기 물질이 대량 유입되어 수중에 생존하는 조류가 이상 번식하여 발생하는 수질 오염을 말한다. 공업화, 도시화와 함께 부영양화의 속도는 더욱 가속화되고 있다.

북극 문화권 北極文化圈 ■■■

유라시아와 북아메리카의 북극해 연안 툰드라 지역에 형성된 문화를 말한다. 유라시아 대륙의 라프 족과 사모예드 족은 순록을 유목하며, 아메리카의 이누이트(에스키모) 족은 어로와 물개잡이를 하였으나 최근에는 근대 문명의 유입이 계속되자 전통적 생활 양식을 상실하고 점차 유럽 문화에 흡수되고 있다. 최근 대권 항로와 자원 개발 등으로 중요성이 점차 증대되고 있는 지역이기도 하다.

북대서양 조약 기구 NATO

제2차 세계 대전 후 구 소련의 팽창 정책에 대항하기 위하여 미국 중심의 서방 측 자유 진영에서 결성한 군사 동맹체를 말한다. 1949년 설립되었으며, 본부는 벨기에 브뤼셀에 있다. 가맹국은 미국 · 영국 · 프랑스 · 독일 · 캐나다 · 이탈리아 · 포르투갈 · 에스파냐 · 터키 · 그리스 등이며, 서유럽 내의 군사적, 경제적 원조 및 보조를 주요 활동으로 하고 있다.

북동 기류 北東氣流

우리 나라 주변에 북고 남저 형의 기압 배치가 나타날 때 혹은 장마철 오호츠크 해 고기압이 발달하였을 때, 북동 방향에서 유입되는 기류를 말한다. 북동 기류가 우리 나라로 유입될 때, 이 기류와 거의 직각 방향으로 산맥이 놓여 있는 중부 동해안 지역은 여름철, 겨울철 각각 많은 양의 비와 눈이 내린다.

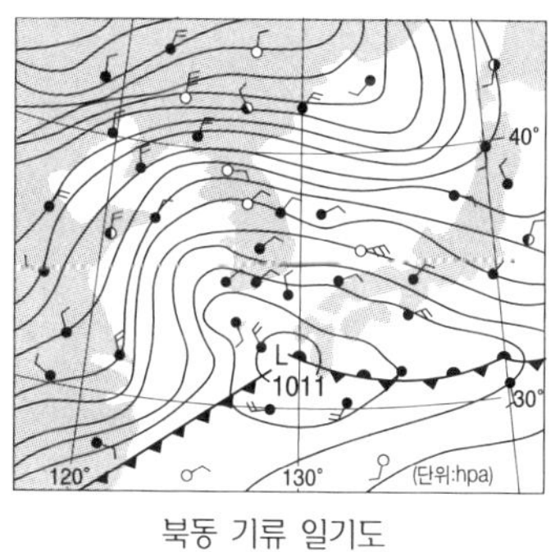

북동 기류 일기도

북미 자유 무역 협정 NAFTA

미국 · 캐나다 · 멕시코 등 3개국이 자유 무역과 경제적 협력을 목적으로 1994년 설립한 북미 지역 경제 협력 기구를 말한다. 미국의 자본과 기술, 캐나다의 자원, 멕시코의 노동력을 바탕으로 경제 통합을 이루어 거대한 단일 통합 시장을 구축하게 되었다.

북서 유럽 문화 지역 → 유럽 문화권

북아일랜드 분쟁 北Ireland分爭 ■■

북아일랜드의 소수파인 구교도들과 다수파인 신교도들 간의 일련의 충돌 사건을 말한다. 아일랜드는 12세기 이후부터 영국의 지배를 받게 되었다가, 1949년 신교도가 많아 영국과 연합을 원하는 북부 6개 주를 제외한 나머지 남부의 26개 주가 완전한 독립을 하였다. 그러나 계속 영국의 지배를 받게 된 북아일랜드 카톨릭 교도들은 신교도들과의 차별 대우가 계속되자 신교들과 충돌하였다. 특히 과격파들은 아일랜드 공화국 군대(IRA)를 조직하고 신교도들에 대한 무차별적인 테러를 가하기도 하였다. 그러나 1985년 영국과 아일랜드 사이에 북아일랜드 분쟁의 평화적 해결을 위한 협정이 체결된 후 소강 상태에 들어갔다.

북태평양 기단 北太平洋氣團 ■■■

아열대 고기압에 의하여 북태평양상에서 발달하는 고온 다습한 해양성 기단을 말한다. 동부 아시아의 여름 기후는 북태평양 기단에 의하여 큰 영향을 받는다. 한여름의 열대일·열대야 등의 무더위 현상, 장마 전선 형성에 따른 장마철의 집중 호우 현상 등 우리 나라의 여름철 날씨는 북태평양 기단에 의하여 좌우된다.

불교 佛敎 ■

기원전 6세기경 인도 북부 부다가야에서 싯다르타에 의하여 창시된 종교로서, 전통적인 카스트 계급 사회에서 브라만 계급의 횡포를 반대하고 만민의 평등과 자비의 실천을 목적으로 하고 있다. 불교는 전파 과정에서 지역별로 다소 다른 특성을 지니게 되었는데, 소승 불교, 대승 불교, 라마 교로 분류된다. 소승 불교는 자기 구제를 중시하는 교리를 실천하며, 동남 아시아 · 스리랑카에 분포한다. 대승 불교는 대중 구제를 중시하는 교리를 실천하며, 중국 · 한국 · 일본 등에 분포한다. 한편, 라마 교는 티베트에서 발달한 불교로서, 힌두 교의 영향으로 독특한 면이 많은데, 티베트 · 부탄 · 몽고 등에 분포한다.

불국사 운동 佛國寺運動 ■

중생대 말에서 신생대 초에 걸쳐 일어난 대규모의 단층 운동을 말한다. 불국사 운동에 의하여 한국 방향의 구조선이 형성되었으며 경상 분지가 육화되었다. 한편, 경상 분지를 중심으로 화산 활동과 화강암의 관입이 광범위하게 발생하였는데, 이 화강암을 불국사 화강암이라고 한다.

불쾌 지수 不快指數 ■

기온이나 습도 · 풍속 · 일사 등이 인체에 주는 쾌감, 불쾌감의 정도를 수량화한 지수를 말한다. 불쾌 지수는 온도와 습도에 관한 함수로서, 기온과 습도만으로 계산하는데, (건구 온도+습구 온도)×0.72+20.6으로 산출한다. 일반적으로 지수 70대에서는 쾌적함을, 80 이상이면 불쾌함을, 86 이상이면 참기 어려운 불쾌함을 느낀다고 한다.

블루 라운드 BR ■■■

노동과 무역의 연계에 관한 다자간 협상으로 국가간의 통상 문제에 있어서 노동자(blue color)의 인권 문제를 포함시킨다는 선진국들의 무역 정책의 움직임을 블루 라운드(Blue Round)라고 한다. 선진국들이 인건비 면에서 비교 우위에 있는 개발 도상국의 근로 조건을 강화시킴으로써 선진국 우위의 무역 질서를 유지하려는 개념으로, 선진국과 개발 도상국 간의 입장 차이가 크기 때문에 실현 가능성이 불확실하다. 이는 선진국들이 자국 수준의 강화된 노동 기준을 개발 도상국에 강요하여 무역 경쟁력을 확보하려는 의도가 깔려 있다.

비교 우위 比較優位

한 국가에서 모든 상품을 생산하기보다는 다른 국가에 비하여 상대적으로 유리한 상품을 상호 교역하는 것이 가장 합리적이라는 이론으로서, 각 국가의 산업 분업이나 국제 무역은 바로 이러한 비교 우위의 원리에 의한 것이다.

비단길 Silk Road

소아시아에서 파미르 고원을 거쳐 중국에 이르는 내륙 아시아를 횡단하는 고대 동서 통상로로서, 동서 문화 교류에 가장 큰 역할을 하였다. 동방에서 서방으로 간 대표적 상품이 중국의 비단인 데에서 유래되었다. 비단길은 최단 거리의 동 · 서 교통로였기 때문에 이 길을 확보하기 위하여 많은 민족들이 싸웠다. 비단길은 동서를 잇는 무역로로서 뿐만 아니라 동 · 서 문화의 전달 통로로서도 큰 역할을 하였다. 서방으로부터 옥과 직물 · 약재 · 마늘 · 오이 · 포도 · 말 등의 산물과 불교 · 이슬람 교 · 간다라 미술 등이 중국에 전해졌으며, 반면 중국에서는 주철 기술 · 양잠 · 제지법 · 비단 · 거울 · 나침반 · 인쇄술 등이 서방으로 전해졌다.

비정부 기구 NGO ■■

비정부 기구(Non-Government Organization)는 민간인이나 민간 단체들이 자발적으로 만든 비영리 모임으로, 국제 조약에 의하여 만든 정부 기관(IGO)에 대비되는 기구를 말한다. NGO의 활동 분야는 정부 등의 권력 감시 · 인도주의적 봉사 활동 · 환경 보존 · 인권 문제 · 난민 구호 · 빈민 구제 · 여성 문제 등 다양하다. 최근 들어 국내 민간 단체, 시민 조직도 NGO의 범주에 속하였는데, 1990년대 들어 행정 · 사법 · 국회 · 언론에 이은 '제5의 권력', 정부와 기업에 맞서는 '제3의 영역'으로 불린다. 첫 NGO는 1863년 스위스에서 시작된 국제 적십자를 들 수 있다.

빙퇴석 평야 氷堆石平野 ■

제4기 빙하기 때 대륙 빙하의 성장과 후퇴로 침식 · 퇴적된 평야로서, 낮은 구릉과 호소가 많이 분포한다. 북부 유럽과 북아메리카 중앙부에 널리 나타나며, 토양은 척박하고 배수가 불량하기 때문에 곡물 농업에는 부적당하다. 대신 목초지와 방목지로 활용하여 세계적인 낙농업 지대를 이루고 있다.

빙하성 해면 변화 氷河性海面變化 ■■■

신생대 제4기에는 빙기와 간빙기가 교대로 반복하면서 나타났는데, 빙기에는 양극 지방과 고산 지대에 빙하가 발달하여 해수면이 하강하고, 간빙기에는 빙하들이 녹아 해수면이 상승한다. 이와 같이 빙하의 성쇠에 따라 해수면이 승강하는 것을 빙하성 해면 변화라고 말한다. 제4기에는 4회의 빙하와 3회의 간빙기가 있었는데, 마지막 빙기로 약 7만 년 전부터 1만 년 전까지 계속된 뷔름 빙기에는 현재보다 해수면이 약 100m 이상 낮아 서해와 남해의 대륙

빙기의 해안선

붕은 대부분 육지로 드러났으며, 일본 · 중국도 육지로 연결되었다. 해수면이 하강하면 하천의 침식 작용이 활발해져 하안 단구 · 감입 곡류 하천 등의 지형이 발달하게 된다. 그 후 기온이 점차 회복되면서 해수면이 상승하여 약 6,000년 전 현재의 높이에 이르게 되었다. 해수면의 상승으로 서 · 남해안에는 리아스식 해안과 다도해가 형성되었으며, 하천의 퇴적 작용이 활발해져 범람원 · 삼각주 등의 지형이 발달하였다.

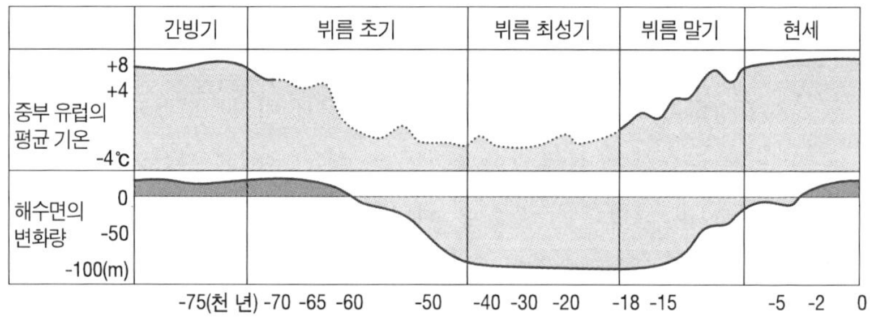

빙하성 해수면 변화

빙하 지형 氷河地形

빙하의 이동에 의한 침식과 퇴적 작용으로 형성된 지형을 말한다. 과거 빙하에 의하여 덮여 있던 북아메리카 5대호 이북 지역과 유럽 중부 이북 지역에는 대륙 빙하가, 알프스 · 히말라야 등의 높은 산지의 정상부에는 곡빙하가 발달하였다. 곡빙하의 침식 작용으로 형성된 빙식 지형으로는 산정 부근에 반원형으로 형성된 와지인 권곡(kar), 권곡 사이에 남은 날카로운 봉우리는 호른(horn), V자형 계곡인 빙식곡, U자곡의 곡벽에 걸려 있는 또 다른 U자곡인 현곡 등이 나타난다. 그리고 곡빙하의 퇴적 작용으로 형성된 빙적 지형으로는 빙하의 구성 물질이 빙하의 말단부에 퇴적된 모레인(moraine), 빙하가 이동하는 방향을 따라 기존의 구릉 · 모레인 등이 침식을 받아 형성된 구릉인 드럼린(drumlin), 빙하 밑의 얼음 터널을 흐르는 융빙수에 의하여 토사가 퇴적되어 형성된 제방 모양의 에스커(esker) 등이 있다.

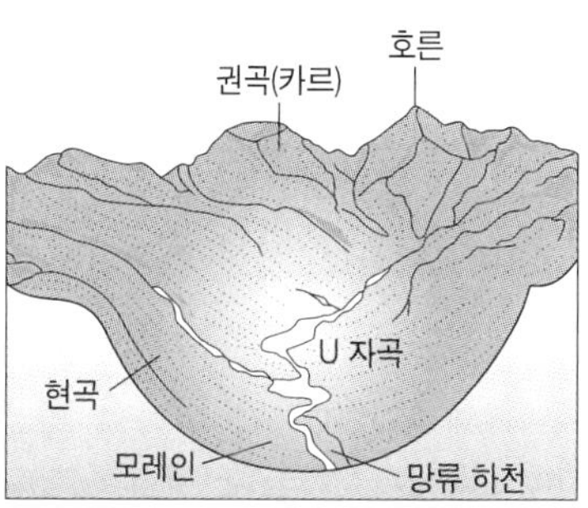

산악 빙하(곡빙하) 지형의 발달

산지나 해안에 나타나는 빙하 지형은 특이한 형태를 띠고 있기 때문에 관광 자원으로 각광받고 있다. 한편, 우리 나라에는 백두산 정상의 관모봉 부근에서 권곡의 빙하 지형이 나타나고 있다.

ㅅ

사구 砂丘

사빈의 모래가 해풍에 의하여 사빈 배후로 운반되어 퇴적된 모래 언덕으로, 일반적으로 해안선과 평행하게 형성된다. 해안에 인접한 농경지에서는 사주에서 날아오는 모래의 피해를 방지하기 위하여 방풍림을 조성한다. 사구의 발달은 동해안보다는 서해안에서 현저하다. 그 이유는 서해안이 겨울철에 북서 계절풍에 잘 노출되기 때문이다.

사구(충청남도 태안면 신두리)

사막 기후(BW) 沙漠氣候

연 강수량 250mm 미만으로 해에 따른 강수량의 연 변동률이 심하며, 가장 큰 일교차로 인하여 암석의 기계적인 풍화 작용이 활발하고 식생은 극히 제한적이다. 중위도 아열대 고압대, 대륙 내부, 한류 연안 지역의 사막 지역에서 나타난다. 대추야자 · 밀 등의 오아시스 농업과 관개 농업이 행해지고 있으며 최근 관개 기술 발달에 따른 대규모 개발이 이루어지고 있다. 이와 함께 서남 아시아와 북부 아프리카의 사막에서는 석유 등 지하 자원의 개발이 이루어지면서 발전 가능성이 높은 지역으로 변모하고 있다.

사막화 沙漠化

자연적인 기후 변동이나 인간의 간섭에 의하여 기존의 사막이 확대되는 과정을 말한다. 사막화의 직접적인 원인은 기후 변화이지만, 또다른 원인은 늘어나는 인구를 지탱하고 자원을 공급하기 위하여 과도한 경작과 방목, 산림 훼손으로 토양이 황폐화되었기 때문이다. 현재 사막화가 가장 빠르게 진행되고 있는 지역은 사하라 남부의 사헬 지대를 꼽을 수 있다. 1972~1973년, 1982~1985년 두 번에 걸친 가뭄으로 발생한 이 지역의 대재앙은 단순히 자연 재난이 아니라 인간이 초래한 환경 재난이라는 사실이 밝혀졌다. 현재 지구 면적의 19퍼센트인 3,000만km^2가 사막화되고 있으며 1억 5,000만 명이 사막화로 생존을 위협받고 있다.

사바나 savana ■■

열대와 아열대 지역의 식생대로서, 우계에는 초목이 무성하지만 건계에는 풀이 말라 건조 기후를 이겨 내는 관목이 드문드문 서 있는 황원(荒原)의 열대 초지 경관을 말한다. 이러한 열대 초지를 남아메리카의 오리노코 강 유역에서는 야노스(Llanos), 브라질 고원에서는 캄푸스(campos)라고 한다. 방목과 이동식 농경이 주로 행해진다.

사바나 기후(Aw) savana氣候 ■■■

여름철에는 적도 저압대, 겨울철에는 아열대 고압대의 영향으로 우계와 건계의 구별이 뚜렷한 기후로 열대 우림 기후 주변 지역에 분포한다. 인도 반도, 남아메리카의 야노스·캄푸스, 오스트레일리아 북부 그리고 동아프리카 수단에서 모잠비크에 이르는 지역이 이에 해당된다. 장초와 수목과 관목이 어우러진 소림(疏林)이 발달하며, 야생 동물의 낙원을 이루고 있다. 화전 경작의 원시 농업이 행해지고 있으며, 커피·면화·사탕수수 등의 플랜테이션 농업도 함께 이루어지고 있다. 열대 우림보다 인구가 조밀한 편이지만 강수가 불규칙하여 심각한 식량 문제가 발생하기도 한다.

사빈 沙濱 ■■

하천에 의하여 공급된 모래가 파랑과 연안류에 의하여 퇴적되어 형성된 해안 지형을 말한다. 동해안에 널리 분포되어 있으며 주로 해수욕장으로 이용된다. 반면, 서해안의 경우에는 조류 작용이 강하기 때문에 사빈의 형성이 곤란하다. 동해안은 급경사의 동해 사면을 따라 흘러내리는 하천들이 홍수 시 많은 토사를 바다로 운반하고, 이들 모래가 해안을 따라 이동하기 때문에 사빈의 발달이 현저하다.

사이트 site ■

도시 위치의 성격을 규정짓는 개념으로서, 도시가 발생하고 그 위에 확대한 지형 자체를 의미하는 것으로, 지형적 위치라고 한다. 한 지역으로서 도시의 절대적 위치를 조망하는 것으로 대축척 지도상에서 분석된다. site로 정의되는 도시의 위치는 시가지가 입지한 장소의 기복 · 지질 · 용수 · 하천 특성 · 제방 등과 같은 여러 사실과 현상을 포함한다.

사주 沙柱 ■■

하천에 의하여 바다로 유입된 토사가 파랑과 연안류에 의하여 해안과 평행하게 퇴적된 해안 지형을 말한다. 사주가 발달하여 섬과 연결되면 육계 사주, 육지와 연결된 섬은 육계도라고 한다. 지형도의 육계도는 제주도의 유명한 관광지인 성산 일출봉이다. 원래 섬이었던 이 지역은 후빙기 해수면 상승과 함께 연안을 따라 파랑의 퇴적 작용으로 사주가 발달하여 육지와 연결된 육계도로 변화된 것이다. 이 외에도 영흥만의 호도 반도가 육계도에 해당되며, 썰물 시 육지와 연결되는 전라남도 진도의 모도와 충청남도 보령의 무창포 앞바다의 사주도 앞으로 파랑과 연안류에 의한 퇴적 작용이 계속 이루어진다면 육계도로 변화될 것이다.

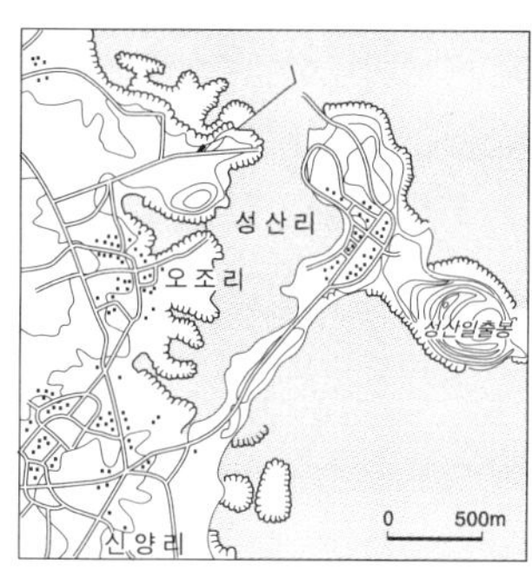

육계 사주(제주도 성산읍)

사헬 지대 Sahel地帶 ■■■

아랍 어로 '변두리' 라는 뜻을 지닌, 동서의 길이가 6,400km에 달하는 사하라 남부의 사막과 스텝의 점이 지대를 말한다. 이 지역은 여름철에는 습윤한 남서 계절풍이, 겨울철에는 건조한 북동 무역풍이 불어온다. 연 강수량은 500mm 미만으로 키가 작은 풀과 관목이 자라고 있지만 가뭄으로 점차 황폐화되고 있다. 현재 이 지역은 사막화가 가장 빠르게 진행되고 있는 지역인데, 그 원인은 인구의 과다한 증가에 따른 경지 확장과 가축 사육 두수의 증가로 인한 과방목에 따른 것이다. 사헬 지대의 사막화로 인한 가속화는 식량 생산의 감소와 함께 질병과 기아를 초래하여 많은 인명과 가축이 위험에 빠져 있다.

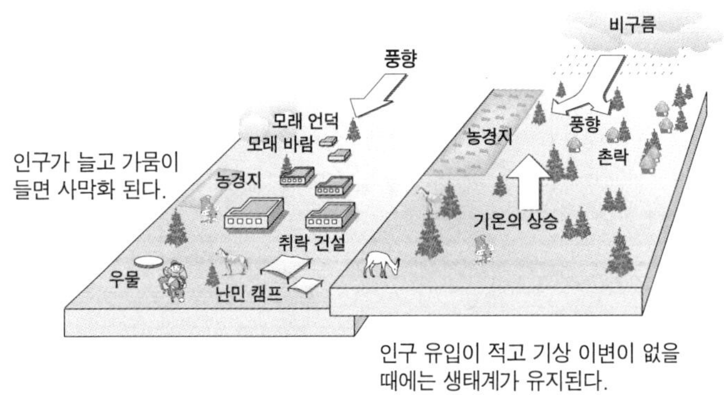

인구 증가와 가뭄 지속에 따른 사헬의 사막화 모식도

사회 간접 자본 SOC ■■■

국민 경제 발전의 기반이 되는 공공 시설에 쓰이는 자본으로, 철도 · 도로 · 항만 · 통신 시설 등이 이에 속한다. 재화를 직접 생산하지 않지만 간접적으로 생산 활동을 돕는 의미에서 기반 시설이라고도 한다. 사회 간접 자본(Social Overhead Capital)은 기업의 생산 활동 및 국민 생활의 편의와 직결되기 때문에 국가 경쟁력 강화를 위해서는 사회 간접 자본 시설에 대한 투자를 늘려야만 한다.

사회적 휴경 社會的休耕 ■■■

노동력 부족과 같은 사회 구조적인 문제로 인하여 이용 가치가 있는 땅을 그대로 방치하는 현상을 말한다. 농어촌 인구의 선택적 이출에 따라 농가 1호당 경지 면적이 증가하여 이를 경작할 노동력이 매우 부족하게 된다. 이에 따라 휴경지가 증가하여 경지 이용률이 감소하고 있다.

산경표 山經表 ■■■

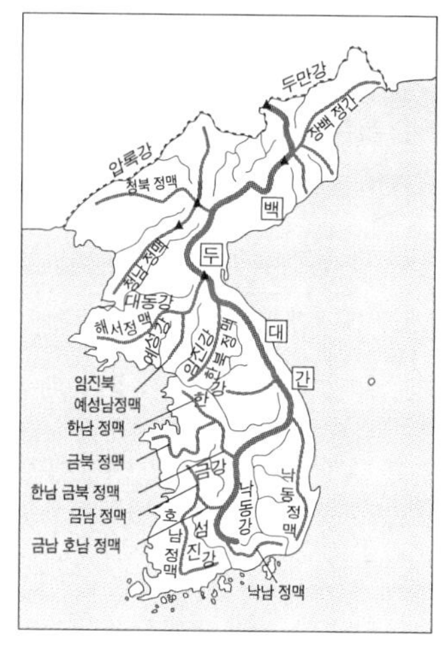

산경도

조선 시대 영조 때 여암 신경준이 편찬한 것으로 알려진, 조선의 산맥 체계를 도표로 정리한 책을 말한다. 우리 나라 옛 지도에 나타난 산맥들을 산줄기와 하천 줄기를 중심으로 파악하여 산맥 체계를 대간 · 정맥 · 정간 등의 표현으로 백두대간과 연결된 14개의 정간 · 정맥으로 집대성하였다. 《산경표》는 고토 분지로 등 일본 학자들이 우리 나라의 지질 구조선에 바탕을 두고 분류한 근대 산맥 체계보다 현 산세 줄기를 따라서 산세를 파악함으로써 지역 구분은 물론 유역 구분 등 생활권 구분에 보다 가깝고 현실적인 준거를 제시하고 있다.

산곡풍 山谷風 ■

산 정상과 골짜기 사이의 온도 차이에 의한 기압 차이로 인하여 발생하는 바람으로 국지풍에 해당된다. 낮에는 산 정상이 골짜기보다

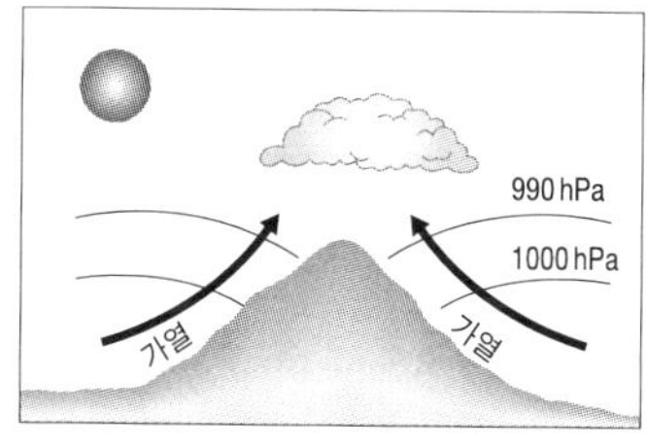

곡 풍

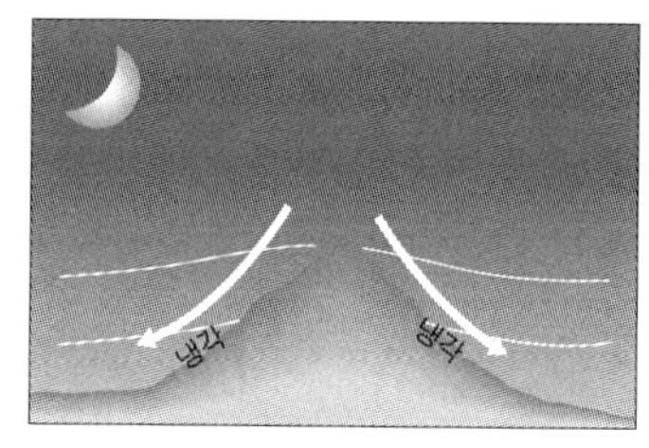

산 풍

더 빠르게 가열되어 공기 밀도가 낮은 반면, 밤에는 산 정상이 골짜기보다 빠르게 냉각되어 산 정상의 공기 밀도가 높다. 따라서 낮에는 골짜기에서 산 정상으로 곡풍이 불고, 밤에는 산 정상에서 골짜기로 산풍이 분다.

산복 온난대 현상 山腹溫暖帶現象 ■

기온 역전 현상이 일어날 때 발생하는 것으로, 분지 지형의 산록 부분이 평지 지역보다 따뜻한 현상이 나타나는 지역을 말한다. 이와 같은 현상은 대기의 상하 운동이 없을 때 따뜻한 공기가 상층부로 몰리고 차가운 공기는 밑으로 깔리기 때문에 나타난다.

산성비 ■■■

석탄 · 석유 등의 화학 연료가 연소할 때 배출되는 황산화물 · 질소산화물 등의 화학 물질이 대기중의 수분과 화합하여 빗물에 녹아 산성화된 비로 수소 이온 농도가 pH 5.6 이하인 비를 말한다. 산성비는 삼림을 파괴하고, 하천 · 호소 등을 오염시켜 생태계를 파괴하며, 토양을 산성화시키는 등 농업 생산에 악영향을 미친다. 또한 인체의 호흡기 질환에 큰 피해를 주고 건물 · 교량 등 건축 구조물을 부식시키기도 한다.

산업 구조 産業構造 ■■■

지역이나 국가의 모든 산업에서 각종 산업이 차지하는 구성 비율을 산업 구조라고 하며, 산업 구조의 특성은 한 나라의 경제 발전 정도를 가늠하는 지표가 된다. 산업 구조는 시대와 경제 발전 정도에 따라 변화되는데, 일반적으로 한 나라의 산업 구조의 변화는 3단계 과정으로 나타난다. 먼저 전기 산업화 단계로서, 경제 발전 초기에는

1차 산업의 비중이 높고 토지가 중시되는 노동 집약적 산업이 발달한 저개발 농업국에 해당된다. 다음 산업화 단계로서, 공업화의 진전에 따라 2차 산업의 비중이 높아지고 자본이 중시되는 생산의 기계화와 상품화율이 높아지는 개발 도상국에 해당된다. 마지막으로 후기 산업화 단계에서는 3차 산업의 비중이 높아지고 정보가 중시되는 고도의 기술 집약적인 산업이 발달한 선진국에 해당된다. 우리나라는 1960년대까지는 1차 산업 중심이었으나 이후 성공적인 공업화로 2, 3차 산업의 비중이 높아졌으며, 1990년대 들어와서는 선진 후기 산업 사회의 특징이 나타나고 있다.

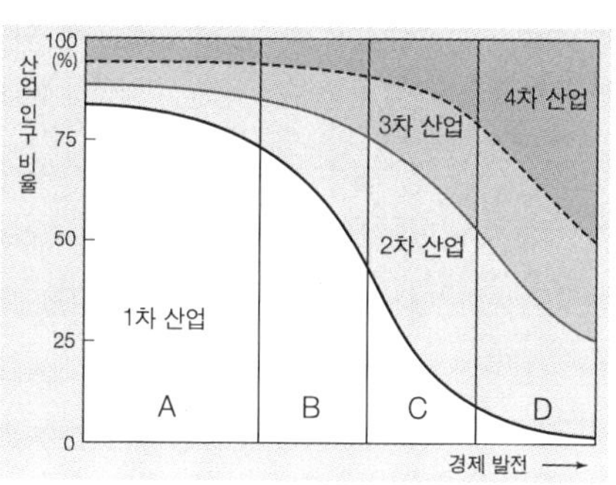

경제 발달과 산업 구조의 변화

산업 구조 이행론 産業構造移行論 ■■

사회의 경제적 발전에 따라 산업 구조가 1차 산업에서 2차 산업으로, 2차 산업에서 3차 산업으로 자본 · 노동력 및 소득의 비중이 옮겨지는 산업별 변화의 경향을 말한다. 이러한 현상은 수요에 대한 소득의 탄력성이 농산물보다는 공산물이, 공산물보다는 서비스 업이 크기 때문에 발생하는 것이다.

산업 구조 조정 産業構造調整 ■■■

산업 경쟁력 향상을 위하여 사양 산업에서 유망 산업으로 생산 요소가 이동해 가는 과정을 말한다. 1990년대 이후 제조업은 위축되고 소비 성향의 서비스 산업의 성장이 높게 나타나고 있다. 이러한 과정은 과소비→사회적 위화감 및 상대적 빈곤감 유발→대기업 노사 분규 확대→임금 인상→제조업 위축→건설 · 유흥 · 향락 등 내수 산업 확대 등의 악순환으로 이어진다. 따라서 국제 경쟁력 강화를 위하여 과소비를 억제하고 중소 제조업을 육성하여야 한다. 우리 나라는 그동안 섬유 · 신발 · 가발 등의 경공업 중심에서 전자 · 자동차 · 철강 등의 중화학 공업 중심으로 산업 구조를 전환하는 데 성공하였으나, 지금은 첨단 산업과 신소재 · 부품 · 기계류 산업을 육성하여야 한다. 또한 세계 무역 기구(WTO) 체제 아래에서 농업과 서비스 부문이 개방됨에 따라 산업 모든 부문에 걸쳐 국제 경쟁력 강화를 위하여 산업 구조를 합리적으로 개편하여야 한다.

산업 분류 產業分類 ■■

인간 생활에 필요한 재화와 용역을 조직적으로 생산하는 활동을 산업이라고 하는데, 이러한 산업은 그 형태에 따라 일반적으로 1차, 2차, 3차 산업으로 분류한다. 1차 산업은 자원을 채취 및 생산하는 농 · 임 · 수산업, 2차 산업은 자원을 제조 및 가공하는 광업 · 제조업, 3차 산업은 1, 2차 산업에서 생산된 물자를 수송 및 판매하고 서비스를 제공하는 건설 · 교통 · 운수 · 상업 · 공무 · 자유업 등이 속한다. 최근 후기 산업화 사회에서 3차 산업을 세분화하는 경향이 있는데, 3차 산업 가운데 개인 서비스 업 · 사무업 · 판매업을 3차 산업(pink color)으로, 정보 · 통신 · 금융 · 공무 · 의료 · 연예 · 교육 등을 4차 산업(white color)으로, 유전 공학 · 생명 공학 · 우주 항공 등 전문 연구 개발직을 5차 산업(gold color)으로 구분하기도 한다.

산촌 散村 ■■

가옥의 밀집도에 따라 촌락의 형태를 구분할 때, 가옥이 서로 분산되어 있고 경지와는 결합되어 있는 촌락을 말한다. 경지가 좁고 지형적 제약이 큰 산간 지역, 음용수 취득이 쉬운 지역, 집단 방어와 노동 협력의 필요성이 적은 지역, 간척지와 같은 신개척지 등에서 발달한다. 취락과 경지와의 거리가 짧아 직업의 효율성이 높다. 태백 산지의 산간 지대 · 태안 반도의 구릉지 · 서해안의 간척지 · 제주도와 대구의 과수원 지대 등이 대표적 산촌 지역이다.

삼각강 三角江 ■

기복이 낮은 지형의 하천이 침수되어 형성된 바다 쪽으로 열린 나팔 모양의 하구(河口)를 말한다. 삼각강은 하천의 높낮이가 완만하여 조석의 영향을 크게 받거나 하구 부근이 침강할 경우에 형성된다. 미국의 체사피크 만 · 독일의 엘베 강 하류 · 남미의 라플라타 강 하류 · 우리 나라의 대동강 하류 등이 좋은 예라고 할 수 있는데, 이러한 하구는 항구 발달에 매우 유리하다.

삼각주 三角洲 ■■■

바다로 유입되는 하천의 하구(河口)에 유속의 감소로 인하여 미립 물질의 토사가 퇴적되어 형성된 지형을 말한다. 우리 나라는 썰물 시 하구에 운반된 미립질 토사가 바다 쪽으로 쉽게 쓸려 이동하기 때문에 삼각주의 발달이 미약한 편이다. 현재 우리 나

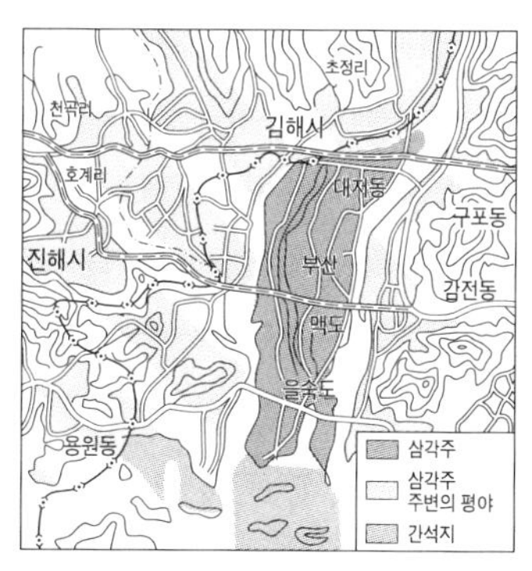

삼각주(낙동강 하구)

라는 낙동강 하구의 김해 평야와 압록강 하구의 용천 평야에서 발달한 삼각주가 대표적인 예이다. 삼각주는 자연 제방 위에 취락이 발달하며 배후 습지는 논으로 개발되어 활용되고 있다. 서 · 남해로 흐르는 하천은 토사의 공급은 많지만 조석 간만의 차가 크기 때문에 조류에 의하여 토사가 바다 쪽으로 제거되어 삼각주의 발달이 미약하다. 반면 간석지의 발달이 현저하다.

삼림 森林 ■■

강수량이 많은 습윤 기후 지역에 형성되는 식생으로, 적도 중심의 열대 우림에서 고위도 지역의 냉대림에 이르기까지 기후 조건을 반영하여 열대림→난대림→온대림→냉대림의 순으로 분포한다. 열대 우림은 열대 우림 기후 지역에 나타나는데, 아마존에서는 셀바스(selvas), 동남 아시아에서는 정글(jungle)이라고 불리며, 상록 활엽수가 주종을 이룬다. 온대림은 대륙 동안의 아시아 몬순 기후 지역에서는 동백 · 사철나무와 같은 조엽수림을 이루며, 대륙 서안의 지중해성 기후 지역에서는 코르크 · 올리브와 같은 경엽수림이 분포한다. 한편 온대 고위도와 내륙으로 가면서 낙엽 활엽수림과 침엽수림이 혼합림을 이룬다. 냉대림은 냉대 기후 지역에서 나타나며, 소나무 · 전나무 등 수종이 단순한 침엽수림으로 구성되어 있기 때문에 경제적 가치가 크다. 따라서 냉대림 지역은 세계적인 임업 지대를 이룬다.

3지대론 三地代論 ■■■

디킨슨(R. Dickinson)이 1947년 유럽의 도시 성장을 중심으로 시가지의 역사적 발전 과정에 근거하여 도시 구조를 설명한 이론이다. 도시 발전을 시계열적인 면에서 보고 도시의 지역 구조를 3지대로 구분하였다. 도시의 중심지로서 역사 시대에 형성된 구 시가지 · 중심 업무 기능 · 고층 건물 기능 등이 집중된 중심 지대, 공장과 저급 주택이 형성된 중간 지대, 19세기 말 이후 전차 · 자동차 등의 교통 발달로 형성된 신 시가지로 도시와 농촌적 경관이 혼재된 외연 지대로 도시 지역의 분화를 설명하였다.

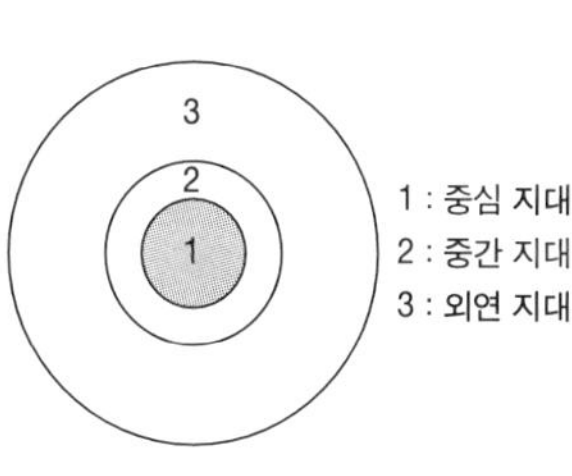

삼포식 농업 三圃式農業 ■

토양의 비옥도를 유지하기 위하여 방목지를 따로 두고 경작지 전체를 3등분하여 여름 농경지, 겨울 농경지, 휴한지로 나누고 이 순서를 1년마다 순차적으로 윤작하는 경작 양식을 말한다. 유럽에서 근대적 윤작 농업이 도입되기 전까지 수 백년 동안 실시되었던 경작 형태이다.

삼한 사온 三寒四溫 ■■■

겨울철 시베리아 고기압의 주기적인 강약에 따른 한파의 주기를 말하는 것으로, 우리 나라를 비롯한 동북 아시아에서 나타나는 겨울철 기온 변화 현상이다. 한파의 주기는 대략 7~10일 정도이며, 3

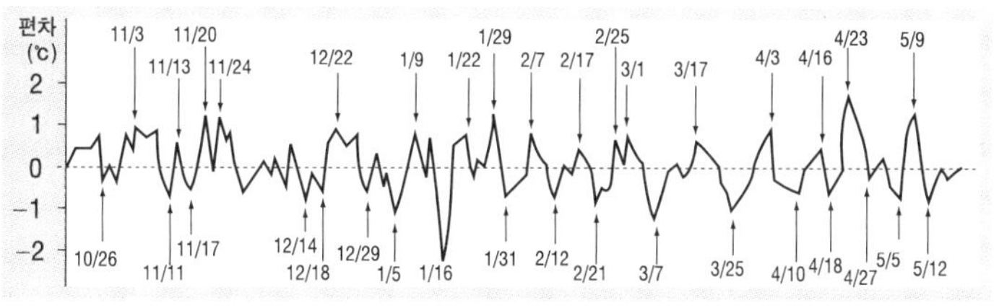

삼한 사온 현상

일간 춥고 4일간 따뜻한 날씨가 된다는 뜻이다. 최근 기후 온난화 현상으로 인하여 겨울철 삼한 사온 현상의 구별이 점차 어려워지고 있다.

상권 商圈 ■■■

시장이나 도시의 상업 활동이 미치는 배후 지역의 범위를 말한다. 상권은 시장의 크기, 상품의 종류에 따라 범위가 달라지며, 교통의 발달로 확대된다. 상권은 교통이 발달하면 도매 상권과 같은 큰 규모의 상권은 성장하지만 작은 상권은 큰 규모의 상권에 흡수되는 상권의 계층화 현상이 나타난다. 우리 나라는 서울 · 부산의 대상권과 대상권 내에 지방 중소 도시의 중 · 소 상권이 계층을 형성하고 있다.

상설 시장 常設市場 ■■

교통의 발달, 산업화와 도시화에 따라 정기시장의 쇠퇴와 함께 도시 내의 일정 지역을 점유하여 연중 상행위를 하는 시장을 말한다. 조선 시대의 육의전, 대구 · 의주의 약령시, 수원 · 마장동의 우시장 등의 특수 시장이 대표적인 전통 상설 시장이었으며, 현재의 상설 시장은 대개 구매력이 높은 인구 밀집 지역과 교통 요지에 발달되어 있다.

상송 도법 → **시뉴소이드 도법**

상업 혁명 商業革命 ■■

15세기 말 신대륙 발견과 신항로 개척으로 서유럽 상업 자본의 활동 영역이 확대됨으로써 일어난 상업 활동의 변혁과 이에 따른 사회적, 경제적 생활의 변화를 말한다. 신항로 개척의 결과, 유럽 세력은 팽창하여 무역의 중심지가 지중해에서 대서양으로 옮겨가게 되었으며, 상권은 세계적 규모로 확대되었다. 이 결과, 동방 산물과 신대륙으로부터 막대한 양의 금과 은이 유입되어 물가가 폭등하고 화폐 가치가 하락하는 가격 혁명이 발생하였다. 또한 식민지 개척에 따른 광대한 해외 시장과 값싼 원료 공급지가 확보됨에 따라 상공업이 급속도로 발달하여 새로운 상업 자본주의가 형성되는 상업 혁명이 발생하였다. 이러한 상업 혁명은 더 나아가 영국으로 대표되는 제국주의 시대를 여는 계기를 마련하였다.

상향식 개발 上向式開發 ■■■

'밑으로부터의 개발'을 의미하는 것으로, 지역 주민의 욕구와 참여에 바탕을 둔 복지 지향적 지역 개발을 말한다. 지역 주민의 욕구 충족을 위하여 그 지역 자원의 효율적 사용과 부의 균등 분배에 기초한 형평성을 강조하는 개발 방식이다. 국가 전체적으로 볼 때 체계적이지 못하고 경제적 효율성이 떨어지는 문제점이 나타나기도 한다. 선진국에서 주로 채택하는 균형 개발 방식이 대표적인 예이다.

새만금 지구 간척 사업 ■■■

군산과 고군산 군도, 변산 반도를 연결하는 연장 33km의 방조제를 설치하여 여의도의 140배에 달하는 약 4만ha의 간척지를 조성하고, 이 지역에 농업 용지 · 공업 단지 · 관광 단지 · 수산 양식 단지 등의 건설을 통하여 서해안 시대의 핵심 지역으로 개발하려는 대단위 국토 개발 사업을 말한다. 새만금 지구 간척 사업으로 인하여 만경강 · 동만강 유역의 수해 상습지를 항구적으로 개선하고, 농

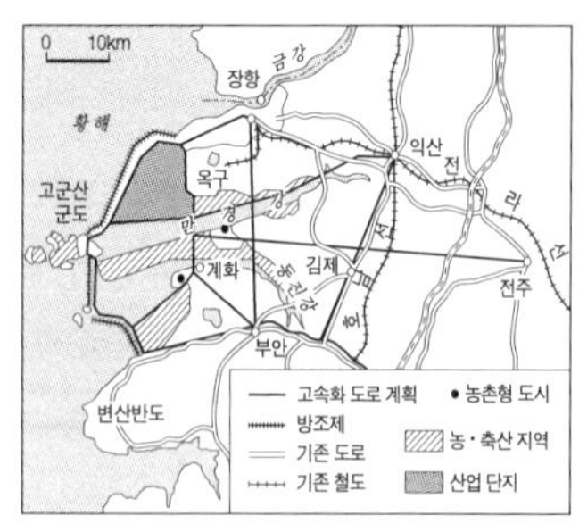

새만금 지구 간척 사업도

업 및 공업 생활 용수의 확보가 가능하다. 또한 금강 하구둑과 연결하는 서해안 교통망이 구축되며, 군산-익산-전주-부안을 연계한 지역 경제권의 육성으로 지방화 시대에 부응하고, 서해안 시대의 거점을 확보함으로써 국토의 균형적 개발에 크게 기여할 것으로 보인다.

생물 다양성 보존 협약 生物多樣性保存協約 ■■

생물종의 멸종 위기를 극복하기 위하여 체결된 국제 협약으로, 1992년 브라질 리우 회의에서 채택되었다. 차츰 소멸되어 가는 생물종의 보전 · 희귀 유전자의 보전 · 생태계의 다양성 및 균형 유지 등을 목적으로 하고 있다.

생태계 生態系 ■■

인간을 포함한 생물적 요소와 무생물적 요소가 일정 지역에서 환경과 불가분의 관계를 맺으며 작용과 반작용과 같은 상호 작용을 통하여 형성하는 하나의 조절계(ecosystem)를 말한다. 조절계로서의 생태계는 각 구성 요소들간의 유기적인 관계로 인하여 항상성(homostasis)을 유지하고 있다. 항상성이란 생물학적 체계를 변화시키려는 외부의 작용에 대해 균형을 이루는 힘으로서, 생태계를 조절하는 기능을 맡고 있다. 따라서 생태계가 위기에 처해 있다는 것은 이러한 조절 기능이 약화, 손상되고 있음을 의미한다.

생태 도시 → 환경 도시

생태학 生態學 ■■■

인간과 자연은 상호 의존적 관계라는 점을 강조하는 환경론적 견해를 말한다. 즉 인간과 자연은 별개의 것이 아니라, 인간도 자연 환경의 일부로 보는 견해로서, 인간과 자연의 조화와 균형을 강조한다. 과도한 농약과 살충제로 인한 생태계의 파괴는 인간의 생명을 위협하고 있는데, 이는 생태학의 입장을 반영하는 예라고 할 수 있다. 최근 환경 문제의 심각성이 인간의 삶을 위협하는 수준에까지 이르자 생태학의 견해는 더욱 중요하게 다루어지고 있다.

생화학적 산소 요구량 BOD ■■■

부식 가능한 폐기물이 수중에 유입되면 수중에 포함되어 있는 박테리아에 의해서 분해될 때 필요로 하는 산소량을 ppm 단위로 나타내는 것을 생화학적 산소 요구량(Biochemical Oxygen Demand)이라고 한다. 폐기물의 수중 배출량이 많아질수록 그 값은 더욱 높아진다. 수중의 용존 산소에 의하여 유기물의 양을 직접적으로 나타내는 척도가 되고, 하천이나 하수 · 공장 폐수 등의 오염 농도를 나타내는 지표가 된다.

서머 타임 summer time ■

낮 시간이 길어지는 봄부터 시계 바늘을 한 시간 앞당겼다가 낮 시간이 짧아지는 가을에 원래대로 되돌리는 시간 조절 제도를 말한다. 낮 시간을 활용할 수 있고 에너지를 절약하 수 있는 장점이 있다. 우리 나라는 1988년 제24회 서울 올림픽 대회를 전후하여 한때 실시하였으나 부정적인 면이 많아지자 폐지하였다.

서안 해양성 기후 西岸海洋性氣候 ■ ■ ■

대체로 남 · 북위 40~60℃에 이르는 대륙 서안에 분포하는 온대 기후로, 북서 유럽 · 북미 서안 · 칠레 남부 · 오스트레일리아 남동부 · 아프리카 남동부 등에서 나타난다. 편서풍과 해류의 영향으로 기온의 연교차가 작고 강수량의 계절적 분포로 고른 편이다. 따라서 같은 위도상의 대륙 동안보다 겨울이 온난하고 여름도 그다지 덥지 않으며, 강수는 연중 고르게 내려 우계와 건계가 없다. 목초 재배에 유리한 기후 조건으로 낙농업과 혼합 농업이 발달하였다.

서해 갑문 西海閘門 ■ ■

북한이 대동강 종합 개발 계획의 일환으로 대동강 하구에 외해를 가로막아 건설한 길이 8km에 달하는 댐을 말한다. 서해 갑문의 건설로 평안남도와 황해도의 간척지에 농업 용수를 공급하고, 대동강 하류 지역의 생활 및 공업 용수의 공급도 가능하게 되었으며, 댐 위의 철도와 차도의 건설로 평안남도와 황해도 사이의 교통 시간을 크게 단축시키는 효과를 가져왔다. 또한 서해 갑문이 건설된 이후 수심이 깊어져 대형 선박의 운행이 가능해졌으므로 남포에서 순천 · 재령의 농공 지대를 하나로 잇는 대운하망이 형성되었다.

서해 대교 西海大橋 ■ ■

총 연장 353km의 서해안 고속 도로 구간 중 경기도 평택시와 충청남도 당진군을 연결하는 다리이다. 서해 교역의 관문이 될 아산만을 통과하는 국내 최대의 교량으로 서해안 고속 도로의 중추적 역할을 하고 있다. 서해 대교의 개통으로 물류비 절감뿐만 아니라 수도권과의 접근성이 향상되어 수도권에 집중된 인구와 산업의 분산이 가속화될 것으로 예상된다.

서해안 고속 도로 西海岸高速道路 ■■■

인천과 목포를 잇는 총 연장 353km의 고속 도로로서, 수도권과의 교통 접근성을 높여 고속 도로가 통과하는 시·군 지역에 새 공장의 입주를 가속화시키고 관광 개발을 촉진하는 등 지역 경제의 활성화에 크게 기여할 것이다. 또한 대산 공업 지역·군장 공업 지역·대불 공업 지역 등 서해안 임해 공업 지역의 성장을 지원할 수 있는 가장 중요한 사회 간접 자본이라고 할 수 있다.

서해안 시대 西海岸時代 ■■■

1980년대 후반 대중국 교역 확대와 함께 서해안이 중국과 지리적으로 가까워 교역에 유리하며, 남동권의 과밀화에 따른 국토의 불균형을 해소하기 위한 목적으로 국토의 균형 개발 정책이 추진되면서 서해안이 경제 개발의 핵심 축으로서 중요한 역할을 하는 시대가 도래하였음을 의미한다. 현재 시화·아산만·대산·군장·새만금·목포 대불·광양·남동 임해 지역을 연결하는 U자형 임해 공업 벨트가 형성되고 있다. 그리고 군장 지구의 신산업 지대, 새만금 지구 간척 사업, 서해안 고속 도로 건설 등의 지역 개발 사업은 다가오는 서해안 시대를 대비하기 위한 것들이다.

석유 石油 ■

천연적으로 산출되는 가연성 액체 연료로서, 동력 자원뿐만 아니라 화학 공업의 원료로도 널리 쓰이는 가장 중요한 에너지원이다. 지질적으로 신생대 제3기층이 습곡에 의하여 낙타 등처럼 볼록하게 솟아오른 지형인 배사 구조에 주로 매장되어 있다. 현재까지 우리나라에서는 산출되지 않고 있어, 페르시아 만 연안 지역과 인도네시아 등지에서 전량을 수입에 의존하고 있다. 석유는 가격 변동과 수급 불안정이 심하여 자원의 안정적 확보를 위해서는 수입 다변화와 해외 유전 개발 등이 필요하다. 현재 우리 나라는 서 · 남해의 대륙붕에서 석유 탐사가 진행중이다.

석탄 石炭 ■

고대의 식물이 지하 깊은 곳에서 고열과 고압에 의하여 탄화된 것으로서, 탄소 함량, 즉 탄화된 정도에 따라 무연탄 · 역청탄 · 갈탄 · 토탄으로 구분된다. 점결성이 높아 제철 공업에 이용되는 역청탄은 매장이 전무하기 때문에 캐나다 · 오스트레일리아 등에서 전량 수입하고 있다. 화학 공업의 원료로 사용되는 갈탄은 신생대 제3기층에 매장되어 있다. 그리고 가정용 일반 연료로 사용되는 무연탄은 고생대 평안계 지층에 매장되어 있어 평안남도와 강원도 남부 지방에서 주로 생산된다. 현재 무연탄 생산은 가정 연탄의 수요가 감소하고 채탄비가 상승하는 등 채굴 조건이 악화되어 폐광이 이루어지고 있다.

석탄 산업 합리화 정책 石炭産業合理化政策 ■■■

석탄 산업의 채산성 악화에 따른 폐광으로 인한 사회적 문제 발생을 방지하기 위하여 정부가 1989년 취한 비경제 탄광의 정리와 경제성이 높은 탄광의 집중 육성을 골자로 하는 석탄 산업 조정 정책을 말한다. 가정용 연탄의 수요 감소, 심부 채굴과 임금 상승에 따른 석탄 산업의 여건 악화로 인하여 폐광이 증가하였다. 이에 따라 석탄 산지인 태백산 지역 일대는 실업자가 증가하고 절대 인구가 감소하는 등 지역 경제에 큰 타격을 입게 되었다. 정부는 이에 대한 대책으로 이 지역을 종합 관광 단지로 조성하려는 지역 개발 계획을 세워 이를 추진하고 있다. 최근에 강원도 정선군에 건설된 카지

노 오락 단지는 이러한 차원에서 정부가 조성한 지역 개발 사업이었다. 하지만 오히려 지역 경제를 더욱 피폐하게 만드는 등 현재 심각한 부작용을 낳고 있다.

석호 潟湖 ■ ■ ■

후빙기 해수면 상승으로 만입된 하곡이 사주나 사구의 발달로 막혀 형성된 호수를 말한다. 석호의 발달은 동해안에 현저하며 경포호 · 영랑호 · 청초호 · 송지호 등이 대표적이다. 석호는 시간이 경과됨에 따라 유입 하천으로부터 운반되는 퇴적물이 증가하면서 점차 면적의 감소와 함께 저습지 단계를 거쳐 충적지로 변하게 된다. 현재 석호는 주변 해수욕장과 함께 관광지로 이용되고 있으나, 석호는 주변 지역에서의 개발과 함께 여러 오염 물질이 석호로 유입되면서 수질이 악화되는 환경 문제가 발생하고 있다. 서해에서도 석호는 소규모로 발달하였으나 일찍 매립되어 농경지나 염전으로 사용하였다.

석호(강원도 고성군)

선단 → 선상지

선 벨트 sun belt ■ ■ ■

'태양이 비치는 지대' 라는 뜻으로, 미국의 노스캐롤라이나 주에서 태평양 연안의 남부 캘리포니아에 이르는 북위 37° 이남의 지역을 총칭하여 일컫는다. 춥고 눈이 많은 북부를 스노우 벨트(snow

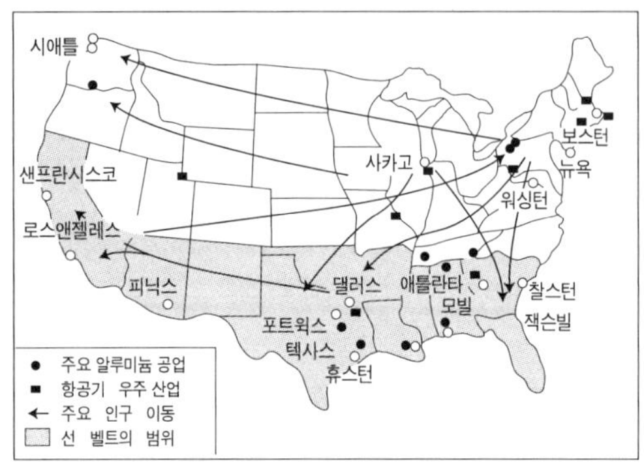

belt)로 부르는 데 대하여 따뜻한 겨울을 나타내는 남부를 비유한 데에서 비롯된 이름이다. 이 지역은 원래 1970년대까지만 해도 목화 재배와 벼농사 중심의 낙후된 농업 지역이었다. 그러나 기후가 온화하고 공기가 맑아 생활 환경이 쾌적할 뿐만 아니라 풍부한 석유 · 저렴한 노동력 · 넓은 토지 · 세금 혜택 등 기업 활동에 유리한 조건을 바탕으로 첨단 기술 산업이 입지하였다. 뿐만 아니라 석유 · 군사 · 레저 · 전자 · 부동산 등과 같은 미국의 5대의 산업이 북부에서 이곳으로 이동하고 있다. 현재 미국 인구의 약 40퍼센트 이상이 선 벨트 지역에 기주히고 있다.

선상지 扇狀地

산지와 평지 사이의 경사 급변점에서 유속의 감소로 인하여 모래와 자갈 등의 토사가 쌓여 형성된 부채꼴 모양의 퇴적 지형을 말한다.

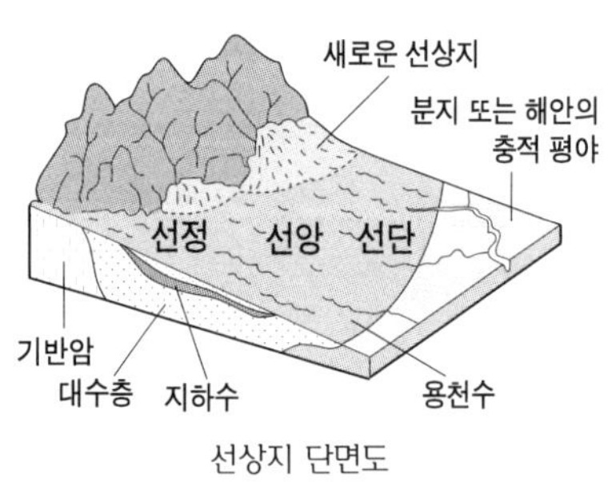

선상지 단면도

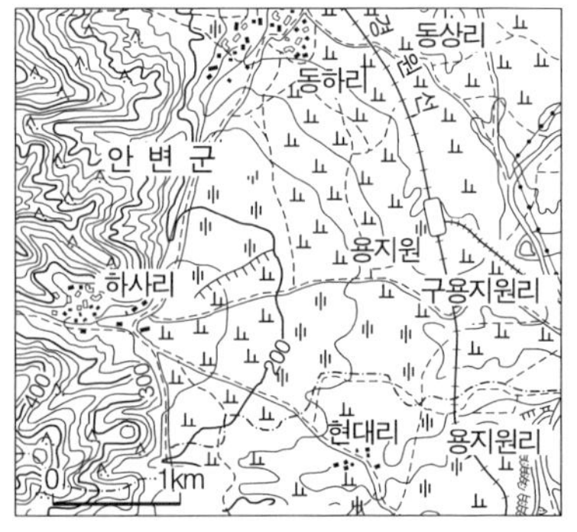

선상지(함경남도 안변군)

우리 나라는 노년기 저산성 산지 지형으로 인하여 경사 급변점이 드물기 때문에 선상지 발달이 미약한 편이며, 추가령 구조곡에 발달한 석왕사 선상지가 대표적인 예이다. 선상지 지형은 크게 곡구 인근 지역의 선정, 중앙 지역의 선앙, 말단 지역의 선단으로 나뉜다. 선정은 곡구 취락이 발달하며 주로 밭으로 이용된다. 선앙은 하천이 복류하여 지표수가 부족하기 때문에 주로 밭과 과수원으로 이용된다. 선단은 용천대를 따라 열촌 형태의 취락이 발달하며 주로 논으로 이용된다.

선상지(일본 고후 분지)

선앙 → **선상지**

선정 → **선상지**

선풍 → **토네이도**

선형 이론 扇形理論 ■ ■ ■

호이트(H. Hoyt)가 1939년 미국의 142개 도시를 대상으로 교통로의 발달과 관련지어 도시 내부 구조를 설명한 이론이

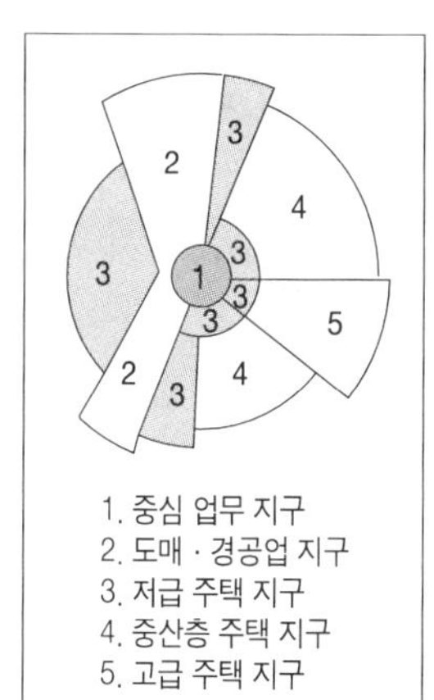

다. 도심에 중심 업무 지구가 있고 도심으로부터 새로운 교통로가 발달하면 교통로를 축으로 도매 · 경공업 지구가 부채꼴 모양으로 확대된다. 그리고 인접하여 사회 계층이 다른 주민들의 주거 지역이 저급→중급→고급 순으로 발달함으로써 도시 교통의 축이 거주지 분화를 유도한다고 보는 것이다. 도심(CBD)에서 방사상의 간선 도로를 가진 현대 도시 설명에 적합하다.

성대 토양 成帶土壤 ■■

기후와 식생의 요인에 의하여 띠 모양의 대상(帶狀)으로 분포하는 토양을 말한다. 대륙에서는 대체로 기후대 · 식생대와 동일한 분포를 나타내는데, 습윤 토양으로 라테라이트 토 · 적색토 · 갈색토, 회갈색토 · 포드졸 토 · 툰드라 토 · 갈색 삼림토 등, 중간 토양으로 프레리 토 · 체르노젬 등, 건조 토양으로 율색토 · 사막토 등이 성대 토양에 해당된다. 성대 토양으로 우리 나라의 대부분을 차지하고 있는 갈색 삼림토는 온대 습윤 기후 지역의 낙엽 활엽수림에서 전형적으로 발달하는 토양으로 농사에 적당하다.

성비 性比 ■■■

여자 100명에 대한 남자의 비율을 말하는 것으로, 100 이상이면 남초, 100 이하면 여초를 의미한다. 우리 나라는 전통적인 남아 선호 사상으로 인하여 유소년층의 남초 현상이 심한 편이다. 출생 시에는 남초 현상이 나타나지만 노년층으로 갈수록 여초 현상이 심해진다. 일반적으로 중공업 도시 · 신 개척지 · 군사 도시 · 일부 농촌 지역 등에서는 남초 현상이 나타나고, 경공업 도시 · 관광 도시 · 일부 섬 지역에서는 여초 현상이 나타난다.

성장의 한계 → 로마 클럽 보고서

세계 무역 기구 WTO ■■■

1993년, 타결된 우루과이 라운드(UR) 이후 세계 무역 질서를 이끌고 나가는 새로운 다자간 무역 기구로서, 1947년에 설립되어 세계 무역 질서를 이끌어 온 관세 및 무역에 관한 일반 협정(GATT) 체제를 대체하였다. GATT에는 주어지지 않았던 세계 무역 분쟁 조정 기능과 관세 인하 요구, 반덤핑 규제 등의 법적 권한과 구속력을 행사할 수 있으므로 세계 무역 질서를 어지럽히는 국가에 대한 제재 조치를 취할 수 있다. 1995년, 세계 교역 증진을 목표로 하는 WTO(World Trade Organization) 체제의 출범은 무역 세계화와 함께 국경 없는 무한 경쟁 시대로 돌입하는 국제 무역 환경의 기반을 조성하였다.

세계화 世界化 ■■■

지구상의 모든 국가들이 동일한 정치 · 경제 · 사회 · 문화적 생활권을 형성해 나가는 범세계적 흐름과 추세를 말한다. 국제화는 국가 단위를 전제로 하여 자국의 국가 경쟁력 강화를 위한 국가간 협력과 경쟁을 강조하는 데 대하여 세계화는 국가 단위를 초월한 세계 모두가 주체가 되며, 전 인류 수준에서 협력 · 통합하는 것을 강조한다. 즉 세계가 국제적 체제 · 질서 · 규제 · 습관 · 문화 등에 맞추어 가면서 사고하고 행동하자는 것을 말한다.

세방화 世方化 ■■■

세계화(世界化)와 지방화(地方化)를 합성한 단어로, 세계적으로 생각하고 지역적으로 행동하자는 의미를 말한다. 지방 정부가 얼마나

유연하게 세계화에 대응하느냐에 국가의 미래가 달려 있다고 보는 생각이다. 따라서 세방화의 성공은 세계화가 이루어질 때 가능하며, 세계화는 지방화의 성공을 통해서만이 가능하다. 가장 지방적인 것, 가장 한국적인 것, 우리 것만이 최고의 경쟁력을 가진 것이기 때문에 진정한 세계화를 위해서는 지방화의 주체인 지방 자치 단체와 지역 주민들의 역할이 보다 중요하다.

셈 · 햄 어족 Semitic-Hamito語族 ■■

북아프리카에서 서남 아시아의 건조 지대에 분포하는 어족으로서, 셈 어에 속하는 아랍 어와 히브리 어, 햄 어에 속하는 이집트 어 · 베르베르 어 · 소말리아 어 등이 이에 속한다. 유럽 인종의 셈 · 햄계의 분포와 거의 일치하는데, 분포 범위는 넓은 편이지만 사용 인구는 적은 편이다.

소우 지역 小雨地域 ■■■

연중 강수량이 적은 지역으로, 우리 나라는 대동강 하류 및 서해 도서 지역, 영남 내륙 분지, 개마 고원 일대가 이에 속한다. 이들 지역은 상승 기류를 일으킬 만한 산지가 적고 내륙 분지에 해당되기 때문에 강수에 불리하다. 세계적으로는 사하라 사막 · 아라비아 사막 등과 같은 아열대 고압대에 위치한 사막과 중앙 아시아의 타클라마칸 사막 · 고비 사막 등과 같은 대륙 내부의 사막이 연 강수량 250mm 미만의 소우 지역에 속한다.

소음 공해 騷音公害 ■

소음에 의하여 상당한 범위에 걸쳐 인체 혹은 동물에 심리적 장애를 주는 공해로서, 작업 능률을 저하시키고 생활에 지장을 주는 공해를 말한다. '보이지 않는 살인마'라고 불리는 소음은 일상 생활에서 가장 많이 느끼는 공해 문제로서, 소음에 오랫동안 노출되면 불안 · 초조 · 신경 장애 · 정서 불안 등의 건강 장애를 초래한다. 소음 공해의 대책으로는 산업 · 건설 · 교통 현장에서 소음 수준 유지, 방음벽 설치 및 관리 등을 들 수 있다.

소호 SOHO ■

SOHO는 Small Office Home Office의 축약어로서, 정보 · 통신 기술의 발달로 인하여 물리적 거리와 공간적 제약이 약화됨으로써 재택 근무가 확산되고 사무실의 크기가 축소되는 현상을 두고 일컫는 말이다. 이것은 정보화 사회의 한 단면을 보여주는 현상이라고 할 수 있다.

솔리플럭션 → 주빙하 지형

송도 정보 신도시 松島情報新都市 ■■

인천 앞 바다의 간척지에 건설중인 신도시로서, 현재 매립 공사가 진행중에 있다. 송도 정보 신도시는 미래 고부가 가치 정보 산업의 기반인 정보 통신 · 멀티미디어 산업이 집중 육성될 미디어 타운, 급증하는 국제 교류에 대비하여 인텔리전트 빌딩을 중심으로 한 무역 · 금융 · 기술 업무들이 이루어질 국제 비즈니스 타운, 쾌적한 주거 환경을 갖춘 주거 도시로 생활에서 교통 · 산업 · 정보까지 모든 것을 총망라하는 첨단 복합 기능 도시를 목표로 건

송도 정보 신도시 조감도

설되고 있다.

송림 운동 松林運動 ■

중생대 초 트라이아스기 중엽에 일어난 습곡 작용으로 한반도의 랴오뚱 방향의 구조선을 형성하였다. 송림 운동의 습곡 작용으로 인하여 고생대 말에서 중생대 초에 걸친 평안계의 퇴적 분지가 파괴되어 지각의 변화가 나타났다. 평안남도 송림 부근에서 처음으로 발견되어 명칭이 부여되었다.

수도권 공간 구조 개편안 首都圈空間構造改編案 ■■■

수도권에 집중된 인구와 기능을 분산시키기 위한 방법으로, 현재의 서울 중심의 단핵 구조를 4개축의 다핵 분산형으로 개편하려는 계획을 말한다. 서울 · 인천 · 영종도 축은 국제 교류의 중심지로, 안산 · 평택 · 아산만 축은 수도권의 신산업 지대로, 파주 · 동두천 · 포천 축은 남북 교류 및 경제 협력 거점으로, 이천 · 양평 · 가평 축은 전원형 주거 단지 및 관광 지대로 개발하는 것을 골자로 하고 있다.

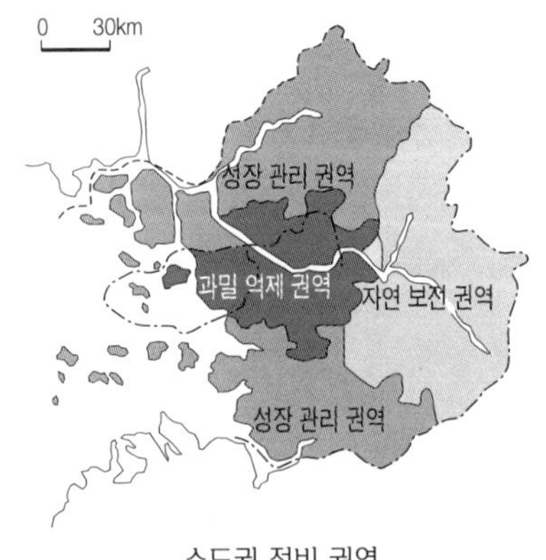

수도권 정비 권역

수도권 정비 계획 首都圈整備計劃 ■■■

제3차 국토 종합 개발 계획에 따라 수도권으로의 인구와 산업의 집중을 억제하고, 수도권 내의 불균형 개발에 대한 격차를 해소하며, 국제화 · 개방화 시대의 국제 경쟁력을 강화하기 위한 광역적인 대도시 권역의 정비 계획을 말한다. 수도권 관리 권역을 중추 관리 기능으로 무역 · 정보 기능을 강화하기 위하여 서울과 인접 위성 도시를 과밀 억제 권역, 주거와 고도화된 주거 기능을 입지시키기 위하여 수도권 남서부 및 북부 지역을 성장 관리 권역, 상수원 기능을 유지할 목적으로 산업 개발을 통제하기 위하여 수도권 동부 지역을 자연 보전 권역 등으로 개편하였다.

수력 발전 水力發電

물의 낙차 에너지를 이용하여 발전기를 돌려 전력을 얻는 방식을 말한다. 수력 발전은 오염이 거의 없고 발전 단가가 싼 장점이 있지만 입지 선정 조건의 제약이 크고 건설비가 많이 드는 단점이 있다. 우리 나라는 유량의 계절적 변화가 크고 낙차가 큰 지형이 적기 때문에 수력 발전에 불리한 편이다. 따라서 이와 같은 불리한 자연 조건을 극복하기 위하여 댐 식, 수로식, 유역 변경식, 저낙차식, 양수식 등 다양한 수력 발전 양식을 도입하여 발전을 하고 있다. 댐 식은 인공호를 만들어 댐의 낙차를 이용하여 발전하는 방식으로, 우리 나라 수력 발전소의 대부분이 이에 해당된다. 수로식은 댐을 건설한 후 낙차가 큰 지점으로 물길을 유도하여 발전하는 것으로, 회천댐이 이에 속한다. 유역 변경식은 하천의 유로를 막아 낙차가 큰 반대편 사면으로 유로를 변경시켜 발전하는 방법으로, 장진강댐 · 부전강댐 · 허천강댐 · 섬진강댐 · 강릉댐이 이에 속한다. 저낙차식은 낙차가 작은 경우 발전기를 댐 아래에 설치하고 유량의 압력에 의하여 발전하는 것으로, 팔당댐이 이에 속한다. 양수식은 주간에

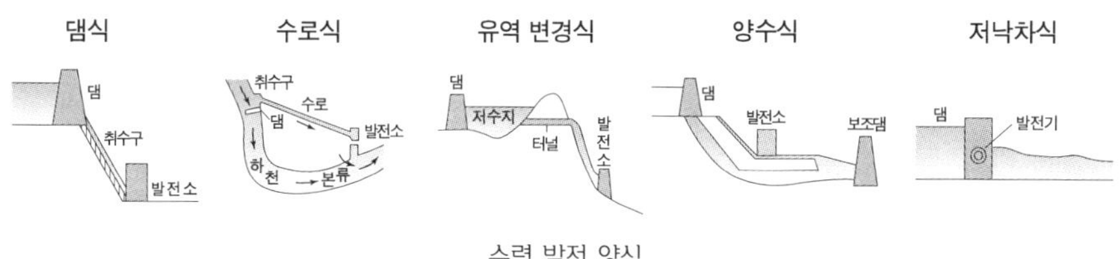

수력 발전 양식

발전에 이용하고 물을 보조댐에 저장하였다가 야간에 잉여 전력을 이용하여 다시 본 댐에 양수하여 발전하는 것으로, 전력 수요가 많은 시간대에 발전하므로 물을 반복하여 사용할 수 있는 장점이 있다. 충주댐 · 청평댐 · 무주댐 · 안동댐이 이에 속한다.

수륙 분포 水陸分布 ■

지구상에서의 해양과 육지의 분포 상태를 말하며, 수평적 분포를 살펴보면 해양과 육지의 면적 비율이 약 7 대 3으로, 해양이 2.4배 정도 더 넓다. 그러나 이 면적 비율은 지구상에 균등하게 분포되어 있지 않고 북반구에서는 해양과 육지의 면적비가 6 대 4이며, 남반구에서는 해양의 면적이 특히 넓어 8 대 2에 이른다. 또한 위도에 따라서도 다른데, 북반구에서는 프랑스 르망 지역을 중심으로 북위 60~70° 부근에서 육지가 가장 넓은 데 반해, 남반구에서는 뉴질랜드 남부 해역의 앤티퍼디스 섬을 중심으로 남위 50~60° 부근에서 해양 면적이 99퍼센트에 이른다.

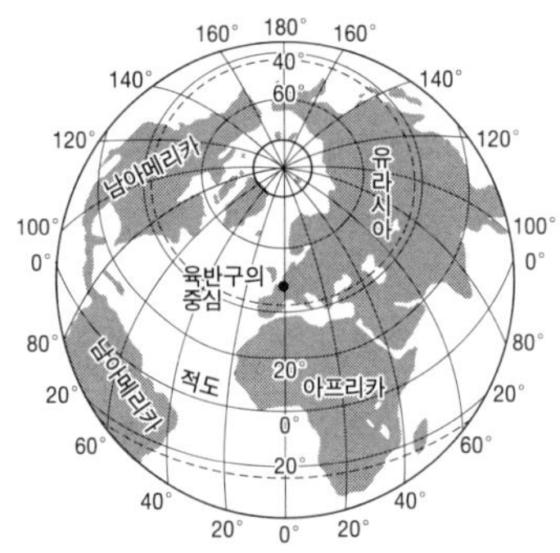

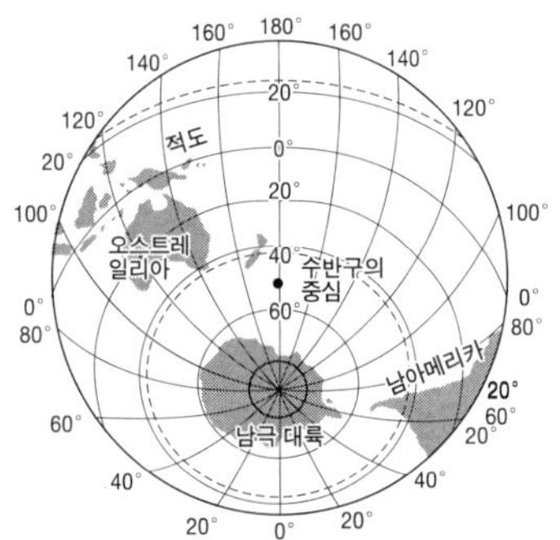

수리적 위치 數理的位置 ■■■

지구 표면상의 일정 지점을 위도와 경도로 표시한 위치로서, 변화가 불가능하기 때문에 절대적 위치라고도 한다. 기후 · 식생 · 계절 · 시간대 등을 결정한다. 우리 나라는 북위 33~43°의 중위도에 위치하여 기후가 온화하고 4계절이 뚜렷하기 때문에 생활에 유리하다. 그리고 동경 124~132° 사이에 위치하며, 표준 경선은 동경 135°로 본초 자오선보다 9시간이 빠르다.

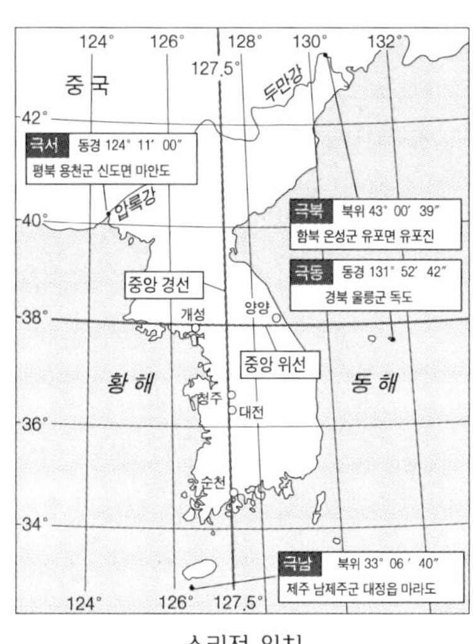

수리적 위치

수목 농업 樹木農業 ■

수목을 재배하는 농업을 말하는 것으로, 특히 지중해성 기후 지역에 발달하였다. 지중해성 기후 지역은 여름이 매우 건조하여 농작물이 말라죽기 쉽기 때문에 가뭄에 잘 견디는 포도 · 올리브 · 오렌지 · 코르크 등과 같은 수목이 주종을 이룬다. 수목 농업은 상품 생산적 성격이 강하기 때문에 비교적 넓은 범위에 걸친 기업적인 대농장 형태를 띠고 있는 것이 보통이다.

수목 한계선 樹木限界線 ■

고산 및 극지에서 수목이 존재할 수 있는 극한의 선으로, 추위와 건조 등의 환경 조건의 변화로 인하여 수목의 생육이 불가능하게 되는 한계선을 말한다. 키가 큰 나무는 자라지 못하고 삼림대가 키가 작은 나무나 풀밭으로 변하는, 삼림이 있는 지역과 삼림이 없는 지역 사이의 점이적인 경계 지역에 해당된다. 우리 나라에서는 백두산 해발 고도 2,000m 부근이 수목 한계선이므로 남한에서는 이보다 더 높은 고도에 수목 한계선이 위치할 것이다.

수산업 水產業 ■■■

수산물을 채취 · 양식 · 가공하는 산업으로서, 우리 나라는 한 · 난류 교차에 따른 조경 수역의 형성, 서 · 남해에 발달한 대륙붕, 넓은 간석지 등 수산업 발달에 유리한 자연 조건을 갖추고 있다. 그러나 어업 인구의 급격한 감소, 자본과 기술의 부족, 노후화된 장비 등으로 반농 반어의 영세 어업에 머물러 있었으나, 최근 장비의 현대화, 원양 어업과 양식업의 발달로 빠르게 발전하고 있다. 또한 연근해 어족의 고갈로 잡는 어업에서 기르는 어업으로의 구조 전환이 이루어지고 있다. 어장별 어획량은 난류의 영향으로 연중 조업이 가능한 남해가 가장 높고 이어 동해와 서해 순이다. 서 · 남해의 발달한 간석지는 양식업 발달에 유리한 조건을 제공하고 있는데, 완도의 김과 통영의 굴 양식이 특히 유명하다. 최근 적조 현상 등 연안 해수 오염의 악화로 연안 양식업의 피해가 점차 늘어나고 있다.

수송 적환지 輸送積換地 ■■■

운송 과정에서 운송 수단이 바뀌는 지역으로, 항만과 같은 곳을 말한다. 수송 적환지에서는 화물을 옮겨 싣고 내리는 비용이 추가되므로 그곳에서 화물을 가공 또는 제조하는 경우가 많다. 우리 나라의 제분 · 제당 · 제철 · 석유 화학 등 원료를 주로 수입에 의존하는 공업이 해안의 항만을 중심으로 발달한 것은 이와 같은 이유에서이다.

수요 입지론 → **뢰슈의 수요 입지론**

수입 대체 산업 輸入代替產業 ■

한 국가가 수입에 의존하던 상품을 직접 자국에서 생산하여 충당하기 위하여 개발하는 산업을 말한다. 외국으로부터 무역 수지 면에서 감소 요인이 될 뿐만 아니라 소득 및 고용 면에서도 여러 가지 부정적인 요소를 지니는데, 특히 무역 수지 역조 현상이 나타나는 나라에서는 될 수 있는 대로 수입 상품을 국내 생산품으로 대체할 필요가 크다. 1960년대 우리 나라가 경제 개발을 시작하면서 적극 육성, 개발한 비료와 시멘트 산업이 대표적인 수입 대체 산업에 해당된다.

수질 오염 水質汚染 ■■■

각종 유해 오염 물질이 하천으로 유입되어 각종 용수를 사용할 수 없거나 생물이 생활하는 데 심한 악영향을 줄 정도로 수질이 악화된 상태를 일컫는다. 수질 오염의 주 오염원은 생활 하수, 공장 폐수, 농축산 폐수 등이다. 하천으로의 과도한 유기물 유입은 부영양화 현상을 일으켜 수생 생물의 서식을 위협한다. 또한 해수의 부영양화 현상은 플랑크톤의 이상 번식을 초래함으로써 적조 현상을 유발하여 양식업에 큰 피해를 주고 있다. 오염된 하천일수록 생화학적 산소 요구량(BOD) 값이 높으며, 용존 산소량(DO)의 값은 낮아진다. 수질 오염의 대책으로는 하수 및 폐수의 정화 시설 확충, 상수원의 수질 보호 강화, 청정 수역의 지정, 화학 세제의 사용 억제 등을 들 수 있다.

슈퍼 301조 super三百一條 ■

미국 종합 무역 법안의 조항 중 하나로서, 불공정 무역 관행의 보복을 규정하고 있는 통상법 301조를 말한다. 미국과의 무역에서 장애가 되는 불공정한 무역 관행을 지닌 국가에 압력을 가하기 위한 목적을 갖고 있다. 그러나 현재 슈퍼 301조는 우루과이 라운드의 다자간 정신에 위배되며, 자유 무역의 토대인 가트(GATT)의 기본 정신과도

어긋난다는 비판을 받고 있다. 대미 무역에 많은 의존을 하고 있는 우리 나라에서도 슈퍼 301조는 매우 부담스러운 존재가 되고 있다.

순상 화산 楯狀火山 ■

유동성이 큰 현무암질 용암이 화구를 통해 분출한 후 흘러 내려 형성된 화산을 말한다. 장기간에 걸친 용암류의 누적으로 형성되며 사면의 경사가 극히 완만하다. 제주도의 한라산 산록부가 순상 화산에 해당된다.

스모그smog **현상** ■ ■ ■

스모그(smog)란 연기(smoke)와 안개(fog)의 합성어로, 대기 오염에 의하여 나타나는 연무 현상을 말한다. 햇빛이 있는 맑은 날에 대기 속의 자동차 매연 · 가스 · 연기 · 먼지 등 여러 오염 물질이 햇빛의 영향으로 화학 작용을 일으켜 발생한다. 스모그 현상은 동 · 식물에 매우 해로운 영향을 미치는데, 특히 1952년 영국 런던의 스모그 현상으로 많은 사람들이 희생되었다.

스위치 백 철도 switch back 鐵道 ■

급경사의 산지 지형을 운행하기 위한 특수 철도 시설로서, Z자 모양으로 부설한 철도를 말한다. 급경사의 산악 지형을 전진과 후진을 교대로 하면서 태백 산맥을 통과하도록 한 방식으로, 우리 나라에서는 영동선의 통리-나한정 사이에 설치되어 있다.

스카이 라인 sky line ■ ■

대도시의 입면 형태는 건물의 배열과 높이를 보여주는데, 건물과 하늘이 만나는 지점을 연결한 선을 스카이 라인이라고 한다. 스카이 라인은 도심에서 가장 높게 나타나고 주변부로 갈수록 낮아진다. 그러나 최근 중심 업무 기능을 분담하고 있는 부심 지역의 스카이 라인도 높아지고 있는 추세이다. 또한 도시 외곽 지역에서도 인구압과 그린 벨트의 압박으로 고층 아파트가 들어서서 스카이 라인이 높아지는 현상이 나타나고 있다.

스카이 라인(도시 입면 모식도)

스콜 squall ■

적도 부근의 열대 지방에서 한낮에 강한 일사로 인한 대기의 상승 작용에 의하여 내리는 소낙비로서 대류성 강우에 속한다. 거의 매일 오후에 정기적으로 내리기 때문에 열대 지방의 무더위를 완화시키는 역할을 하고 있다.

스텝 steppe ■ ■

사막 주변의 광대한 초원 지대에 나타나는 키 50cm 이하의 단초형 초원을 말한다. 중앙 아시아, 동아시아 내륙부, 북미의 대평원, 남아프리카 동축 벨드(veld)가 대표적인 분포 지역이다. 스텝 기후하에서의 토양은 비옥한 편이지만 유목 등 주로 목축업이 이루어지고 있다.

스텝 기후(BS) steppe氣候 ■ ■ ■

연 강수량 250~500mm로 긴 건기와 여름철 짧은 우기를 나타내는 기후로서, 사하라 남부와 북부 · 미국의 대평원 · 우크라이나 · 아르헨티나의 팜파스 등 사막 기후의 주변 지역에 분포한다. 키가 작은 풀이 자라는 초원의 식생을 띠고 있으며, 토양은 유기질이 풍부한 체르노젬(흑토)이나 밤색토 등으로 이루어져 있다. 세계적인 농 · 목업 지대를 이루는 지역으로, 중앙 아시아와 아프리카 등 구대륙 스텝 지역에서는 유목이, 미국의 대평원과 아르헨티나 팜파스 등의 신대륙 스텝 지역에서는 대규모 방목이 행해지고 있다. 최근 아프리카의 사헬 지대의 스텝 지역은 사막화의 진전으로 국제적인 환경 문제를 야기하고 있는데, 이는 기후 변화 이외에 인구 증가에 따른 경지 확대, 과방목으로 인한 초지 감소 등에 기인하고 있다.

스프롤 현상 sprawl現象 ■ ■

도시의 급격한 팽창에 따라 기존 주거 지역이 과밀화되면서 시가지가 도시 교외 지역으로 무질서하게 확대되어 가는 현상을 말한다. 스프롤 현상의 진전은 도시 형태의 불균형 성장은 물론 통근 거리 연장에 따른 교통량 증가, 자연 녹지 공간의 훼손 등의 문제를 일으킨다. 따라서 이러한 스프롤 현상을 막기 위하여 주요 도시 외곽에는 개발 제한 구역(green belt)을 선정하게 된다.

슬럼 slum ■ ■

거대 도시 내에서 빈민이 밀집하고 주거 및 생활 환경이 극히 불량한 지구를 말한다. 노후 불량 주택의 과밀 지역으로 채광 · 채열 등 주거 조건과 도로 · 배수 시설 · 상하수도 등 생활 환경이 불량하고 저학력의 하층 계급 주민들이 집중하여 범죄 발생률이 매우 높은 지역이다.

습곡 褶曲 ■

수평으로 퇴적된 지층이 횡압력을 받아 물결처럼 휘어진 구조를 말하는 것으로, 조산대에 잘 발달되어 있다. 습곡이 위로 향하여 구부러진 것을 배사(背斜), 이와 반대의 것을 향사(向斜)라고 한다. 측면의 기울기와 윙의 경사에 따라 축면이 수직이고 양대 쪽이 대칭인 정습곡, 측면 양쪽의 경사 방향과 각도가 서로 비슷한 경사 습곡, 축면이 경사지고 양쪽이 비대칭인 등사 습곡, 횡압력을 받아 수평에 가깝게 누운 횡와 습곡 등으로 구분한다.

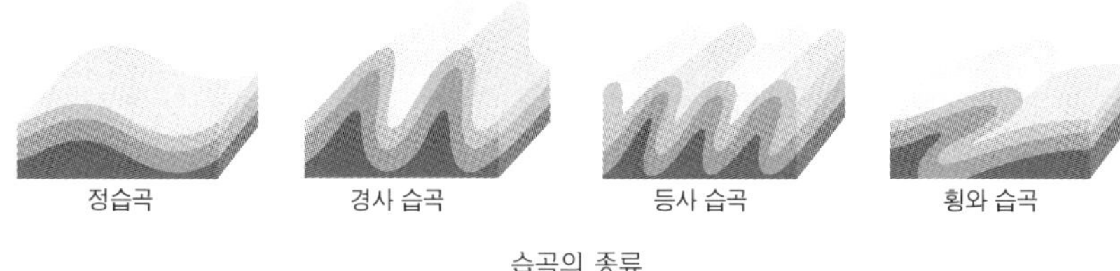

습곡의 종류

시뉴소이드 도법 Sinusoidal圖法 ■ ■

정적 도법의 하나로서 경위선 간격을 실제 비율과 같이 나누어 제작한 도법으로, 상송 도법이라고도 한다. 위선은 등간격의 평행 직선이고 경선은 모두 등간격의 사인 곡선을 이룬다. 저위도는 정확하지만 고위도는 왜곡이 심하다. 따라서 동서 방향으로 뻗은 열대 지방과 같은 저위도 중심의 세계 전도 표현에 적합하다.

시베리아 Siberia ■ ■ ■

우랄 산맥에서 극동 지방의 캄차카 반도에 이르는 북위 50° 이북의 아시아 대륙 북부의 광대한 지역으로, 러시아 국토 면적의 약 69퍼센트를 차지한다. 전 지역이 타이가와 툰드라의 냉대 기후에 해당되어 농업이 불가능하며, 철도 · 도로 건설이 불리하여 교통이 불편하고, 인구 밀집 지역에서 멀리 떨어져 노동력이 부족하기 때문에 개발이 늦다. 그러나 석탄 · 석유 · 천연 가스 · 철광석 등의 풍부한 매장, 러시아 전체 면적의 약 80퍼센트에 이르는 삼림 분포, 북서 태평양 연안 어장의 풍부한 수산 자원 등으로 인하여 무한한 잠재적 개발 가능성을 가진 지역이다. 시베리아는 본래 인간 거주에는 부적합한 환경이었으나 시베리아 횡단 철도의 건설을 계기로 개발이 시작되었다. 현재 중국 · 시베리아 · 유럽을 연결하는 유라시아 철도망인 시베리아 대륙 횡단 철도(TSR)와 바이칼 아무르 간선 철도(BAM)가 건설되어 산림 및 지하 자원을 개발하고 있으며, 이를 위하여 노릴스크 · 야쿠츠크 등이 중간 기지로 개발되었다. 그리고 앙가라 등지에는 대규모 수력 발전소가 건설되어 공업화가 이루어지고 있다. 또한 한국 · 일본 등이 자원 개발에 적극 참여하는 나홋카 경제 특구가 지정되어 극동 지역의 경제 개발이 시도되고 있다.

시베리아 기단 Siberia氣團 ■ ■ ■

겨울철 복사 냉각되어 형성되는 한랭한 공기가 바이칼 호를 중심으로 하는 시베리아 지역에 축적되어 형성된 한랭 건조한 대륙성 기단을 말한다. 우리 나라의 겨울철 날씨는 시베리아 기단에 의하여 좌우되는 편이며, 겨울철 한파, 삼한 사온 현상과 봄철의 꽃샘 추위 현상 등은 시베리아 기단의 성장 및 축소 과정에서 나타난다.

시장 지향성 공업 → 공업 입지 유형

시차 時差 ■■

세계시, 즉 그리니치 평균 태양시와 표준시와의 차이를 말한다. 세계 각국 또는 각 지역에는 각각 표준시가 정해져 사용되고 있다. 그리니치에서 동쪽의 경우를 음(−), 서쪽의 경우를 양(+)으로 정한다. 한국의 표준시와 세계시와의 시차는 -9로 세계시보다 9시간 빠르다. 또한 표준시 상호간의 차도 시차라고 하는데, 프랑스 파리의 세계시에 대한 시차는 -1이므로 한국 표준시와의 시차는 8시간이 된다.

시추에이션 situation ■

site와 마찬가지로 도시 위치의 성격을 규정짓는 개념으로서, 도시가 타 지역과 정치적, 경제적, 문화적 관계를 지니는 지역적 존재를 의미하는 것으로 교통적 위치라고 한다. 도시 주변의 훨씬 더 넓은 지역의 자연적 조건 및 인문적 특징을 의미한다. 그리고 광역에 의한 경제적, 사회적 생활의 중핵으로서 도시의 관계적 위치를 조망하는 것으로 소축척 지도상에서 분석된다. 따라서 도시의 발달에 있어서는 국지적인 site보다 situation이 더 중요하다

식생 植生 ■■■

자연 환경의 중요한 구성 요소 가운데 하나로 지표를 덮고 있는 식물 피복을 말하는데, 기온 · 강수량 · 토양 · 지형 등의 영향을 받아 지역의 자연 환경을 잘 반영한다. 또한 위도, 해발 고도에 따라서도 규칙적으로 변화한다. 세계의 식생은 강수량 및 수분 조건 등에 따라 크게 삼림, 초원, 사막으로 구분된다. 삼림은 강수량이 많은 습윤 기후 지역에 형성되며, 저위도의 열대에서 고위도의 냉대 기후 지역으로 가면서 열대림, 난대림, 온대림, 냉대림이 대상으로 배열된다. 초원은 대체로 강수량이 적은 반건조 기후 지역에서 널리 나

타나며, 사바나, 프레리, 스텝 등으로 구분된다. 사막은 강수량이 극히 적거나, 극 지방 혹은 고산 지방과 같이 기온이 극히 낮은 지역에서 나타난다. 우리 나라의 식생은 위도에 따라 1월 평균 기온 0℃ 이상인 지역으로 북위 35℃ 이남의 남해안 · 제주도 · 울릉도에 분포하는 난대림→북위 35~43℃ 사이에 혼합림을 이루고 있

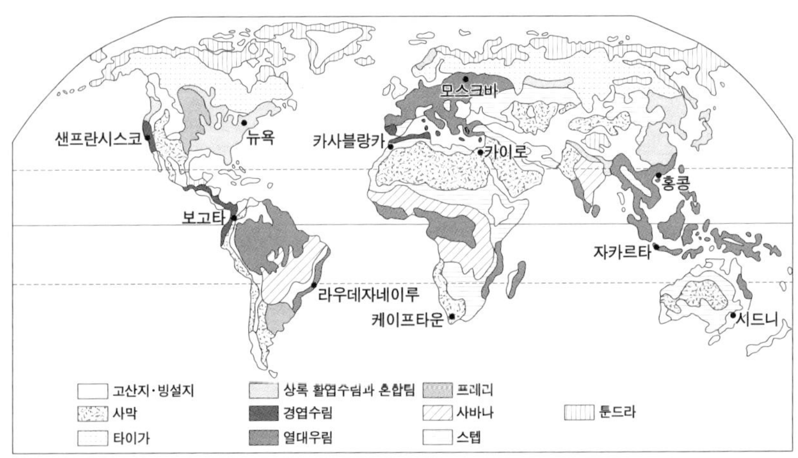

세계의 식생 분포

우리 나라의 식생 분포

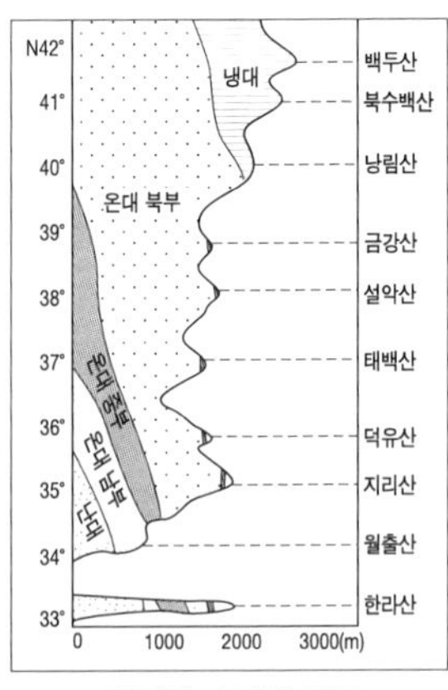

삼림의 수직적 분포

는 온대림→개마 고원 지대와 고산 지역에 침엽수림대를 이루고 있는 냉대림 순으로 수평적으로 발달하여 있다. 또한 해발 고도에 따라 저지에서 고지로 가면서 기온의 체감 현상으로 인하여 식생의 수직적 분포가 나타난다.

신기 습곡 산지 新期褶曲山地 ■■■

조산 운동이 중생대 말기부터 현재까지 계속되는 습곡 산지를 말한다. 신기 조산대의 산지는 서로 충돌하는 지각판의 경계에 발달하여 지진 · 화산대와 일치하기 때문에 지각이 불안정하다. 신생대 이래 많은 융기를 받아 고도 2,000~6,000m에 이르는 험한 고산지를 이루며 유황과 석유의 매장이 많다. 안데스 · 로키 산맥으로 이어지는 환태평양 조산대, 알프스 · 발칸 · 아펜니노 · 아틀라스 산맥 등의 알프스 조산대, 히말라야 · 힌두쿠시 · 카프카즈 · 엘부르즈 산맥 등의 히말라야 조산대가 이에 속한다. 남미의 안데스 산맥 · 유럽의 알프스 산맥 · 아시아의 히말라야 산맥 등의 신기 습곡 산지들은 높은 고도로 지역간 교통의 장애가 되고 있다.

신도시 new town ■■

기존 대도시에서 나타나는 인구 과밀과 산업 집중에 따른 많은 도시 환경 문제를 해결하고, 쾌적한 환경 내에서 직장과 주거지가 일치감을 갖도록 계획된 도시를 말한다. 뉴 타운은 일찍이 대도시로의 인구 집중으로 많은 도시 문제를 안게 된 영국에서 도시 문제의 해결 방안으로 확립되었다. 런던 교외에 건설된 웰윈 같은 전원 도시가 신도시의 효시라고 할 수 있다. 우리 나라에서도 서울의 과도한 인구와 산업 집중을 방지하기 위하여 주변에 위성 도시 성격의 새로운 신도시를 건설하였다. 성남 · 안산 등이 대표적인 신도시에 해당되며, 최근에 신설된 일산 · 분당 · 평촌 · 중동 · 산본 등의 주거 단지도 신도시에 해당된다.

신흥 공업국 NICs ■■

1970년대 이후 급속한 공업화와 함께 높은 경제 성장률을 실현한 개발 도상 국가들을 지칭하는 말이다. 신흥 공업 국가(Newly Industrial Countries)에는 아시아의 한국 · 싱가포르 · 홍콩 · 타이완, 라틴 아메리카의 멕시코 · 브라질 · 아르헨티나, 남부 유럽의 그리스 · 포르투갈 · 유고슬라비아 등이 속한다. 그리고 신흥 공업 국가들의 대륙별 분포 지역을 가리켜 신흥 공업 경제 지역(NIEs : Newly Industrial Economies)이라고 한다.

실리콘 밸리 Silicon Valley ■■

미국 캘리포니아 주 샌프란시스코만 남단의 산타클라라 계곡 지대에 인텔을 비롯한 미국의 유력한 전자 · 컴퓨터 관련 산업이 집중된 공업 지역을 말한다. 실리콘은 컴퓨터 회로의 기본적인 반도체 물질이기 때문에 이 곳에서는 실리콘이 필수적인 산업 자원이다. 따라서 실리콘이라는 지명은 이런 연유에서 생긴 것이라고 볼 수 있다.

실버 산업 silver産業 ■

노령층을 위한 각종 상품 및 편의 시설 등을 생산, 제공하는 산업을 말한다. 은(銀)을 뜻하는 실버(silver)라는 단어는 노인이라는 말이 갖는 마이너스적인 이미지를 없애기 위하여 고안된 이름이다. 실버 산업은 점차 노령화되어 가는 사회 추세에 따라 발전할 것으로 예상되며, 주택 · 의료 · 금융 등의 복지 관련 사업, 노인 대학 등과 같은 교육 문화 사업, 가정 간호 서비스 등의 다양한 분야가 있다. 특히 실버 산업 중에서도 주택과 의료 사업이 복합된 종합적인 보호 시설을 갖춘 주거 단지인 실버 타운(silver town)은 가장 각광받고 있는 분야이다.

심사 도법 心射圖法 ■■

지구의(地球儀)의 중심에 시점을 두고, 지구상의 한 점에 접하도록 한 투영면에 경위선을 투시하는 도법으로서, 반구 전체를 나타낸다는 것은 불가능하다. 접점에서 주변부로 갈수록 축척이 확대되고 형태가 심하게 왜곡된다. 그러나 지도상 임의의 두 지점을 직선으로 연결하면 두 지점간의 최단 거리와 일치한다. 따라서 항공도 제작에 아주 적합하기 때문에 대권 도법이라고도 불린다.

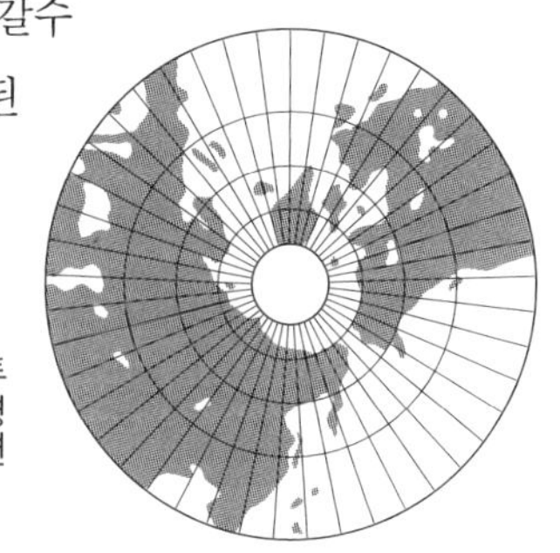

극 중심의 심사 도법

싱안링 구조선 興安嶺構造線 ■

중국의 싱안링 산맥 동쪽, 타이항 산맥 동쪽 및 위안장 강 하곡으로 연결되는 북북동-남남서 방향의 단층선을 말한다. 이 선을 경계로 서부 지역은 융기하여 산지를 형성하고, 동부 지역은 침강하여 저지를 이루어 중국의 지형을 동서로 양분하고 있다. 따라서 중국의 지형은 전체적으로 싱안링 구조선을 경계로 서쪽에서 동쪽으로 갈수록 낮아지는 형태를 이룬다.

싼샤 댐 건설 三峽dam建設 ■

중국 민족의 젖줄이라고 할 수 있는 양쯔 강 중류 지역에 해당되는 충칭과 우한의 중간 지점에 건설되는 댐을 말한다. 1994년 공사가 시작되어 오는 2009년 완공될 예정인 싼샤 댐 건설 사업은 길이 1,983m, 높이 175m에 달하는 대규모 사업이다. 2009년 이 댐이 완공되면 발전량은 최대 1,820만kW에 달해 한국 전체 발전량과 맞먹는다. 이러한 싼샤 댐의 건설은 양쯔 강의 홍수를 예방하고, 중국 중부 내륙 지방을 발전시키는 원동력이 될 것으로 기대하고 있다. 그러나 총 2,000억 위안(약 20조 원)으로 추산되는 막대한 공사비 조달과 수몰 지역의 이주민 문제, 댐 완공과 함께 발생할 생태계와 환경 변화에 대한 대응 등이 풀어야 할 숙제로 남아 있다.

아드라아식 해안 Adria式海岸 ■■

해안에 평행한 산맥이 지반의 침강이나 해수면 상승으로 침수된 해안을 말하는 것으로, 종식 해안이라고도 한다. 좁고 긴 섬들이 발달한 복잡한 해안 지형을 이루며, 배후지 발달이 어렵기 때문에 항구 발달에 불리하다. 유고슬라비아의 아드리아 해안에 길이 약 400km에 이르는 좁고 긴 해안 지방인 달마치아에 전형적으로 발달되어 있기 때문에 붙여진 이름이다.

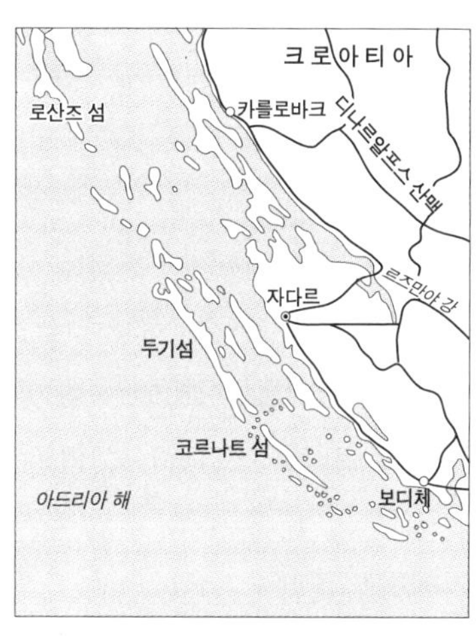

종식 해안(아드리아 해 북동 해안)

아랄 해 환경 문제 Aral海環境問題 ■■

중앙 아시아의 카자흐스탄과 우즈베키스탄 사이에 위치한 염호(鹽湖)인 아랄 해의 면적이 급속도로 축소되어 염분이 많은 사막으로 변하여 생물이 살지 못하는 곳으로 변하게 된 환경 문제를 말한다. 이는 1950년대 구소련 정부가 우즈베키스탄 · 카자흐스탄 · 투르크메니스탄 등지의 광대한 땅에 아랄 해의 물을 끌어들이는 대규모 개간 사업을 실시하여 밀농사 · 목화 재배 지역을 확대하는 등 지나친 관개 사업을 추진하였기 때문이다. 이로 인해 아랄 해로 흘러 드는 강물의 양이 대폭 줄어 호수의 물은 염분과 광물질 함유량이 급속히 늘어남으로써 음용수로 사용할 수 없게 되었다. 뿐만 아니라 예전에 풍부하였던 철갑상어와 유럽잉어 등의 어류가 멸종 위기에 놓여 연안 어업은 폐업 상태가 되었다.

아랍 · 베르베르 문화 지역 → 건조 문화권

아랍 연맹 AL ■

아랍 제국의 독립과 주권을 보호하고 이슬람 문화권을 하나로 결속하기 위하여 1945년 이집트를 중심으로 결성된 아랍 제국의 정치적 협력체를 말한다. 아랍 연맹(Arab League)의 가맹국은 이집트 · 리비아 · 사우디아라비아 · 쿠웨이트 등이다.

아메리칸 문화권 American文化圈 ■■■

일찍이 아메리카 인디언에 의하여 형성된 잉카 · 마야 · 아즈텍 등의 고유한 인디언 문화의 토대 위에 16세기 유럽 인들의 이주에 따른 유럽 문화의 전파로 새롭게 형성된 남북 아메리카 지역의 문화를 말한다. 16세기 유럽 인들의 진출로 이전의 인디언 문명이 말살되었으며, 리오그란데 강을 경계로 하여 북부의 앵글로 아메리카 문화 지역과 남부의 라틴 아메리카 문화 지역으로 구분된다. 앵글로 아메리카 문화 지역은 영국 중심의 튜턴 족의 이민으로 북서 유럽 문화의 영향을 많이 받았으며, 영어를 사용하고 개신교를 신봉한다. 개척 정신과 자유주의 정신을 바탕으로 자본주의와 민주주의를 발전시켰으며 오늘날 세계의 중심 지역으로 성장하였다. 라틴 아메리카 문화 지역은 에스파냐와 포르투갈 중심의 라틴 족의 이민으로 남부 유럽의 영향을 많이 받았으며, 에스파냐 어와 포르투갈어를 사용하고, 카톨릭 교를 신봉한다. 메스티조 · 뮬라토 · 삼보 등 혼혈족이 많이 분포한다.

아시아 인종 Asia人種 ■■

황갈색 피부에 직상모, 평평한 얼굴과 광대뼈의 신체적 특징을 지닌 인종으로, 몽골 또는 황인종이라고 한다. 중앙 아시아의 초원 지대에 형성되어 동부 · 동남 아시아, 북극해 연안, 아메리카로 퍼져 나갔다. 남부 아시아 및 서남 아시아를 제외한 아시아 전역에 분포하고 있으며, 터키 족 · 마자르 족 · 몽골 족 · 한국인 · 이누이트(에스키모) · 일본인 등의 북방계와 한족 · 티베트 족 · 타이 족 · 미얀마 족 등의 남방계로 구분된다.

아시아 · 태평양 경제 협력체 APEC ■■■

1989년 환태평양 연안국을 중심으로 상호 무역을 통한 정치 · 경제적 교류를 강화하기 위하여 결성한 협력체를 말한다. APEC 회원국은 1998년 현재 우리 나라를 포함하여 21개국이다. 현재 경제 총합의 정도가 매우 미미하지만 역내 국가간 경제 공동체가 구축되면 유럽 단일 시장 규모를 능가하는 세계 최대의 단일 시장이 될 가능성이 크다. 또한 21세기 태평양 시대의 도래와 함께 그 역할이 더욱 커질 것으로 기대된다.

아이턴I-turn 현상 ■

도시 인구가 농촌으로 역류, 분산되는 과정인 역도시화와 관련된 인구 이동의 형태 가운데 하나로서, 원래의 대도시에 살던 주민이 농촌으로 이주하는 것을 말한다.

아파르트헤이트 apartheid ■■

남아프리카 공화국에서 소수 백인과 다수 유색 인종의 관계를 지배하였던 인종 차별 · 인종 격리 정책을 말한다. 이는 백인 우월주의에 근거한 인종 차별 정책으로, 국민의 약 16퍼센트밖에 되지 않는 백인이 법률로써 흑인 및 토착민에 대하여 직업의 제한 · 노동 조합 결성의 금지 · 백인과의 결혼 금지 · 승차 분리 · 공공 시설 사용 제한 등 정치적, 경제적, 사회적으로 차별 대우를 함으로써 세계적인 비난을 받아 왔다. 그러나 1994년 다인종 총선거에서 아프리카 민족 회의(ANC)의 의장인 넬슨 만델라가 대통령에 당선됨에 따라 남아프리카에서는 최초의 흑인 정권이 탄생함과 동시에 아파르트헤이트도 종지부를 찍었다.

아프리카 단결 기구 OAU ■

사하라 사막 이남 아프리카 국가들의 단결과 정치적 지위 향상을 목적으로 창설된 정치적 협력 기구를 말한다. 1963년 에티오피아에서 개최된 아프리카 정상 회의에서 창설되었으며, 남아프리카 공화국을 제외한 아프리카의 모든 독립국으로 구성되었다. 가맹국간의 정치 · 외교 · 경제 · 방위 등에 대한 협력, 비동맹 정책의 추구 등을 목표로 하고 있다.

아프리카 문화권 Africa文化圈 ■■■

사하라 사막 이남의 열대 우림과 사바나 지역을 중심으로 형성된 아프리카의 문화를 말한다. 니그로가 분포하며, 부족 · 언어 · 종교가 복잡하고 부족 의식이 매우 강하여 부족 단위의 공동체 생활을 하며, 원시 이동식 농업과 플랜테이션이 주로 행해진다. 따라서 통합된 문화 유형이 나타나지 않는 특징을 지닌다. 풍부한 자원 때문에 개발 가능성이 큰 곳임에도 불구하고 오랜 식민 통치로 인하여 유럽에 대한 경제 종속의 심화 · 부족간의 갈등 · 인종 분규 · 식량 부족 등으로 근대화에 어려움을 겪고 있다.

아프리카 인종 Africa人種 ■■

검은색 피부에 와상모 그리고 펑펑한 코의 신체적 특징을 가진 인종으로, 니그로 또는 흑인종이라고 한다. 사하라 사막 이남의 중남부 아프리카에서 형성되어 15세기 노예 무역과 함께 아메리카로 퍼져 나갔다. 적도 이북 기니 만 연안에 분포하는 수단니그로와 아프리카 동남부에 분포하는 반투니그로, 콩고 분지와 칼라하리 사막 등지에 분포하는 피그미 · 부시맨 · 호텐토트 등이 있다.

안정 육괴 安定陸塊 ■

고생대 이전인 시 · 원생대에 형성된 것으로서, 지각 변동을 심하게 겪지 않은 안정된 지괴를 말한다. 대륙 지각의 핵심을 이루고 있으며, 우리 나라도 중국 · 시베리아와 함께 안정 육괴에 속한다. 편마암을 기반으로 하며, 평북 개마 지괴, 경기 지괴, 영남 지괴가 대표적이다.

액화 석유 가스 LPG

석유의 생산이나 정제 과정에서 발생하는 석유 가스 중에서 프로판 · 부탄 등을 희석하여 압력을 가하고 액화시킨 가스를 말한다. 운반이 용이하여 프로판 가스로 가정에 보급되고 있다.

액화 천연 가스 LNG ■■

매탄이 주성분인 천연 가스에 압력을 가하여 -162℃로 냉각시켜 액화한 가스를 말한다. 가격이 낮고 해상 수송도 가능하여 21세기에는 그 수요가 현재의 세 배가 될 전망이다. 이산화탄소 발생량이 적어 지구 온난화 방지 대책용 에너지로 꼽히고 있다.

앵글로 아메리카 문화 지역 → 아메리카 문화권

양도 洋島 ■

원래 바다였던 곳에서 해수면 위로 솟아올라 형성된 섬으로, 화산 활동에 의한 화산섬과 산호에 의한 산호초섬을 말한다. 태평양 상의 화산섬으로 하와이 섬, 산호섬으로 마리아나 제도, 우리 나라의 화산섬인 제주도 · 울릉도 · 독도가 이에 속한다.

양수식 수력 발전 → 수력 발전

양쯔 강 기단 揚子江氣團 ■ ■ ■

중국의 양쯔 강 부근에서 발원하는 온난 건조한 대륙성 기단을 말한다. 시베리아 기단이 약화되는 봄과 가을에 우리 나라를 향하여 3~4일 간격을 두고 이동성 고기압의 형태로 다가온다. 양쯔 강 기단이 우리 나라에 오면 따뜻하고 건조한 날씨가 지속되며, 가을의 농작물 수확에 좋은 조건을 제공해 준다.

언어 言語 ■ ■ ■

인간의 의사 전달과 표현의 수단으로서 오랜 동안의 공동 생활에서 형성된 문화 유산이다. 언어는 민족 문화의 독특한 특징을 반영하기 때문에 민족 구분과 지역 이해의 지표가 된다. 전 세계에는 약 3,000여 종의 언어가 사용되고 있는 것으로 알려졌으며, 특히

1,000만 명 이상의 인구가 사용하는 언어도 50여 종에 달한다고 한다. 언어의 구조와 어법이 같은 계통의 언어를 어족이라고 하는데, 사용 인구가 많은 대표적인 어족은 인도-유럽 어족, 중국-티베트 어족, 우랄-알타이 어족, 셈-햄 어족, 오스트라네시아 어족 등으로 구분된다. 또한 언어는 고정 불변한 것이 아니라 민족 혹은 국가의 멸망과 함께 소멸되기도 하며, 새로운 형태의 언어로 변화하기도 한다. 이슬람 교에 의하여 아랍 어가, 크리스트 교에 의하여 라틴 어가 전파되는 등 종교의 전파, 영국과 포르투갈 · 에스파냐 등의 식민 통치에 의하여 인도에 영어, 브라질에 포르투갈 어, 그 외 라틴 아메리카 지역에 에스파냐 어가 전파되는 등 정치적 역사적 사건에 의하여 다른 지역으로 전파되기도 한다. 그리고 우리 나라와 같이 한 국가가 한 개의 언어를 사용하는 나라도 있지만 여러 개의 복수 언어를 사용하는 나라들도 있다. 스위스는 독일어 · 프랑스 어 · 이탈리아 어를, 벨기에는 프랑스 어계의 왈룬 어 · 독일어계의 플레미시 어를, 스리랑카는 타밀 어 · 실론 어를, 필리핀은 타갈로그 어 · 영어 · 에스파냐 어를, 키프러스는 그리스 어 · 터키 어 · 영어를, 캐나다는 영어 · 프랑스 어를, 인도는 영어 · 힌두 어를, 남

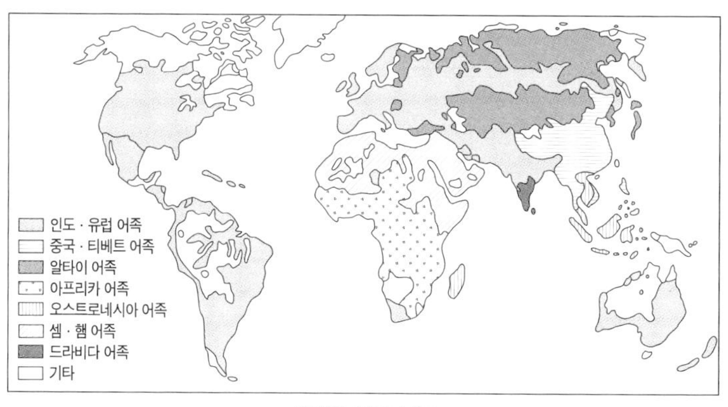

세계의 언어 분포

아프리카 공화국은 영어 · 네덜란드 어 · 반투 어 등을 사용한다.

언어의 섬 → 문화의 섬

에너지 소비 구조 energy消費構造 ■■■

에너지 자원의 소비 구조는 시대의 인구 규모, 경제 발전, 기술 발달, 생활 수준 정도에 따라 달라진다. 우리 나라의 에너지 소비는 1950년대 중반까지는 신탄이 많이 이용되었고, 경제 개발이 본격화된 1960년 중반 이후에는 석탄의 비중이 가장 컸으며, 1970년대 이후는 산업 구조의 고도화 · 생활 수준의 향상으로 열효율이 높은 석유의 비중이 가장 컸으며, 1980년대 이후는 에너지 다원화 정책으로 원자력과 천연 가스의 소비량이 증가하고 있다. 우리 나라 에너지 소비 구조의 문제점은 석탄 · 석유 등 화석 연료가 높은 비중을 차지하고 있다는 점, 높은 수입 의존도, 화석 연료 소비 급증에 따른 환경 오염이 증가하고 있다는 사실이다. 따라서 이러한 문제점을 해결하기 위한 대책으로 대체 에너지의 개발, 에너지 절약형 산업의 육성, 에너지 수입 정책의 다변화, 에너지 자원 절약의 생활화 등을 들 수 있다.

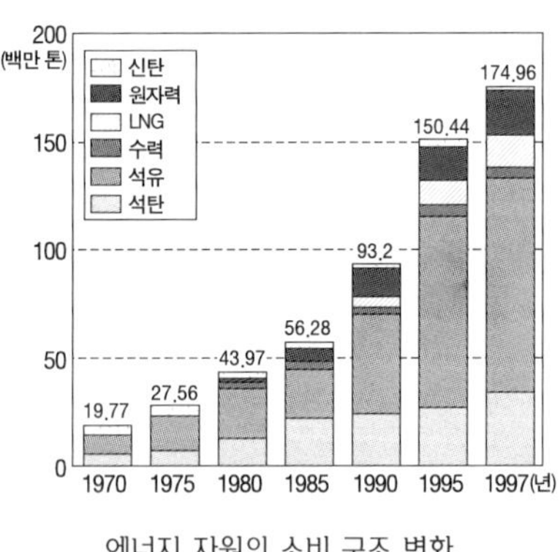

에너지 자원의 소비 구조 변화

에너지 자원 energy資源 ■■

동력을 일으키기 위한 자원을 말하는 것으로, 산업 발달과 일상 생활의 경제 활동에 기초가 되고 있다. 기계를 움직이는 전기 · 증기 · 내연 기관 등에 필요한 동력을 얻기 위한 연료 · 수력 · 풍력 등이 이에 해당된다. 에너지 자원은 태양열 · 수력 · 풍력 · 지열 등 고갈되지 않는 순환 자원과 석탄 · 석유 · 천연 가스 · 원자력 등 고갈되는 비순환 자원으로 구분된다.

에보리진 aborigine ■

18세기 말엽, 유럽인에 의하여 식민지로 개척되기 이전에 오스트레일리아에 거주하던 원주민을 말한다. 부족 사회를 형성하며 주로 수렵 및 채집 생활을 하며 살고 있었는데, 유럽 인들이 이주해 오면서 함께 들어온 질병과 백인과의 전쟁 등으로 인구가 격감하였다. 또한 기후 조건이 열악한 내륙의 건조 지역으로 밀려나 지금은 약 20여 만 명이 정부의 보호 구역 내에서 노동에 종사하거나 정부로부터 보조금을 받으면서 살고 있다.

에코 산업 혁명 eco産業革命 ■

산업 활동에서 경제(economy)와 생태학(ecology) 두 에코(eco)의 통합을 꾀함으로써 환경 보전이 가능한 경제 구조 및 경제 활동으로 전환하는 것을 말한다. 1992년 브라질에서 개최된 리우 회의의 주요 주제이기도 하였다. 18세기 중엽 영국에서부터 시작된 산업 혁명은 지구 환경을 급속히 소모시키면서 인간의 삶의 질을 향상시키는 데 기여하였다. 그러나 산업 혁명으로 인간의 생활이 향상된 이면에는 자연 환경의 혹독한 파괴와 희생이 뒤따라야만 하였다. 에코 산업 혁명은 이제 인류가 자연 환경과 공생하기 위하여 지구 환경과 조화를 이루는 산업 활동으로 혁명을 요구하고 있음을 반영하는 것이라고 할 수 있다.

에쿠메네 kumene ■■

지구상에서 인간이 영속적으로 거주할 수 있는 지역으로, 지구 전체의 약 87퍼센트에 해당된다. 반대로 그렇지 못한 비거주 지역을 아뇌쿠메네(An kumene)라고 한다. 인간의 문명의 발전과 과학 기술의 진보에 따라 에쿠메네는 확대되어 왔으나 비약적인 확장은 기대하기 어렵다. 도리어 기후 변화나 환경 파괴로 인한 후퇴의 가능성도 배제할 수 없다.

엘니뇨 El Niño ■■■

남미 페루 부근 태평양 적도 해역의 해수 온도가 크리스마스 무렵부터 이듬해 봄철까지 주변보다 2~10℃ 이상 높아지는 이상 고온 현상을 말한다. 발생 주기는 불규칙적이지만 보통 2~7년의 주기를 가지며, 발생 지역은 열대 태평양 적도 부근에서 남아메리카 해안으로부터 중태평양에 이르는 광범위한 지역에서 나타나고 있다. 무역풍과의 상호 작용으로 발생되는 것으로 추정되는데, 엘니뇨 현상이 발생하면 지구 곳곳에 기상 이변이 발생하여 많은 피해를 초래하기도 한다. 이와 같은 기상 이변을 일으키는 원인은 분명하지 않지만 해수 온도의 변화에 따라 대기 순환계의 변화가 기상 이상을 초래하는 것으로 알려져 있다.

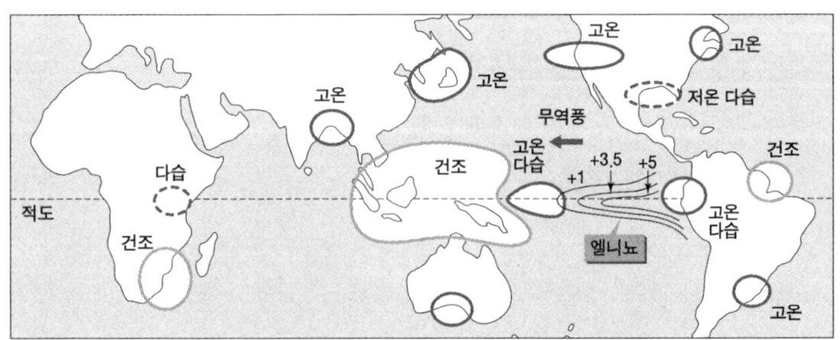

엘니뇨로 인한 기상 이변

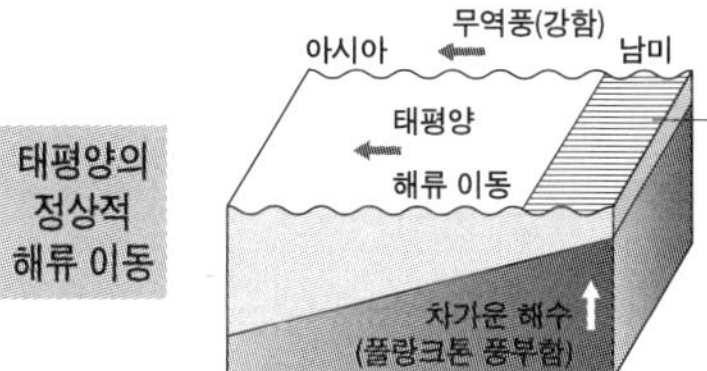

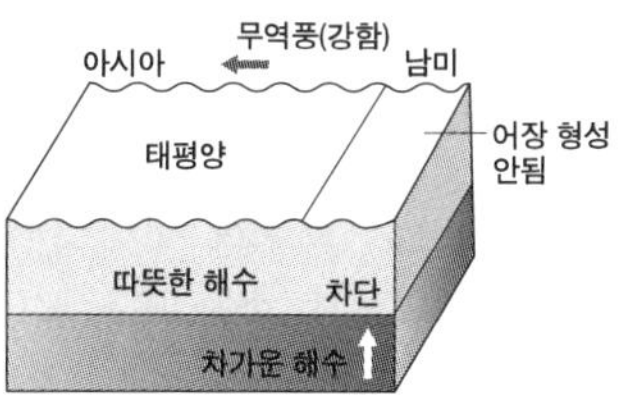

엘니뇨 형성 요인

역도시화 逆都市化 ■ ■ ■

도시화의 반대 현상으로, 도시의 인구가 농촌으로 역류, 분산되는 과정을 말한다. 최초 자본주의가 성숙하여 탈공업 사회 단계에 접어든 국가에서 도시를 탈출하는 인구가 증가하는 도시화의 퇴행 현상이 나타나고 있다. 역도시화의 요인으로는 대도시 생활에 따른 비용 증대, 산업의 지방 분산, 교통과 통신 기술의 발달, 쾌적한 환경을 선호하는 생활 양식의 변화 등을 들 수 있다. 역도시화의 결과로 도시 중심부에는 저소득층 · 노년층 · 소수 인종 집단 등 소외 계층만 남겨지고 기업들마저 빠져나가 실업과 노후화된 건물로 상징되는 빈민가(슬럼)와 도심의 공동화가 진행된다. 우리 나라에서는 현재 완전한 역도시화 단계에 이르렀다고 볼 수 없으나, 부분적으로 이런 현상들이 나타나고 있다. 서울과 부산 등 대도시를 중심으로 성장의 한계, 광역화의 진전 등으로 이런 현상이 가속화될 것으로 보인다.

역류 효과 逆流效果 ■ ■ ■

지역 개발 방식 가운데 성장 거점 개발 방식에서 중심지의 산업을 잠식하고 주변 지역에서 성장 거점지로 인구 · 시설 등이 집중되어 주변 지역의 발전을 저해하는 효과를 말한다.

역원 취락 驛院聚落 ■■

역(驛)은 말을 교환하는 장소이며, 원(院)은 숙박을 하는 곳으로서 과거 육상 교통의 결절점에 발달한 취락을 말한다. 역취락은 공문서의 전달, 물품의 수송을 위하여 설치한 육상 교통의 중심 취락으로, 말죽거리 · 역촌동 · 마장동 등이 있다. 원취락은 조선 시대 출장을 가는 관리와 여행자들에게 숙식의 편의를 제공하기 위하여 주요 도로나 관가가 드문 곳에 설치하였으며, 숙박 취락으로 이태원 · 장호원 · 사리원 · 조치원 등이 있다.

역참 취락 → 교통 취락

연교차 年較差 ■■■

최한월(1월)과 최난월(8월)의 평균 기온차로, 기후의 특성이 대륙성인지 해양성인지를 파악하는 중요한 요소이다. 고위도 지방이 저위도 지방보다 크며, 내륙 지방이 해안 지방보다 크다. 또한 대륙 동안이 대륙 서안보다 크게 나타난다. 우리 나라는 중강진 지역의 평균 기온이 1월 -16℃, 8월 22℃로서 연교차가 가장 크다.

연담 도시 連擔都市 ■■■

여러 도시들이 집중되어 있는 지역에서 본래 별개의 도시였던 여러 도시가 교통의 발달로 도시권이 확대되면서 인접한 도시와 결합하여 형성된 도시를 말하는 것으로, 연접 혹은 연합 도시라고도 한다. 우리 나라의 서울과 그 주변 위성 도시들은 행정 구역뿐만 아니라 시가지까지도 결합되는 현상이 나타나고 있다. 서울-부천-인천, 서울-안양-군포-의왕-수원, 포항-울산-부산에 이르는 지역 등이 연담 도시의 형태를 보이는 대표적인 지역이다.

연합 도시 → 연담 도시

열대 기후(A) 熱帶氣候 ■■■

최한월 평균 기온 18℃ 이상 지역으로, 적도를 중심으로 남·북위 20° 이내로 개발 잠재력이 큰 지역에 분포한다. 열대 기후는 일교차가 연교차보다 더 크고, 강수량의 계절적 분포에 따라 연중 습윤한 열대 우림 기후(Af), 짧은 건기가 있는 열대 몬순 기후(Am), 건기와 우기의 구분이 뚜렷한 사바나 기후(Aw)로 나뉜다.

열대림 熱帶林 ■

1년 내내 기온이 높고 비가 많은 지역 즉, 열대 우림 지역에서 자라는 상록 활엽수림을 말한다. 열대림 지역은 수목 성장 속도가 빠르기 때문에 임야 면적과 임목 축적량이 가장 많은 지역으로 밀림을 이룬다. 그러나 수종이 다양하고 소비지에서 멀기 때문에 개발이 곤란하다. 대부분 경질재이기 때문에 선박·건축·가구 용재로 쓰이며, 동남 아시아의 나왕·티크·흑단 등과 카리브 해 연안의 마호가니 등이 대표적이다.

열대림 파괴 熱帶林破壞 ■■■

지구의 허파와 같은 역할을 하고 있는 열대림을 무분별한 벌목과 화전 경작으로 훼손하는 환경 문제를 일컫는 말이다. 열대림은 탄소 동화 작용에 의하여 이산화탄소를 흡수하고 산소를 배출함으로써 해양의 이산화탄소 흡수 능력과 함께 온실 가스에 대한 지구 자정 능력을 지닌 매우 중요한 부분이다. 따라서 열대림이 감소한다면 온실 가스에 대한 지구 자정 능력의 상실, 삼림 자원의 감소, 생태계 파괴로 인한 동·식물의 서식지 감소 및 생물종 다양성 감소 등 심각한 환경 문제를 일으킬 수 있다.

열대 몬순 기후(Am) 熱帶monsoon氣候 ■■■

계절풍의 영향으로 긴 우기와 짧은 건기가 발달한 기후로, 필리핀과 인도 남서 해안 및 북동부 해안 등 대륙 동안의 열대 지역에 분포한다. 특히 동남 아시아 지역의 주요 하천 하류의 삼각주에서는 벼농사가 발달하여 세계 최대의 인구 조밀 지대를 이루고 있다.

열대성 저기압 熱帶性低氣壓 ■■■

적도 부근의 열대 해상에서 발원하는 열대성 저기압으로, 등압선이 동심원을 그리며 중위도로 이동한다. 최대 풍속이 17m/s 이상이며, 크기는 반지름이 약 500km에 달하는 거대한 바람으로, 강한 바람과 집중 호우를 동반하여 많은 풍수해를 일으킨다. 이런 열대성 저기압을 동부 아시아에서는 태풍(typhoon), 인도양에서는 사이클론(cyclone), 카리브 해에서는 허리케인(hurricane), 오스트레일리아에서는 윌리윌리(willy-willy)라고 부른다.

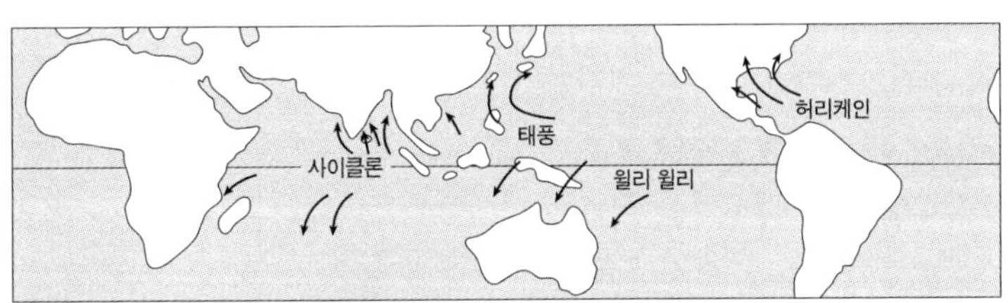

열대성 저기압의 발생지 및 통과 지역

열대야 熱帶夜 ■

어떤 지점의 일 최저 기온이 25℃ 이상인 날, 즉 밤이 되어도 기온이 25℃ 이하로 내려가지 않는 한여름의 무더운 기후 현상을 말한다. 열대야 현상이 발생하면 너무 더워 잠을 이루기 어렵기 때문에 더위를 나타내는 지표로 사용된다. 우리 나라에서는 고온 다습한 북태평양 기단이 발달하였을 때 자주 나타난다.

열대 우림 기후(Af) 熱帶雨林氣候 ■■■

적도 저압대의 영향으로 연중 고온 다우하며 거의 매일 대류성 강우인 스콜이 내리기 때문에 연 강수량이 2,000mm를 넘는다. 아프리카 콩고 강 유역 · 동남 아시아의 인도네시아 제도 · 남아메리카의 아마존 강 유역 등 적도 부근에 분포하며, 식생은 열대 우림의 형태를 이루고, 토양은 라테라이트 토양을 이룬다. 불리한 기후와 풍토병으로 인하여 그동안 개발이 부진하였으며, 원주민들은 전통적인 이동 경작이나 채집 경제 생활을 하며, 백인들이 진출하여 고무 · 야자 · 카카오 등의 플랜테이션 농업도 이루어지고 있다. 최근 인구 증가와 경제 개발 등에 따라 열대 밀림 지역의 벌채가 계속되어 전 지구적 차원에서 심각한 환경 문제를 낳고 있다.

열대일 熱帶日 ■

어떤 지역의 일 최고 기온이 30℃ 이상 되는 날을 말하는 것으로, 우리 나라는 고온 다습한 북태평양 기단이 발달한 한여름에 잘 나타나는 기후 현상이다. 우리 나라에서 열대일이 나타나는 일수는 대략 15~50일 정도인데, 최근 지구 온난화 현상과 함께 열대일 일수는 점차 증가하고 있는 추세이다.

열섬heat island 현상 ■■■

인구의 증가 · 각종 인공 시설물의 증가 · 콘크리트 피복의 증가 · 자동차 통행의 증가 · 인공열의 방출 · 온실 효과 등의 영향으로 도시 중심부의 기온이 주변 지역보다 현저하게 높게 나타나는 현상을

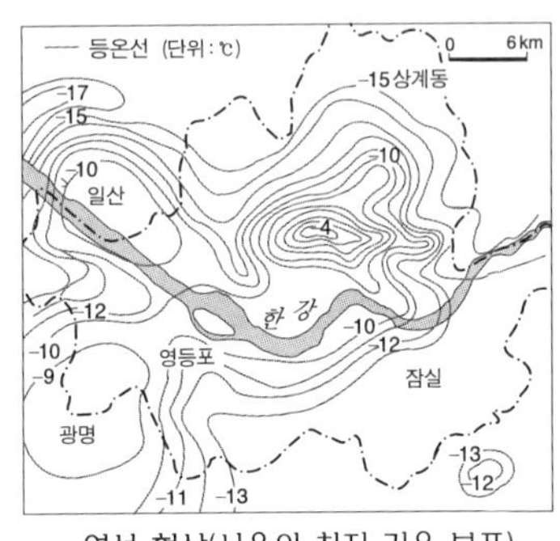

열섬 현상(서울의 최저 기온 분포)

말한다. 도심을 중심으로 동심원상의 기온 분포를 나타내며, 열섬의 강도는 여름보다 겨울에, 낮보다는 밤에 현저하게 나타난다.

열수지 熱收支 ■

지표가 받는 태양 복사열과 지표가 방출하는 지구 복사열의 관계를 말한다. 대체로 위도 35~40°를 기준으로 고위도 지방에서는 열 부족 현상이, 저위도 지방에서는 열 과잉 현상이 나타난다. 이러한 지구의 열에너지의 불균형을 해소하기 위하여 지구적 규모에서 대기의 이동이 발생하는 것이다. 우리 나라와 같이 중위도에 위치한 나라들은 거의 열적 평형 상태를 유지하기 때문에 온대 기후가 나타난다.

열오염 熱汚染 ■■

핵 발전소 · 화력 발전소 · 철강 관련 산업 · 석유 및 화학 산업 등 연안 입지 시설에서 냉각 및 기타 용수로 사용한 고온의 폐수가 바다로 유입되어 부근 해역의 수온을 높임으로써 양식업이나 어류의 생존을 위협하는 것을 말한다. 열오염으로 인하여 고등 수생 생물들은 내적 기능의 변화와 함께 열에 의한 직 · 간접적인 영향으로 쇠약해지거나 죽게 된다.

열적도 熱赤道 ■

연평균 기온이 가장 높은 지점을 연결한 선으로, 북위 5° 부근에 위치한다. 열적도는 계절에 따라 남북으로 이동하며 수륙 분포 · 격해도 · 해류 · 지형 등의 영향으로 위도상의 적도와는 거의 일치하지 않는다.

열촌 列村 ■■

집촌을 이루는 촌락 형태의 하나로서, 길의 한 쪽 또는 양쪽에 집들이 늘어서서 가늘고 긴 형상을 이루는 취락을 말한다. 열촌은 도로에 따라 도로에 대한 의존도가 낮은 1차 산업 위주의 촌락이 나타나는 노촌과 도로에 대한 의존도가 높아 교통적, 상업적 기능을 갖는 촌락들이 나타나는 가촌으로 구분된다.

영 취락 → **교통 취락**

영공 → **영역**

영 · 불 해저 터널 英佛海底tunnel

1994년 영국 해협 가운데 가장 좁은 부분인 도버 해협 밑을 뚫어 영국과 프랑스를 연결한 해저 터널을 말한다. 지금까지 배편과 항공편으로 연결하던 도버 해협을 육로로 연결할 수 있게 되었다. 총연장 길이 49.9km인 영 · 불 해저 터널이 개통됨에 따라 유로스타 열차로 런던-파리 구간을 3시간 만에 주파할 수 있게 되었다. 영 · 불 해저 터널의 건설은 유럽 대륙을 하나로 연결하려는 유럽 연합 계획 중의 하나로 알려지고 있다.

영역 領域 ■■■

한 나라의 주권이 미치는 영토, 영해, 영공의 범위를 말한다. 자국의 생활 범위라는 점에서 국가 발전에 중요한 요소이다. 영토는 국

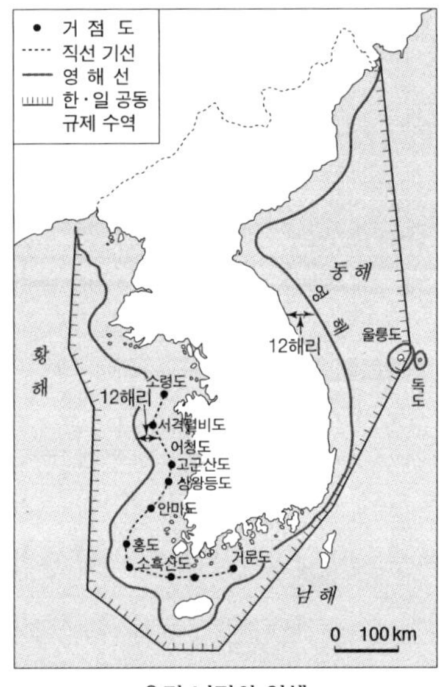

우리 나라의 영해

가 영역 가운데 가장 핵심적 부분으로 부존 자원 · 인구 수용 능력 등 잠재적인 국력을 의미하는 것으로, 크기와 형태에 따라 달라지기도 한다. 우리 나라의 영토는 한반도와 그 부속 도서로 구성되어 있으며, 형태는 남북 약 1,000km, 동서 약 300km에 달한다. 영해는 국가의 주권이 미치는 해역으로 국가 방위와 항해 그리고 자원 개발 등에도 많은 영향을 준다. 국제 해양법에서는 영해 기선으로부터 12해리까지를 각국의 영해로 인정하고 있다. 우리 나라는 현재 대한 해협 3해리를 제외하고는 12해리를 적용하고 있다. 영공은 영토와 영해의 상공을 말하는 것으로, 영공의 고도 한계는 명확하지 않은데, 대체로 대공포 최대 사거리를 의미하는 항공기 격추 가능 고도를 기준으로 하고 있다. 최근 항공기의 발달과 인공 위성 기술의 발달로 영공의 중요성이 더욱 커지고 있다.

영토 → **영역**

영해 → **영역**

영해 기선 領海基線 ■■

일반적으로 연안국의 영해와 해양 관할권을 확정하는 데 기본이 되는 선으로, 영해의 범위를 측정하기 위하여 통상 기선과 직선 기선을 사용하고 있다. 통상 기선은 현재의 해안선을 기준으로 한 선으로 최저 조위선, 즉 썰물선이 기준이 된다. 직선 기선은 가장 바깥에 있는 섬들을 연결한 선으로, 영해의 범위를 설정하는 기준선이 된다. 연안국의 영해 범위는 국제 해양법상 영해 기선으로부터 12해리까지로 정하고 있다. 우리 나라는 동해와 울릉도 · 독도 · 제주도에서는 통상 기선을, 서해 · 남해에서는 직선 기선을 적용하고 있다.

오세아니아 문화권 Oceania文化圈 ■■■

오스트레일리아와 뉴질랜드 그리고 태평양 제도 지역에 유럽 문화의 이식과 정착으로 형성된 문화 지역으로, 오스트레일리아 문화 지역과 태평양 제도 문화 지역으로 나뉜다. 오스트레일리아 문화 지역은 영국계 중심의 유럽인들의 이주로 인하여 원주민 문화는 말살되었으며, 유럽 문화의 영향을 많이 받아 개신교를 신봉하고 영어를 사용한다. 지하 · 동력 자원이 풍부하며 방목과 곡물 농업에 발달하였다. 태평양 제도 문화 지역은 폴리네시아, 멜라네시아, 미크로네시아로 구분할 수 있다. 어업과 자급 농업이 주를 이루고 있었으나 최근 교통 · 관광의 중요성이 증대되어 외부와의 접촉이 활발해지자 외래 문화에 급속히 동화되고 있다.

오스트라네시아 어족 Austranesia語族 ■■

마다가스카르 섬에서 말레이시아와 인도네시아를 거쳐 태평양의 여러 섬들에 이르는 지역에 분포하는 어족으로서, 자바 어 · 말레이 어 · 타갈로그 어 등이 이에 속한다.

오스트라시아 Austrasia ■■

동북 아시아의 한국, 중국, 일본 그리고 오세아니아의 오스트레일리아, 뉴질랜드 등의 국가를 하나로 묶는 지역을 말한다. 이들 국가들은 21세기, 태평양 시대의 도래와 함께 지리적으로 서로 인접해 있을 뿐만 아니라 아시아·태평양 경제 협력 공동체의 일원으로서 매우 밀접하게 관련됨에 따라 새로운 지역권으로 부상하게 된 것이다.

오스트레일리아 문화 지역 → 오세아니아 문화권

오아시스 농업 oasis農業 ■■■

건조 기후의 사막 지역에서 오아시스·지하수·외래 하천 등의 물을 이용하여 이루어지는 농업 방식을 말한다. 건조 지역에서 사람들의 생활에 가장 중요한 것은 물이다. 또한 농업에서도 물은 농업 방식을 결정짓는 절대적 요소라고 할 수 있다. 오아시스 농업은 물을 활용하는 방식에 따라 하천 오아시스 농업과 지하 관개 수로 농업으로 구분된다. 습윤 지역에서 발원하여 건조 지역을 흐르는 외래 하천을 활용하는 하천 오아시스 농업은 메소포타미아 평원(티그리스·유프라테스 강)과 나일 강 삼각주에서 행해지며, 일찍이 농경 문화를 발전시켜 고대 문명을 형성하기도 하였다. 그리고 사막 주변 산지에서 흘러내린 강수가 사막으로 유입하여 생긴 지하수를 이용하는 지하 관개 수로 농업은 북부 아프리카에서 서남 및 중앙 아시아에 이르기까지 행해지며 밀·보리·대추야자·채소·과일 등을 재배한다.

오존층 파괴 ozone層破壞 ■■■

오존층은 태양으로부터 자외선을 흡수하여 지구상의 생물이 방사선 치사량에 노출되는 것을 방지하기 때문에 '지구의 생명을 지켜주는 우산', '지구의 파수꾼'이라고 부른다. 이러한 오존층이 파괴되면 지표면에 도달하는 자외선 양이 증가되어 피부암과 백내장 등안 질환을 유발하고, 농·수산물의 성장에도 영향을 미쳐 결국 지구의 생태계에 큰 영향을 미친다. 오존층을 파괴시키는 주범은 냉장고와 에어컨의 냉매제로 쓰이는 프레온 가스라고 불리는 염화 불화 탄소이다.

오호츠크 해 기단 Okhotsk海氣團 ■■■

오호츠크 해에서 쿠릴 열도에 이르는 지역에서 발달하는 한랭 습윤한 해양성 기단을 말한다. 오호츠크 해 기단의 냉량 다습한 공기가 우리 나라의 태백 산맥을 넘을 때 고온 건조한 높새바람을 일으키기도 한다. 또한 북태평양 기단과 만나 장마 전선을 형성하게 되는데, 오호츠크 해 기단의 세력이 강할 때에는 북태평양 기단의 북상이 늦어져 가뭄을 일으키기도 한다.

옥천 지향사 沃川地向斜 ■

평남 지향사와 함께 고생대에 형성된 퇴적층 지대로, 전기의 하부층인 조선계는 바다 밑에서 형성된 해성층이며, 후기의 상부층인 평안계는 얕은 바다와 습지에서 퇴적된 지층이다. 강원 남부의 삼척·정선·영월에서 호남 지방의 군산·목포에 이르는 지역에 걸쳐 분포하며, 무연탄·석회석·텅스텐·아연 등 많은 광물이 매장되어 있다.

온난 습윤 기후(Cfa) 溫暖濕潤氣候 ■■■

몬순, 즉 계절풍의 영향으로 여름은 고온 다우하며 겨울은 한랭 건조한 기후로서, 온대 몬순 기후라고도 한다. 동북 아시아·북미 동부·남미 팜파스·오스트레일리아 동부 지역 등 남북위 30~40°의 대륙 동안에 분포한다. 식생은 조엽수림을 이루며, 아시아 지역에서는 쌀과 차, 북미 지역에서는 목화를 재배하고 있으며, 아르헨티나에서는 목축이 행해지고 있다.

온대 기후(C) 溫帶氣候 ■■■

최한월 평균 기온 18~-3℃ 지역으로, 사계절이 뚜렷하고 온난 습윤하기 때문에 인간 생활에 적합한 기후를 나타낸다. 따라서 인구 밀도가 높고 경제 활동이 활발한 지역에 속한다. 기온과 강수량의 계절적 차이에 따라 온대 습윤 기후(Cf), 온대 하우 기후(Cw), 온대 동우 기후(Cs)로 나뉜다.

온대림 溫帶林 ■

열대와 한대의 중간에 위치하는 온대 기후 지역에서 자라는 상록 활엽수, 낙엽 활엽수, 침엽수의 혼합림을 말한다. 천연림이 적고 인공림이 조성된 곳이 많다. 대륙 서안의 지중해 연안에는 여름 건조를 잘 견디는 코르크와 같은 경엽수림이, 대륙 동안에는 겨울 건조를 잘 견디는 사철나무와 같은 조엽수림이 발달하였다. 이 밖에 펄프용으로 사용되는 낙엽송과 타이완의 장뇌유, 오스트레일리아의 유칼립투스 나무 등이 주요 임산물로 활용되고 있다.

온대 습윤 기후(Cf) 溫帶濕潤氣候 ■■

연중 습윤한 기후로, 대륙 동안과 서안 사이에의 기온 차이가 뚜렷하여 여름 기온에 따라 여름이 무더운 온난 습윤 기후(Cfa)와 여름이 선선한 서안 해양성 기후(Cfb)로 나뉜다.

온대 하계 건조 기후(Cs) 溫帶夏季乾燥氣候 ■■■

여름은 아열대 고압대의 영향으로 고온 건조하며, 겨울에는 편서풍대의 영향으로 온난 다습한 기후로 지중해성 기후 혹은 온대 동우 기후라고도 한다. 지중해 연안 · 미국의 캘리포니아 지방 · 칠레 중부 · 오스트레일리아 남서부 · 아프리카 남단 등 남 · 북위 30~40°의 대륙 서안에 분포한다. 식생은 여름의 고온 건조에 잘 견디는 포도 · 올리브 등의 상록 경엽수림이 발달하였다. 여름은 포도 · 오렌지 등의 수목 농업을, 겨울은 곡물 재배를 하는 지중해식 농업이 행해지고 있다. 또한 미국의 캘리포니아에서는 관개에 의한 기업적 벼농사가 이루어지고 있다. 특히 지중해성 기후 지역에서는 좋은 날씨 조건으로 인하여 관광 산업이 발달하였다.

온대 하우 기후(Cw) 溫帶夏雨氣候 ■

몬순, 즉 계절풍의 영향으로 여름은 고온 다습하며 겨울은 저온 건조한 기후로서, 아열대 몬순 기후라고도 한다. 중국의 화남, 브라질 남동부, 아프리카 남동부 지역 등 남북위 20~30°의 대륙 동안에 분포한다. 식생은 조엽 수림 중심의 상록 활엽수림이 분포하며 벼 · 차 · 사탕수수 등이 재배된다. 생육기에 많은 비로 인하여 농업 생산력은 높은 편으로 아시아 일부 지역에서는 벼의 2기작이 행해지고 있다. 동남 아시아에서는 열대성 저기압의 통과로 풍수해가 자주 발생한다.

온량 지수 溫量指數 ■■■

식물 성장에 요구되는 최저 기온을 5℃로 보고, 월평균 기온 5℃ 이상인 달의 평균 기온에서 5를 뺀 기온의 총계를 말하는 것으로, 식물의 분포를 잘 반영한다.

온량 지수 = Σ(t-5), (t=5℃ 이상인 달의 기온).

기온의 남북 차를 반영하기 때문에 기후 구분에 사용된다. 우리 나라에서의 온량 지수에 의한 기후 지역 구분은 식생과 토양의 분포와 거의 일치한다.

온실 효과 溫室效果 ■■■

온실의 유리가 열에너지를 차단하는 것과 마찬가지로 이산화탄소·염화 불화 탄소·메탄 등의 탄산가스가 대기 중에 섞여 태양으로부터의 직사 에너지는 통과시키지만 지표로부터의 복사열은 흡수하여 발생하는 기온 상승 효과를 말한다. 최근 들어 화석 연료의 소비가 증가하여 점차 대기 중의 이산화탄소가 증가함에 따라 온실 효과에 의한 기온 상승으로 생태계 변화와 함께 해수면 상승이 나타나고 있다. 지금 추세대로라면 21세기 말에는 지구의 평년 기온이 3~5℃로 상승할 것으로 예측되는데, 우리 나라 기온이 3℃ 이상 올라가면 서울이 지금의 제주도와 같은 기후를 띠게 된다.

외몽골·터키 문화 지역 → 건조 문화권

외적 영력 → 지형 형성 영력

용암 대지 鎔巖大地 ■■■

화산에서 흘러나온 방대한 양의 용암이 넓은 지역을 덮은 후 굳어진 평탄한 지형을 말한다. 신생대 제4기 유동성이 큰 현무암질 용암이 단층 작용에 의하여 형성된 지각의 약한 균열 부

용암 대지(강원도 철원 장흥리)

분, 즉 구조선을 따라 열하 분출하여 거대한 용암 대지가 형성된 것이다. 우리 나라에는 개마 고원 일대, 철원 · 평강, 신계 · 곡산 지역 일대에 용암 대지가 분포하고 있으며, 세계적으로는 인도의 데칸 고원, 북아메리카의 콜롬비아 고원 등지에 분포한다.

용존 산소량 DO ■■

용존 산소량(Dissolved Oxygen)은 물 속에 포함되어 있는 산소량을 나타내며 수질 오염의 지표로 사용된다. 보통 물의 DO는 10ppm 정도이다. 하천 오염의 가장 일반적인 형태는 유기물에 의한 부패로서, 물 속의 미생물이 과다 번식하여 용존 산소가 부족해짐으로써 어패류가 생존을 위협받는다.

용천대 龍泉帶 ■■■

제주도는 다공질의 현무암과 주상 절리의 발달로 빗물은 지하로 스며들고, 스며들었던 지하수가 해안에서 솟아나는데, 이 지하수가 솟아오르는 샘을 용천대라고 한다. 따라서 제주도에서는 대부분의 취락이 지하수가 지표로 솟아나오는 해안의 용천대를 따라 입지한다.

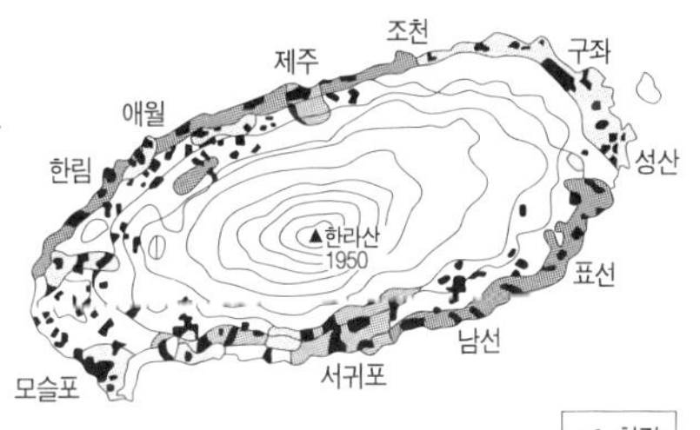

제주도의 용천대와 취락 분포

우데기 ■

다설 지역인 울릉도 민가에서만 나타나는 독특한 가옥 설비로서 방설, 방풍, 차양의 기능을 갖는다. 지붕의 처마 끝 안쪽에 여러 개의 기둥을 집 주위에 둘러 세우고 새나 싸리로 이엉을 엮어 출입문을 제외한 집 전체의 주위를 둘러싼 것이다. 방벽과 우데기 사이의 공간인 축담은 적설 시 가족의 옥내 생활 공간으로 활용한다.

우랄 · 알타이 어족 Ural-Altai語族

터키에서 중앙 아시아와 몽골을 거쳐 한국과 일본에 이르는 지역에 분포하는 어족으로서, 몽골 어 · 터키 어 · 한국어 · 일본어 · 만주어 · 핀란드 어 · 헝가리 어 · 퉁구스 어 등이 이에 속한다. 아시아 인종의 북방계와 분포 범위가 유사하다.

우루과이 라운드 UR

1986년, 우루과이에서 개최된 관세 및 무역에 관한 일반 협정(GATT)으로 각료 회의에서 게시된 가트의 여덟 번째 다자간 무역 협상을 말한다. 가트는 국제 통화 기금(IMF)과 함께 전후 미국 주도의 세계 자본주의를 떠받치는 기둥의 역할을 하였다. 그러나 미국의 절대 우위에 기초한 국제 경제 질서가 붕괴되고 세계 자본주의의 중심이 미국 · 일본 · 유럽 공동체(EC) 등으로 다국화되었다. 특히 1980년대 들어 미국은 자국의 농업 공항 · 제조업 쇠퇴 · 서비스 산업 팽창이라는 산업 구조의 변화와 경상 수지 적자에 직면하여 새로운 무역 질서 구축을 시도하였다. 즉 농업과 서비스 산업의 비교 우위를 무기로 하여 세계 경제에 대한 패권을 회복, 강화하려고 한 것이다. 이러한 미국 대자본의 이익 추구가 GATT를 통하여 반영된 것이 우루과이 라운드(Uruguay Round)이다. 우루과이 라운드의 협상 타결에 따른 농산물 및 서비스 시장의 완전 개방으로 인하여 한국 경제의 농업 및 서비스 산업은 경쟁력이 저하되고 구조 조정이 불가피할 것으로 예상된다. 반면에 제조업 제품 수출에 큰 비중을 두고 있는 한국 경제는 관세 인하와 무역 규범의 정립 등으로 수출 산업에 큰 도움이 될 것으로 보인다.

운반 거리 비용 → 운송비

운송비 運送費 ■■■

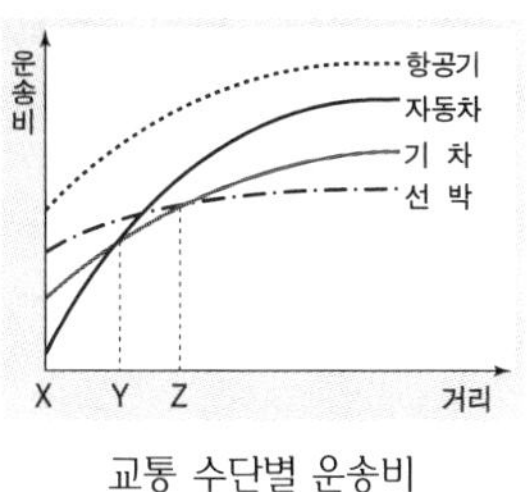

교통 수단별 운송비

교통 기관을 이용할 때 드는 비용을 뜻하는 운송비는 종착지 비용과 운반 거리 비용으로 구성된다. 종착지 비용은 하역비 · 운송 업무비 · 관리 유지비 등으로 운반 거리와 상관없이 드는 일정한 비용이며, 운반 거리 비용은 실제 운송 수단이 이동하는 거리에 따라 증가하는 비용으로 주행 비용이라고도 한다. 운송비는 두 가지 비용을 포함한 비용이므로 단거리 수송이 상대적으로 더 비싸다. 운반 거리 비용은 거리가 증가함에 따라 단위 거리당 운임률이 감소하는 운송비 체감의 법칙이 작용하므로 장거리 수송일수록 더욱 유리해진다. 따라서 운송비는 교통 수단별로 다르게 나타난다. 일반적으로 종착지 비용은 도로→철도→선박 순으로 높아지며, 단위 거리당 운반 거리 비용은 선박→철도→도로 순으로 높아진다. 따라서 종착지 비용은 저렴하지만 운반 거리 비용의 증가가 큰 자동차는 단거리 수송에 유리(X-Y 구간)하고, 종착지 비용과 운반 거리 비용이 자동차와 선박의 중간에 해당하는 철도 교통은 중거리 수송에 유리(Y-Z 구간)하며, 종착지 비용은 비싸지만 운반 거리 비용의 증가가 적은 선박은 장거리 수송에 유리(Z 이상 구간)하다.

운송비 지향성 공업 → 공업 입지 유형

운적토 運積土 ■

정적토가 빙하 · 하천 · 바람 등에 의하여 운반되어 퇴적된 토양을 말한다. 우리 나라의 운적토는 하천에 의하여 퇴적된 충적토가 대부분으로, 비옥하기 때문에 농경지로 이용된다.

원격 탐사 遠隔探査 ■■■

물리적인 접촉이나 탐사 없이 지상 · 지하 대상 물체의 특성과 현상을 관측하여 필요한 자료나 정보를 얻어내는 일련의 기술을 말한다. '모든 물체는 종류 및 환경 조건이 다르면 각기 다른 전자파의 반사 및 방사 특성을 갖는다'는 전자파 스펙트럼 특성을 이용하여 물체의 종류나 상태를 조사하는 기술로, 리모트 센싱이라고도 한다. 원격 탐사는 주로 항공기나 인공 위성에 탑재된 관측 센서로부터 얻은 지상의 영상 정보를 디지털화하여 이를 분석, 처리하는 기법이 활용되고 있다. 인공 위성 기술 발달로 인한 원격 탐사 기술의 향상은 지구상의 모든 대상물을 보다 광범위한 차원에서 감시와 분석을 가능하게 할 뿐만 아니라 미래를 예측할 수 있는 모델을 제공

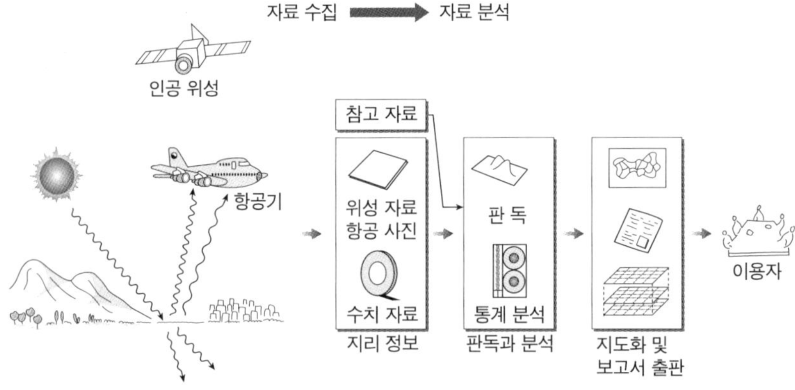

원격 탐사에 의한 지리 정보의 수집과 분석

하기도 한다. 1972년 미국이 세계 최초로 지구 관측 위성인 랜드새트 1호를 발사한 이래 현재의 원격 탐사 기술은 도시 계획 · 자원 탐사 · 환경 변화 감시 · 기상 관측 · 자연 재해 예방 등 여러 관련 분야에서 그 활용도가 매우 높다.

원교 농업 遠郊農業 ■■■

도시에서 멀리 떨어진 곳에서, 유리한 자연 조건과 교통 조건을 이용하여 채소 · 화훼 · 과수 등을 재배하는 농업을 원교 농업이라고 말한다. 근교 농업 지역보다 운송비 부담이 크므로 작물 출하 시기 조절, 작물 선택, 시설 설비에 따른 비용 절감을 통하여 경쟁하게 된다. 원교 농업은 고랭지형과 난대형으로 구분된다. 고랭지형 원교 농업은 대관령을 중심으로 한 영서 고원과 무주 · 진안을 중심으로 한 진안 고원에서, 난대형 원교 농업은 김해 · 진주 등 남해안 지역에 발달하고 있다.

원교 농촌 遠郊農村 ■■

고위 평탄면 등과 같은 특수 지형, 온난한 기후 조건, 발달한 교통 조건을 이용하여 소비지인 대도시에서 원거리에 위치하여 발달한 농촌 지역을 두고 일컫는 말이다. 채소 · 화훼 · 원예 등의 상품 작물을 주로 노지(露地) 재배하며, 조방적 영농 형태를 띤다. 근교 농촌에 비하면 공동체적 성격이 강한 편이다.

원료 지향성 공업 → 공업 입지 유형

원자력 발전 原子力發展 ■■■

우라늄이나 플루토늄 등의 핵분열 반응 때 일어나는 에너지를 이용하여 발전하는 방식을 말한다. 발전 단가가 싸고 연료 수급이 화력 발전보다 유리한 장점이 있다. 반면, 입지 선정 시 방사능 누출 사고 위험에 따른 핵 폐기물 처리 문제, 막대한 건설비 등의 단점이 있다. 원자력 발전소는 엄청난 양의 냉각수를 사용하기 때문에 해안에 입지한다. 실제로 울진 · 영광 · 고리 · 월성 등에 입지한 우리나라의 원자력 발전소들은 냉각수를 쉽게 얻을 수 있는 해안 지역에 입지하고 있다. 그러나 원자력 발전소에서 배출되는 온수는 열오염을 발생시키는 등 해안 생태계에 큰 영향을 미치고 있다.

월경 공해 → 환경 공중 폭격

위성 도시 衛星都市 ■■■

대도시의 주변에 자리잡은 중소 도시로서, 중심 도시 기능의 일부를 분담하는 도시를 말한다. 지구를 도는 달과 같은 관계에 있기 때문에 위성 도시라고 부른다. 도시의 팽창과 교통 기관의 발달에 따라 대도시 주변 중소 도시는 대도시와 밀접한 관계를 가지면서 점차 대도시의 인구 및 일부 기능을 수용하는 위성 도시로 변한다. 대도시와 위성 도시의 사이의 기능적 상관성은 통학 · 쇼핑 · 오락 · 산업 등을 통하여 형성되며, 대도시가 지녔던 공장 · 학원 · 주택 등의 기능이 위성 도시로 분산, 진출한다. 수도권 내의 인천 · 수원 · 안양 · 의정부 · 구리 등 서울의 위성 도시는 기존 도시가 위성 도시로 변질된 것이다. 이러한 위성 도시들은 대도시의 일부 기능만을 분담하는 자족 기능을 갖추지 못하고 베드 타운 화되어 통근 거리가 연장되고 교통난을 가중시키는 문제점이 나타나고 있다.

유교 儒敎 ■

공자의 사상을 믿고 따르는 교학(敎學)으로서, 고대 중국에서 시작되었다. 유교는 고대로 중국인의 생활을 실질적으로 지배한 정신적 권위이자 국학인 동시에 중국 철학의 대표라고 할 수 있다. 핵심은 수기치인(修己治人), 즉 자기를 완성하여 군자가 되어 남에게 덕행을 미치도록 하는 것이다. 중국에서 발달하여 한국에 전해졌으며 이는 다시 일본에 전수되었다. 유교는 중요한 생활 윤리로서 동아시아 문화권 형성에 크게 기여하였다.

유네스코 UNESCO ■■

인종 · 성별 · 언어 · 종교 등의 차별을 초월하여 세계 각 국민들간의 교육 · 과학 · 문화 활동을 통하여 세계 평화와 인류 공동의 복지 증진의 실현을 목적으로 설립된 유엔 전문 기구이다. 우리 나라는 1950년에 가입하였으며, 1954년 유네스코 한국 위원회가 창립되었다.

유럽 문화권 Europe文化圈 ■■■

북극권을 제외한 유럽과 시베리아에 이르는 문화 지역으로, 크게 북서 유럽 문화 지역, 남부 유럽 문화 지역, 동부 유럽 문화 지역으로 구분된다, 유럽 문화권은 대부분 유럽 인종으로 인도 · 유럽 어족에 속하며, 크리스트 교가 정신적 바탕을 이루고 있어 크리스트교 중심의 생활 양식과 사회 제도가 뿌리내린 곳으로 민주주의와 자본주의가 싹튼 곳이다. 또한 시민 혁명과 산업 혁명을 바탕으로 가장 먼저 산업화 · 근대화가 이루어진 지역으로 선진 국가 대부분이 여기에 속한다. 북해 연안의 튜턴 족 거주 지역으로 스칸디나비아 반도 · 독일 · 베네룩스 3국 · 영국 등이 포함되는 북서 유럽 문화 지역은 산업 혁명의 발상지로서 산업화가 가장 먼저 이루어진 곳이다. 혼합 농업과 낙농업이 발달하였으며 개신교를 신봉한다. 북서 유럽 문화는 이후 앵글로 아메리카, 오스트레일리아, 남부 아프리카로 확산되었다. 지중해 연안의 라틴 족 거주 지역으로 이베리아 반도 · 이탈리아와 그리스 등을 포함하는 남부 유럽 문화 지역은 그리스 · 로마 문명의 발상지로서 관광 산업이 발달하였다. 지중해성 기후를 이용한 지중해식 농업이 발달하였으며, 카톨릭을 신봉하고, 이후 라틴 아메리카로 전파되었다. 유럽 내의 슬라브 족 거주 지역으로 러시아 및 그 인접 국가와 동부 유럽에 이르는 동부 유럽 문화 지역은 슬라브 어를 사용하며, 주로 그리스 정교를 신봉하는 지역으로 민족, 종교, 언어가 복잡하여 분규가 잦은 지역이다. 1990년대 들어 사회주의 체제의 붕괴 및 개방화와 함께 자본주의화가 급속히 이루어지고 있다.

유럽 연합 EU

유럽 경제 공동체(EEC)에서 유럽 공동체(EC)를 거쳐 1993년 마스트리히트 조약의 체결로 형성된 유럽의 정치 · 경제 · 사회 통합체를 말한다. 영국 · 독일 · 프랑스 등 15개국이 회원국이며, 유럽 연방의 실현을 목적으로 공동의 외교 · 안보 · 경제 정책을 수행한다.

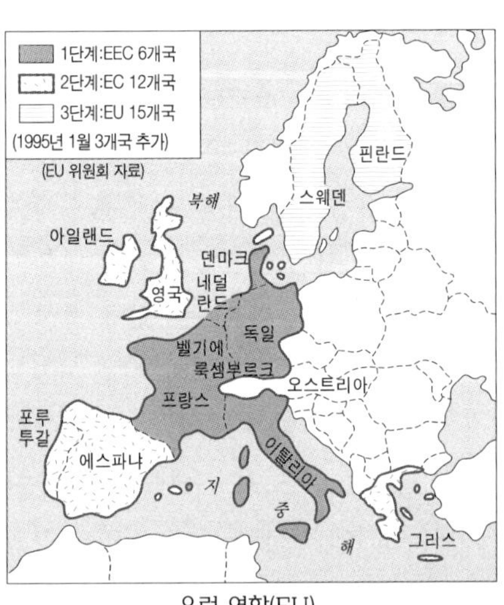

유럽 연합(EU)

유럽 인종 Europe人種 ■■■

밝은 갈색 피부에 파상모, 푸른 눈의 신체적 특징을 지닌 인종으로, 코카서스 인종 또는 백인종이라고 한다. 카프카즈 산맥 북쪽의 냉량 습윤한 삼림 지대에서 형성되어 유럽, 서남 아시아 및 인도, 아메리카 및 오세아니아로 퍼져나갔다. 튜턴 족 · 라틴 족 · 슬라브 족 · 그리스 인 · 알바니아 인 · 켈트 족 · 힌두 족 등의 아리안 계와 아랍 인 · 유대 인 · 에티오피아 인 등의 셈 족, 이집트 인 · 베르베르 인 등의 햄 족의 셈-햄 계로 구분된다.

유목 遊牧 ■■

거처를 정하지 않고 물과 목초지를 따라 가축 떼를 몰고 다니는 원시적인 목축 방식을 말한다. 중앙 아시아, 서아시아, 아프리카 북부에 걸쳐 폭 넓게 띠 모양을 이루고 있는 사막 또는 반건조 지대의 농경 한계지에 발달하였다. 유목은 크게 주기적으로 목초지를 찾아 가축을 몰고 장거리 이동을 하는 수평 유목, 양이나 염소를 몰고 계절적으로 고지와 저지를 왕복하는 수직 유목(이목), 목축과 작물 재배를 겸하는 반유목 등 세 가지 유형으로 구분된다. 대부분 유목민의 생활은 가축 사육에 전적으로 의존하고 있기 때문에 양과 낙타는 유목 가축의 상징이라고 할 수 있다. 최근 교통과 통신의 발달과 함께 각 국가들의 독립에 따른 국경의 형성으로 이동이 제한되고, 석유 등 지하 자원 개발과 도시화의 진행, 그리고 지하수를 이용한 관개 농업의 확대 등의 원인으로 인하여 유목은 크게 쇠퇴하고 있다. 유목이 행해지고 있는 각국 정부는 이러한 유목의 쇠퇴에 따라 유목민의 정착화를 위하여 많은 노력을 기울이고 있다.

유선도 → **통계 지도**

유엔 환경 계획 UNEP ■

1972년 채택된 스톡홀름 선언을 바탕으로 한, 환경과 지속 가능한 개발에 관한 유엔 공식 국제 기구를 말한다. 케냐의 나이로비에 본부를 두고 있다. 유엔 환경 계획(United Nations Environment Program)의 목적은 환경 분야에서 국제 협력의 추진, 유엔 기구의 환경 관련 활동 및 정책 작성, 세계의 환경 감시 등이다.

유역 변경식 수력 발전 → 수력 발전

유턴U-turn 현상 ■ ■ ■

도시 인구가 농촌으로 역류, 분산되는 과정인 역도시화와 관련된 인구 이동의 형태 가운데 하나로서, 농촌에서 살던 주민이 농촌을 떠나 대도시로 이주하였다가 다시 예전의 농촌으로 귀향하는 것을 말한다.

유통 流通 ■ ■ ■

지역간 사람 · 물자 · 정보 등의 장소적 이동을 말한다. 두 지역간의 유통의 발생은 상호 보완적 관계일 때, 이동을 가능하게 하는 교통 수단이 존재할 때, 유통을 방해하는 요인인 간섭 기회가 제거되었을 때 이루어진다. 두 지역간의 유통의 양과 빈도는 두 지역간의 거리에 반비례하고 두 지역의 인구 규모에 비례하는 중력 모형에 의하여 결정된다.

육계도 → 사주

육계 사주 → 사주

육도 陸島 ■

육지의 일부가 최종 빙기 이후 해수면 상승으로 육지에서 분리되어 생긴 섬을 말한다. 대륙붕 상에 위치하여 주변의 대륙부와 같은 물질로 구성되어 있고, 마다가스카르, 보루네오 그리고 우리 나라 남 · 서해안 다도해의 섬들이 이에 해당된다.

육성층 陸成層 ■■

하천 · 호수 · 산사면 등 육지상에서 퇴적된 물질이 굳어 형성된 지층으로, 대표적인 육성층으로는 평안계, 대동계, 경상계 지층을 들 수 있다. 고생대에 형성된 평안계 지층은 평남 및 옥천 지향사에 주로 분포하며 무연탄을 많이 매장하고 있어 주요 석탄 산지를 이룬다. 또한 석탄은 중생대 대동계 지층에서도 나타나는데, 충청남도 중서부 지역이 이에 해당된다. 한편 중생대 백악기 지층인 경상계는 경상 분지에 퇴적되어 있다. 중생대 백악기 당시 경상 분지는 백악기 공룡들의 서식처로서 중심적 역할을 하였던 여러 개의 넓은 호수들이 분포하고 있었기 때문에 한반도의 공룡 발자국 화석의 대부분은 바로 이 경상계 지층에서 발견되고 있다.

육의전 六矣廛

조선 시대에 서울의 종로에 있었던 여섯 가지 종류의 상점으로, 국가로부터 독점적 상업권을 부여받고 국가 수요품을 조달하였다. 육주비전(六注比廛)이라고도 하며, 선전(비단), 면포전(무명), 면주전(명주), 지전(종이), 저포전(모시), 내외 어물전(생선) 등을 여섯 종류의 상점으로 구분되었다.

윤작 → 경종 조직

융기 해안 → 이수 해안

의제 21 → 리우 회의

이동 확산 移動擴散 ■■

문화 요소가 기원지로부터 주변으로 전파되는 과정인 문화 확산의 한 유형으로서, 특정 사상이나 문화 요소 또는 혁신을 가진 개인이나 집단이 다른 지역으로 이동하여 새로운 정착지에 전파되는 경우를 말한다. 유럽 인의 이동으로 기독교가 신대륙에 전파된 경우가 대표적인 예가 된다.

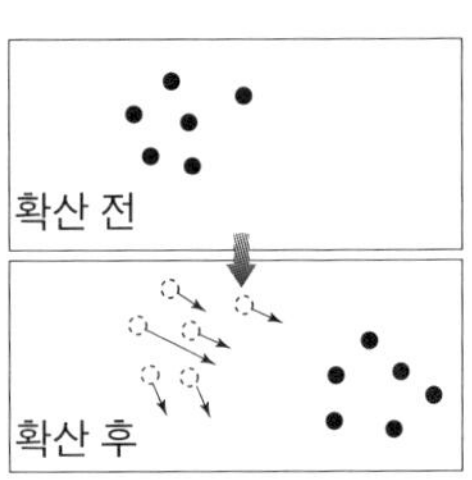

이목 移牧 ■■

유목과 목장 방목의 중간 형태의 목축 방식으로, 양이나 염소를 몰고 계절적으로 고지와 저지를 왕복하면서 방목을 한다. 가축과 함께 이동한다는 점에 있어서는 유목과 비슷하지만 정주하여 농경 생활도 함께 하면서 목축을 하는 점이 차이점이라고 할 수 있다. 이목은 주로 유럽 남부의 지중해성 기후 지역에서 흔히 볼 수 있는데, 이는 지중해성 기후 지역이 여름에는 매우 건조하여 저지대에서는 질 좋은 목초를 구하기가 어렵기 때문이다. 따라서 여름에는 목초가 잘 자라는 고지대인 산허리로 이동하여 방목을 하고, 겨울철에는 목초가 있는 저지로 이동하여 방목을 하게 된다. 알프스와 피레네 산지에서는 여름에는 높은 산지의 초원으로, 겨울에는 저지의 목장으로 계절적 수직 이동을 하여 가축을 사육한다. 반면, 에스파냐의 메세타 고원에서는 여름에는 서늘한 대서양 연안으로, 겨울에는 따뜻한 지중해 연안으로 동서로 이동하여 가축을 사육한다. 그러나 이목은 관개에 의한 상업적 수목 농업의 발달과 신대륙으로부터의 양모 수입량이 증가되면서 점차 쇠퇴하고 있다.

이상 기상 異常氣象 ■

기온 · 강수량 등의 기후 요소가 과거 30년 이상에 걸쳐 관측되지 않을 정도로 현저히 높거나 낮은 수치를 나타내는 것이다. 통계적으로 30년에 1회 이상의 출현 확률의 현상을 띤다. 이상 기상은 주로 대기 대순환계가 보통 때와는 크게 다른 경우에 발생하는데, 그 원인으로는 태양 흑점 활동의 변화 · 화산 폭발에 의한 일사량 변화 등을 들 수 있다.

이수 해안 離水海岸 ■■

해수면의 하강이나 지반의 융기에 의하여 과거의 해저 지형이 해수면 위로 드러나 형성된 해안으로, 이수 또는 융기 해안이라고 한다. 과거 파랑 작용에 의하여 형성된 각종 해안 지형이 현재 해안선과는 멀리 떨어진 내륙 쪽에서 발견되는 점은 이수 해안의 증거가 된다. 해안선이 단조롭기 때문에 반도, 만, 섬의 발달이 부진한 편이며 해안 평야와 해안 단구 등이 발달하였다.

이슬람 교 Islam教 ■

아랍 인의 원시 종교와 유대 교 및 크리스트 교가 복합된 종교로서, 7세기 아라비아 반도에서 마호메트에 의하여 창시되었다. 성지는 메카이며, 서남 아시아 · 북부 아프리카 · 파키스탄 · 인도네시아 · 말레이시아 · 중앙 아시아 등지에 분포되어 있다. 이슬람이란 '절대자에게 복종' 을 의미하며, 엄격한 계율과 종교 의식으로 다른 지역에 비하여 결속력이 강한 까닭에 독특한 이슬람 문화권 형성을 하는 데 기여하였다.

24절기 二十四節氣 ■

한국 · 중국 등에서 태양력과 태음력의 차이를 조절하기 위하여 만들어진 것으로, 중국에서 1년을 15일 단위의 24절기로 나누고 이를 다시 5일 단위의 72후로 구분하여 음력과 같이 사용하였다. 24절기는 각각 독특한 의미를 가지고 있는데, 이를 뜻에 따라 세 개의 그룹으로 분류가 가능하다. 첫 번째, 계절을 의미하는 것으로는 춘분 · 추분 · 하지 · 동지 · 입춘 · 입하 · 입추 입동 등이 있다. 두 번째, 기후의 특징을 의미하는 것으로는 더위와 추위와 관련한 소서 · 대서 · 처서 · 소한 · 대한, 강수 현상과 관련한 우수 · 곡우 · 소설 · 대설, 수증기 응결과 관련한 백로 · 한로 · 상강 등이 있다. 마지막으로, 계절에 따른 만물의 변화상을 의미하는 것으로 작물의 성숙과 파종의 상황을 의미하는 소만 · 망종, 자연의 변화를 의미하는 경칩 · 청명 등이 있다.

이촌 향도 현상 移村鄕都現象 ■■■

산업화 · 도시화에 따라 도시에는 부가 가치가 높은 2, 3차 산업의 발달로 일자리가 많이 창출되기 때문에 농촌 인구가 도시로 이동하는 현상을 말한다. 우리 나라는 1960년대 이후부터 시작된 급격한 도시화로 인하여 많은 사회 문제를 겪었다. 농촌에서는 노동력 부족 문제 · 경지 이용률 하락 · 사회적 휴경지의 발생 등의 문제와 함께 공동체적 요소가 사라지게 되었다. 그리고 도시에서는 과다한 인구와 산업의 집중으로 주택 · 교통 · 상하수도 문제의 발생과 각종 공해 등의 문제로 어려움을 겪고 있다. 현재 개발 도상 국가로서 급격한 산업화, 도시화가 진행되고 있는 중국과 인도에서는 우리 나라가 1970~1980년대에 겪은 이촌 향도 현상으로 인한 여러 문제로 고통받고 있다.

인공 강우 人工降雨 ■

구름에 어떤 영향을 주어 인공적으로 비를 내리게 하는 것으로, 드라이 아이스·요오드화은 등을 구름 씨로 뿌리거나 구름 정상부에 물을 뿌려 만들기도 한다. 적운을 골라 비행기로 드라이 아이스를 뿌려 주면 그 주변의 물방울들은 눈이 되어 내리게 되고, 그 눈은 지표로 내려가면서 기온 상승에 의하여 비가 되어 내리게 된다. 현재 미국·독일·러시아 등 일부 선진 국가들을 중심으로 실용화 단계에 있으며, 우리 나라는 이에 대한 연구와 실험을 계속 진행중에 있다.

인구 공동화 현상 人口空洞化現象 ■■■

도심 지역에서 주거 기능의 약화로 상주 인구 밀도가 감소하는 현상을 말하는 것으로, 도넛 형태와 유사하여 도넛 현상이라고도 한다. 도시화가 진행될수록 대도시의 중심부는 상업·업무·행정 등의 중추 관리 기능이 밀집하게 된다. 반면 도시화가 집적하여 지가와 지대 압력이 높아지므로 지대 지불 능력이 없는 일반 주택은 도시 외곽으로 빠져나가게 됨으로써 발생한다.

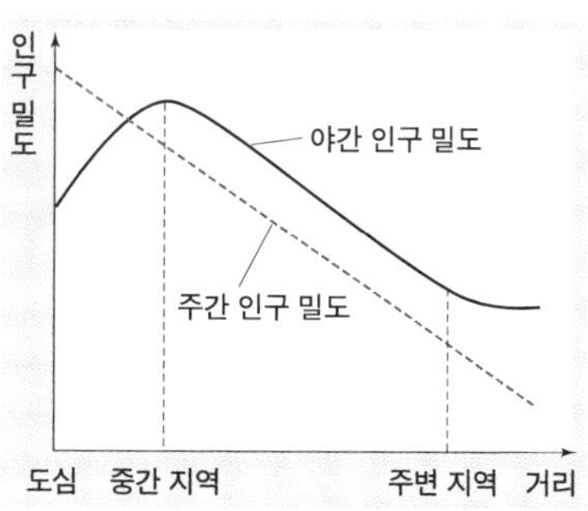

인구 과잉 → 인구 부양력

인구 노령화 人口老齡化 ■■■

사망률의 감소로 인하여 노년층 인구가 계속 증가하는 구조 현상을 말한다. 의료 기술이 발달하고 생활 수준이 높은 선진국일수록 노령화의 추세가 강하다. 인구의 노령화 현상은 노동력의 부족 현상을 초래하고, 노인 복지 시설을 확충하여야 한다는 어려움이 있어 선진국이 고민하는 문제 가운데 하나이다. 한편 노령화 추세가 심화됨에 따라 노년층을 상대로 한 실버 산업이 발달하기도 한다. 현재 우리 나라는 선진국에 비하여 노년 인구 비율이 낮지만 계속 선진국의 수준으로 증가한다면 노령화 문제가 중요한 사회 문제가 될 것이다. 통계청은 2020년 예상되는 노년층 인구가 약 690만 명에 달하여 전체 인구의 10퍼센트를 넘어설 것으로 보고 있다.

인구 문제 人口問題 ■■■

한 국가나 지역의 인구 증감, 인구의 지역간 불균형 분포, 인구 구성의 불균형 등에 의하여 발생하는 인구와 관련한 제반 문제를 말한다. 과잉 인구의 발생은 인구 부양력을 증가시켜 자원의 해외 의존도를 증가시킨다. 또한 인구의 지나친 지역적 편재는 대도시의 과밀화와 농촌의 과소화 현상을 초래하여 대도시에서는 주택 · 교통 · 공해 · 범죄 등의 여러 사회 문제가 발생하고 농촌에서는 노동력 부족의 문제가 발생하고 있다. 그리고 성비의 지나친 불균형으로 인하여 남초 현상이 증가하게 됨에 따른 결혼 문제, 노령화의 가속화에 따른 노인 복지 문제 및 노동력 부족 문제 등이 점차 현실로 다가오고 있다. 이러한 인구 문제를 해결하기 위한 대책으로서는 가족 계획에 의하여 적정 인구로 조절하는 인구 증가 억제책, 국토의 균형 있는 발전을 통한 인구의 분산과 재배치, 경제력 증대를 통한 인구 부양력을 높이는 방안 등을 들 수 있다.

인구 밀도 人口密度 ■■■

단위 면적에 대한 평균 인구수의 비율로 보통 1km²에 대한 인구수로 표시하며, 인구의 지역적 분포와 조밀 정도를 나타낸다. 인구 밀도는 거주 불가능 지역까지 포함하는 단위 면적에 대한 평균 인구 비율을 나타내는 단순 인구 밀도, 총 경지 면적에 대한 인구 비율을 나타내는 것으로 인구 지지력을 파악하는 데 유리한 경지 면적당(지리적) 인구 밀도, 지역 경제력에 대한 인구 비율을 나타내는 것으로 인구 부양력의 지표가 되는 경제적 인구 밀도 등이 있다. 1999년 현재 우리 나라는 471명/km² 의 인구 밀도를 나타내고 있으며, 방글라데시와 타이완에 이은 세계에서 세 번째의 인구 조밀국에 해당된다. 인구 과밀 지역으로는 수도권과 남동 임해 지역, 인구 과소 지역으로는 강원도 태백 및 소백 산지를 비롯한 농어촌 산간 지대를 들 수 있다.

인구 부양력 人口扶養力 ■■

한 나라의 인구가 그 나라의 사용 가능한 자원에 의하여 생활할 수 있는 능력으로, 지역이 얼마만큼의 인구를 수용할 수 있는 능력을 가지고 있는가를 나타내는 척도로서, 인구 지지력이라고도 한다. 한 나라의 인구 규모가 주어진 자원을 이용하여 생활할 수 있는 인구 규모보다 더 크게 된 경우를 인구 과잉이라고 하며, 이는 인구압(人口壓)을 낳는다. 인구압이 높을수록 국민 생활의 질은 떨어지게 된다. 인구 부양력은 지역에 따라 기술 진보 · 소비 패턴 · 가치 구조 등이 다르게 나타나기 때문에 인구압은 상대적인 의미를 지닌다.

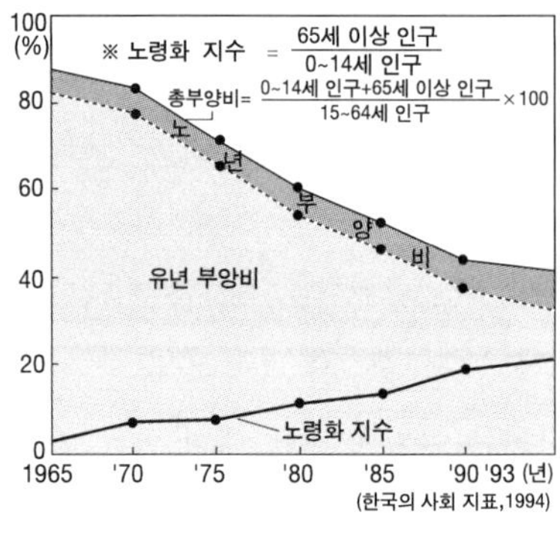

노령 인구의 증가와 부양비

인구 부양비 人口扶養費 ■■

생산 연령 인구인 청년층에 대한 비생산 연령 인구인 유년층과 노년층의 비율을 말하는 것으로, '유년 인구 부양비+노년 인구 부양비=유·소년층 인구+노년층 인구/청·장년층 인구×100'으로 나타낸다. 우리 나라는 1960년대 후반부터 출생률의 감소에 따른 유·소년층 인구 부양비의 감소가 노년층 인구 부양비의 증가보다 더 크기 때문에 총 인구 부양비는 감소하고 있다.

인구 분포 人口分布 ■■■

인구 분포는 지형·기후·자원의 분포 등 자연적 요인과 역사 문화적 배경·산업 발달·사회 변화 등 사회 경제적 요인 등에 의하여 나타난다. 과거에는 인구 분포가 경지 분포에 따라 조밀 지역과 희박 지역으로 차별화되었으나 오늘날에는 인구 이동의 결과를 크게 반영하고 있다. 우리 나라의 인구 분포는 1960년대를 전후하여 큰 차이가 나타나고 있다. 1960년대 이전에는 지형과 경지 분포의 차이에 따라 의주·영덕선을 기준으로 북동부 산간 지대는 인구 희박 지역, 남서부 평야 지대는 인구 조밀 지역으로 나타났다. 1960년대 이후에는 산업화, 도시화에 따라 인구의 재배치가 이루어져 수도권과 남동 임해 지역은 과밀 지역인 반면, 농어촌 및 산간 지대는 희박 지역으로 나타났다.

인구 성장 人口成長 ■■

한 나라 또는 한 지역에서의 인구 성장은 출생자와 사망자 수의 차이로 나타나는 자연 증감과 전입자와 전출자 수의 차이로 나타나는 사회적 증감의 합계로 산출된다. 인구의 자연 증감은 의학의 발달 수준 · 경제 발달과 생활 수준 · 종교나 윤리관 · 인구 정책 등 사회, 경제적 요인에 의하여 크게 영향을 받는다. 그리고 인구의 사회적 증감은 인구 이동을 반영한다.

인구 성장 모형 人口成長模型 ■■■

출생률과 사망률에 의한 인구 변천 과정을 4단계로 구분하여 유형화한 것을 말하는데, 각 단계는 경제 발전 정도를 반영한다. 1단계는 근대화 이전 단계인 전통적인 농업 사회에서 나타나는 다산 다사형의 고위 정체기로, 저개발 국가의 인구 성장을 나타낸다. 2단계는 의학 기술의 발달과 경제 발달로 인구 부양력이 향상됨에 따라 다산 감사형의 인구 폭발기로, 개발 도상국의 인구 성장을 나타낸다. 3단계는 여성들의 사회 · 경제적 지위의 향상과 가족 계획 등의 산아 제한 정책 등에 따른 감산 소사형의 인구 증가 둔화기로, 중진국의 인구 성장을 나타낸다. 4단계는 낮은 인구 성장률과 노인 문제가 대두되는 소산 소사형의 인구 안정기로, 고도의 산업화를 이룬 선진국의 인구 성장을 나타낸다. 현재 우리 나라는 3단계에서 4단계로 넘어가는 선진국형의 인구 안정기에 접어들고 있다.

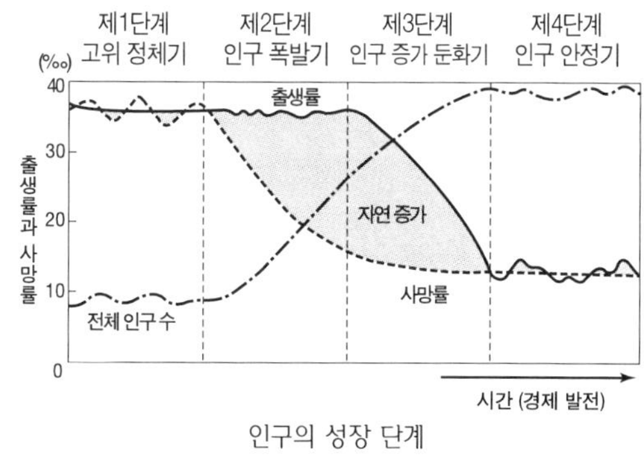

인구의 성장 단계

인구 센서스 人口census ■■

어떤 시점에서 한 나라 전체 또는 광범위한 특정 지역의 사람들을 대상으로 인구수, 인구와 관련된 가구 · 주택 · 경제 활동 등을 정기적으로 조사하는 것을 말한다. 기원은 로마 시대에 시민의 권리 의무를 확정하기 위하여 5년마다 인구 및 재산을 일제히 등록한 데에서 비롯하였다. 인구 센서스는 10년마다 시행되었으나 사회 변동 속도가 빨라짐에 따라 최근에는 5년마다 실시하고 있다. 인구 조사 방법에는 상주 인구 조사와 현주 인구 조사가 있는데, 우리 나라는 1950년대 이후 상주 인구 조사 방법을 실시하고 있다.

인구 이동 人口移動 ■■■

둘 이상 지역간에 발생하는 전출과 전입 현상을 말한다. 인구 이동의 주요인은 일반적으로 취업과 교육을 목적으로 하는 사회, 경제적 요인이며, 그 밖에 정치, 문화적 요인 등을 들 수 있다. 인구 이동의 유형에는 개인의 이동 동기에 따라서 강제적 이동과 자발적 이동이 있고, 공간적으로는 국내 이동과 국제 이동 등이 있다. 그리고 시간적으로는 일시적 이동과 영구적 이동이 있다. 우리 나라의 국내 인구 이동을 시기별로 살펴보면, 조선 시대 이전에는 농업 사회로서 인구 이동이 매우 제한되어 있었다. 일제 강점기에는 일제의 식민지 침탈로 남부 농촌에서 북부 광공업 지역으로 이동하였으며, 8·15 광복 직후 6·25 사변 동안은 급격한 사회 변동으로 대부분 대도시로 유입되어 대도시의 무질서한 팽창을 초래하였다. 1960년대에는 산업화와 도시화에 따라 농촌 지역에서 대도시와 공업 도시로 이동이 많았고, 1970년대 이후에는 수도권의 위성 도시와 신흥 공업 도시로 이주하는 역도시화 현상이 나타나고 있다. 그리고 국외 이동은 8 · 15 광복 전에는 하와이 · 간도 · 연해주 · 사할린 · 일본 등으로 이주하였으나, 광복 후에는 미국과 남미로의 이민이 많았다.

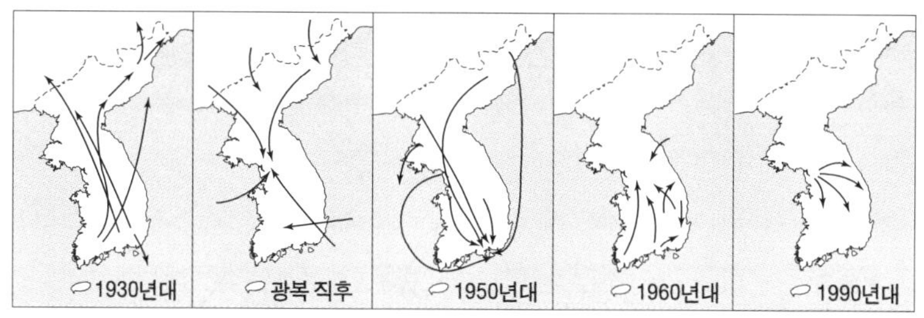

우리 나라의 시기별 인구 이동

인구 지지력 → 인구 부양력

인구 피라미드 人口pyramid ■■■

어떤 지역의 일정한 시점에서 연령 계층별 인구를 저 연령층에서 고 연령층으로 쌓아 올려 만든 도표를 말한다. 인구 피라미드는 어떤 지역의 인구 발전 단계 및 인구 변동의 역사적 과정을 잘 나타내므로 그 지역의 사회적 특성과 추세를 파악하는 데 유용하다. 피라미드 형, 종형, 방추형, 도시형, 표주박형 등 다섯 가지가 있다. 피라미드 형은 유소년 층의 비중이 크고 노년층이 적은 다산 다사형으로 개발 도상국의 유형에 속한다. 종형은 출생률의 저하로 유소년 층의 인구 증가가 둔화되고 노년층의 인구가 증가하는 소산 소사형으로 선진국의 유형에 속한다. 인구의 노령화에 따른 노동력 부족과 노인 복지 문제가 대두되고 있다. 방추형은 출생률이 사망률보다 낮아 인구가 감소하는 형태로 에스키모와 유럽 일부 국가에서 볼 수 있는 유형이다. 별형은 도시형으로서 청 · 장년층의 전입 인구가 늘어나는 사회적 증가로, 도시나 신 개발지에서 나타나는 유형이다. 이와 반대로 표주박형은 농촌형으로서 청 · 장년층의 전출 인구가 늘어나는 사회적 감소로 농촌에서 나타나는 유형이다. 현재 우리 나라의 인구 피라미드는 피라미드 형에서 종형으로 변화되고 있으며, 2020년에는 인구가 정체되고 노동력의 부족 문제가 예상된다.

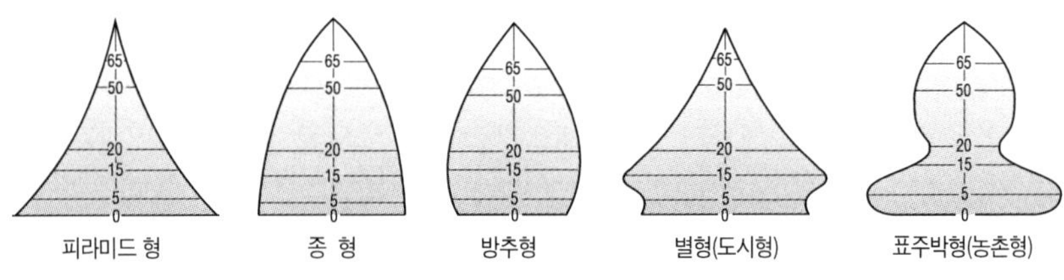

인구 피라미드 유형

인구 혁명 人口革命 ■ ■

인구 성장 모형의 제3단계에서 제4단계로 진입하는 과정에서 발생하는 급격한 출생률의 감소로 인한 인구 증가율의 둔화를 두고 일컫는 말이다. 인구 혁명은 산업화, 도시화에 따른 여성의 사회 진출 · 결혼 적령기의 상승 · 가족 계획의 실시 · 교육과 문화 수준의 향상 · 가치관의 변화 등으로 인하여 발생하는데, 이는 선진 경제 사회로의 진입과 동시에 인구 증가의 종결을 의미한다.

인도 문화 지역 → **동양 문화권**

인도 · 유럽 어족 India-Europe語族 ■ ■

세계 인구의 약 1/3이 사용하는 세계 최대의 어족으로, 영어 · 프랑스 어 · 독일어 · 에스파냐 어 · 포르투갈 어 · 러시아 어 · 힌두 어 · 그리스 어 · 벵갈 어 · 이란 어 등이 이에 속한다. 분포 범위는 유럽 · 러시아 및 그 인접 국가 · 서남 아시아 인도 북부와 16세기 이후 전파된 아메리카 · 오세아니아 · 남아메리카에 이르는 지역으로, 유럽 인종의 분포와 거의 일치한다.

인디언 서머 indian summer ■

북아메리카에서 한가을부터 늦가을 사이에 비정상적으로 따뜻한 날이 계속되는 기후 현상이 나타나는 기간을 두고 일컫는 말이다. 보통 맑게 갠 날씨이지만 연무(煙霧)가 낀 듯한 상태이며, 밤에는 기온이 꽤 내려간다. 이 기간이 되기 전에 눈에 띄게 서리가 내리는 저온 현상이 일어나면 더욱 확실하게 인디언 서머를 느낄 수 있다.

인종 人種 ■■

유전적으로 부여된 신체적, 생물학적 특성에 따라 구분되는 인류 집단으로, 가장 대표적인 신체적 특징인 피부 색깔에 따라 크게 아시아 인종, 유럽 인종, 아프리카 인종으로 나뉜다. 그러나 이 밖에도 다양한 인종이 나타나는데, 이러한 인종은 자연 도태와 돌연변이 그리고 인구 이동 등에 의한 혼혈족의 발생 등으로 인하여 고정

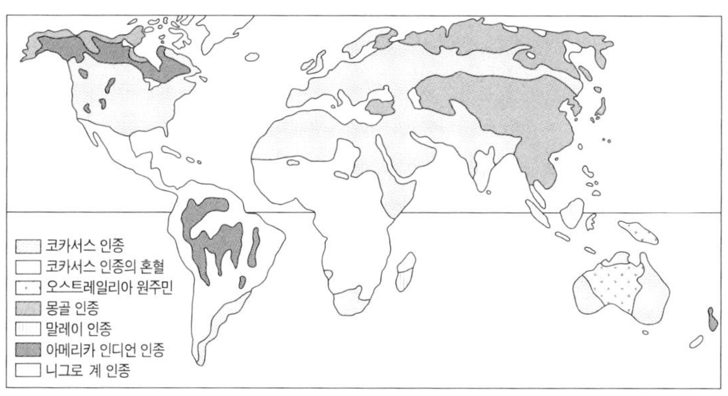

세계의 인종 분포

불변한 것이 아니고 계속 변화된다. 또한 분포에 있어서도 인종은 지리적으로 연속성을 갖기 때문에 국가 단위를 넘어 대륙 규모의 넓은 지역 단위로 분포하는 특징을 갖는다.

인종의 섬 → 문화의 섬

인천 국제 공항 仁川國際空港 ■■

21세기 수도권 항공 운송의 수요를 분담하고 동북 아시아의 허브(hub) 공항으로서의 역할을 담당하기 위하여, 인천의 영종도와 용유도 사이의 간석지를 매립하여 건설한 국제 공항을 말한다. 공사 기간 8.4년(1992~2001), 총 공사비 7조 8,000여 억 원이 투입된 인천 국제 공항은 종합 정보 통신 시스템을 구비한 최첨단 미래형 공항인 동시에 다양한 하부 기능을 갖춘 복합 기능의 공항이다. 동북아 역내 항공망의 중앙부에 위치한 인천 국제 공항은 좌우로 중국과 일본, 남북으로 시베리아와 동남아의 중심부에 위치하고 있다. 또 동북아와 북미 지역을 연결하는 북태평양 항공 노선과 동북아와 유럽을 연결하는 시베리아 항공 노선의 최전방에 위치하고 있어 사람과 화물의 중계 공항으로서 최적의 입지 조건을 갖추고 있기 때문에 세계 핵심 항공 노선의 하나로서 관문 역할을 하고 있다.

일교차 日較差 ■■

하루의 최고 기온과 최저 기온의 차를 말하는 것으로, 고위도 지방이 저위도 지방보다 크며, 표고가 높아질수록 일교차는 작아진다. 또한 봄 · 가을에 가장 크고 장마철에 가장 작다. 저위도 사막 지역은 하루 중 일사량과 지면 복사량의 변화가 극히 심하기 때문에 일교차가 가장 크다.

임업 林業 ■

삼림을 육성·벌채하는 산업으로, 우리 나라는 산지가 많아 임야 면적이 전 국토의 75퍼센트에 해당하여 삼림의 비율이 높다. 주택·도로·공장의 건설 등으로 인하여 임야 면적은 감소하고 있으나 산림 보호 정책의 성공으로 단위 면적당 수목량은 증가하고 있다. 그러나 경제림이 부족하며, 목재 수요량이 급증하여 대부분을 수입에 의존하고 있다. 임상별 임야 면적은 침엽수림이 가장 많고 혼합림, 활엽수림의 순이다.

입지 立地 ■

인간이 경제 활동을 하기 위하여 선택하는 장소를 말하는 것으로, 경제 활동의 종류에 따라 입지가 각기 다르게 결정된다. 어떤 경제 활동의 입지를 결정하는데, 입지 결정 요인으로는 지형·기후 등의 자연적 요인, 수익성·지가·임대료 등의 경제적 요인, 소비자 연령층·소득 수준 등의 문화적 요인, 도로와의 접근성과 주차 공간 등의 교통 요인, 소비 형태·입지 결정자의 정서 등과 같은 심리적 요인 등이 있다.

입지 자유형 공업 → 공업 입지 유형

ㅈ

자연 생태계 보호 지역 自然生態系保護地域 ■

환경부가 전국 가운데 낙동강 을숙도(철새 도래지), 지리산 피아골(극상 원시림), 강원도 인제군 대암산(고위 습지), 강원도 태백시 대성산 · 대덕산(특정 야생 동물 집단 서식지), 전라남도 광양군 백운산(희귀 식물 자생지), 경기도 포천 · 가평군 조종천 상류 · 명지산 · 청계산(희귀 곤충 및 식물 서식지) 등 여섯 개 지역을 자연 생태계 보호 지역으로 지정하고, 이 지역 내에서 일체의 건축물 신축 및 개축 · 토질 형질 변경 · 동식물 포획 및 채취 등 생태계 파괴 행위를 금지하도록 한 제도를 말한다. 이러한 자연 생태계 보호 지역 선정은 환경 생태계 파괴의 심화로 인하여 앞으로 더욱 늘어날 전망이다.

자연 재해 自然災害 ■■

자연 재해는 기상 변화 · 지각 변동 · 생물 등에 급격히 나타나는 이상 자연 현상에 의하여 발생하는 재해를 말하는 것으로, 인간에 의하여 일어나는 인재(人災)와 크게 구별된다. 보통 기상 현상에 의하여 발생하는 기상 재해가 가장 대표적인 자연 재해라고 할 수 있는데, 이는 기후 지역에 따라 그 피해의 차이가 대단히 크고, 재해의 종류도 다양하다. 가장 많은 기상 재해는 폭우해 · 홍수 · 장마 · 해일 · 가뭄 · 냉해 · 폭설 등을 들 수 있다. 이 밖에도 지진 · 화산 폭발 · 산사태 등의 지각 변동에 의한 자연 재해가 있으며, 동물에 의한 병충해 · 전염병 · 풍토병 등의 생물 재해가 있다.

자연 제방 → 범람원

자연 휴식년제 自然休息年制 ■

자연 생태계의 파괴를 막고 오염을 치유하기 위하여 오염 상태가 심각하거나 황폐화가 우려되는 국 · 공립 공원 및 유원지 등을 지정하여 각각 3년 동안 출입을 통제하는 제도를 말한다. 자연 휴식년제의 도입 및 실시는 현재 환경 복원에 상당한 효과가 있는 것으로 나타났다.

자원 資源 ■■■

자연물 가운데 인간 생활에 효용 가치가 있으며, 기술 · 경제적으로 개발이 가능한 것을 말한다. 자원은 좁은 의미에서는 천연 자원을 뜻하며, 넓은 의미에서는 물적 · 인적 · 문화적 자원까지도 포함한다. 또한 자원은 성질에 따라 사용하여도 고갈되지 않는 태양열 · 풍력 · 조력 · 지열과 같은 재생 자원과 석탄 · 석유 · 철광 · 구리 등과 같이 사용하면 고갈되는 비재생 자원으로 나뉜다. 자원은 고정된 것이 아니고 그 시대의 사회 환경과 기술 · 경제적 수준 등에 따라 그 내용과 가치도 변하는데, 이를 자원의 가변성이라고 한다. 이는 인간에게 효용 가치가 있고 기술 · 경제적으로 개발 가능한 것이어야만 자원으로서 가치가 있기 때문이다. 또한 자원은 매장량의 한계가 있으며, 자원의 분포에 있어서도 지역적 편재가 심한 특징을 지니고 있다.

자원 문제 資源問題 ■■■

인구 증가와 산업 발달 그리고 생활 수준의 향상으로 자원 소비량이 폭발적으로 증가하여 발생하는 자원과 관련한 여러 가지 문제를 말한다. 부존 자원의 한계성으로 인한 자원의 부족 문제는 21세기 전 지구적 차원에서 매우 심각한 문제가 되고 있다. 또한 자원 분포의 지역적 편재가 심하여 자원을 무기화하는 자원 민족주의가 대두되고 있다. 지나친 자원 개발과 소비에 따른 생태계 균형 파괴와 환경 문제의 발생도 큰 문제가 되고 있다. 우리 나라는 국내 자원이 매우 부족한 상태이며 해외의 수입 의존도가 매우 높기 때문에 자원의 안정적 공급이 매우 중요한 과제이다. 이러한 자원 문제를 해결하기 위해서는 자원 절약형 산업으로의 전환, 자원 절약의 생활화, 대체 자원의 개발, 해외 자원 외교의 강화, 자원 보전의 노력, 인적 자원의 효과적 개발 등을 서둘러야 한다.

자원 민족주의 資源民族主義 ■■■

석유를 비롯한 중요한 천연 자원을 보유하고 있는 아시아 · 아프리카 · 라틴 아메리카의 개발 도상국들이 이들 자원에 대한 민족적 주권을 주장하고 그 이익을 확보하려는 정책 및 활동을 말한다. 1973년, 아랍 석유 수출국 기구(OAPEC)의 여러 나라가 석유를 정치적 무기로 한 석유 전략 무기화를 첫 계기로 하여 각종 농 · 광산물 자원에 대한 자국의 지배권 확립과 민족적 이익을 옹호하는 자원 민족주의는 새로운 국제 경제 질서 수립에 큰 역할을 하고 있다.

자원 카르텔 資源cartel ■

특정 자원을 생산하는 개발 도상국들이 자원 민족주의를 배경으로 해당 자원에 대한 공동 이익을 확보하기 위하여 결성한 생산국 동맹을 말한다. 가장 먼저 자원 카르텔을 결성한 동맹은 메이저(Major), 즉 국제 석유 자본에 대한 반발로서 1960년에 결성된 석유 수출국 기구(OPEC)이며, 이어서 1968년 아랍 석유국에 의하여 결성된 아랍 석유 수출국 기구(OAPEC)가 있다. 이 밖에도 은 생산 기구(IGMPC), 텅스텐 생산국 연합(PTA), 철광석 수출국 연합(AIOEC), 천연고무 생산국 연합(AN-ROPC) 등이 있는데, 이들 자원의 카르텔을 형성한 동맹국들은 강력한 국제 카르텔의 기능을 발휘하고 있다.

자유 경제 무역 지대 自由經濟貿易地帶

북한이 추진하고 있는 두만강 경제 특구 개발 계획 가운데 하나로서, 중국의 경제 특구를 모방하여 외국과의 합작 투자 및 무역 진흥을 도모하기 위하여 설치한 지역을 말한다. 이는 북한이 외국의 자본과 기술을 도입하여 북한의 노동력과 결합함으로써 경제난을 해소하고 국제적 고립에서 벗어나기 위한 시도라고 볼 수 있다.

자유 곡류 하천 自由曲流河川

하천의 하류의 평야 지역에서 하천의 유로를 좌우로 자유롭게 연장하며 흐르는 하천을 말한다. 하천의 측방 침식이 우세하여 자유 곡류천 주변에는 넓은 범람원이 출현하며, 이들 지역은 대부분 논으로 이용된다. 또한 자유 곡류가 심해지면 유로가 변경되어 우각호 · 하중도 · 구하도 등의 지형을 형성하기도 한다. 현재 자연 상태 그대로의 자유 곡류 하천을 거의 찾아볼 수 없는데, 그 이유는 대부분의 자유 곡류 하천은 심한 유로 변경으

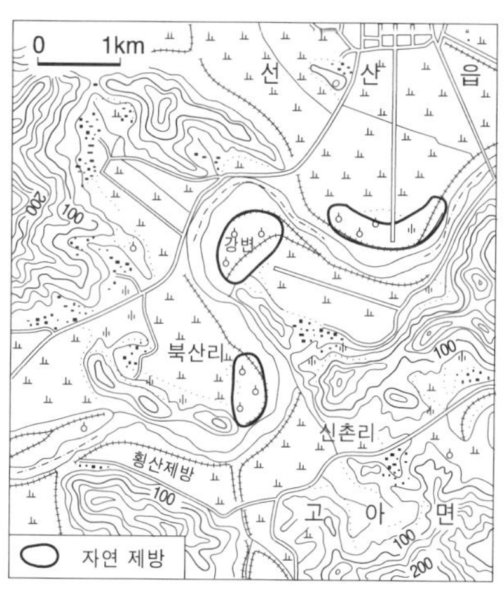

자유 곡류 하천(경상북도 구미시)

로 홍수의 피해가 발생할 위험이 크므로 이를 방지하기 위해 직강 공사가 이루어졌기 때문이다.

자정 작용 自淨作用 ■■

하천으로 유입된 오탁 물질이 하천수의 흐름에 따라 그 농도가 감소되는 현상을 말하는 것으로, 자연 정화 작용이라고 한다. 자정 작용은 그 물 속의 박테리아 수 · 영양 생물 · 오존 산소량 등에 의하여 결정된다. 자정 작용은 오탁 물질의 희석 · 확산 · 침전 등에 의한 물리적 정화, 오탁 물질의 산화 · 환원 · 흡착 · 응집 등에 의한 화학적 정화, 유기 영양 미생물에 의한 유기물 산화 분해 작용으로 농도가 감소되는 생물학적 정화 등의 세 가지 메커니즘에 의하여 이루어진다.

장마 전선 ■■■

고온 다습한 북태평양 기단과 한랭 습윤한 오호츠크 해 기단이 만나 형성하는 정체성이 강한 한대 전선을 말한다. 우리 나라의 장마는 북태평양 고기압의 세력 확장과 함께 장마 전선이 북상해 오는 시기와 관련하여 해에 따라서 장마 기간이 빨라지기도 하고 늦어지기도 한다. 일반적으로 장마 전선은 집중 호우를 동반하기 때문에 풍수해가 크다.

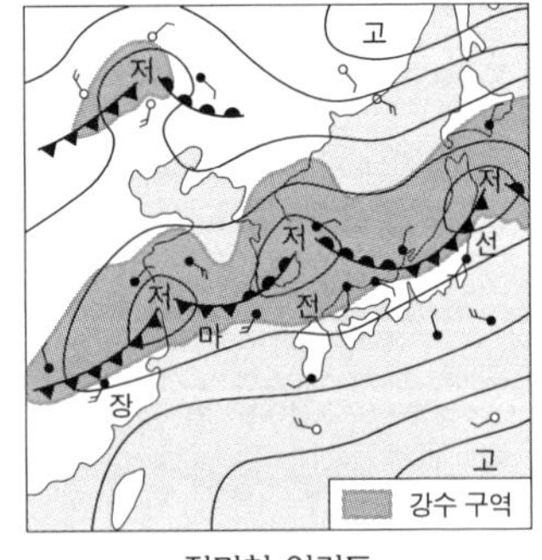

장마철 일기도

장소 場所 ■

자연과 인간이 생존하며 인간 활동이 펼쳐지는 지표를 말한다. 장소에 대한 이해를 통하여 특정 장소에 대한 감각을 갖게 되며, 장소에 대한 인식은 개인, 사회 집단 또는 시대적 상황에 따라 다를 수 있다. 장소에 대한 인식이 다른 까닭은 사람들이 가진 지식 · 경험 · 정서 등이 각기 다르기 때문이며, 이러한 장소에 대한 인식의 차이는 입지 결정에 영향을 주고 있다.

재래 공업 在來工業 ■■

생활에 필요한 물건을 원료 산지에서 가내 수공업 형태로 제작하는 재래식 공업을 말하는 것으로, 예로부터 가족 단위의 소규모로 이루어져 왔다. 조선 시대 장인들에서부터 시작된 것으로 알려졌으며, 강화도의 화문석 · 담양의 죽제품 · 한산의 모시 · 통영의 나전칠기 · 안동의 삼베 · 안성의 유기 등이 유명하다.

저기압성 강우 低氣壓性降雨 ■■

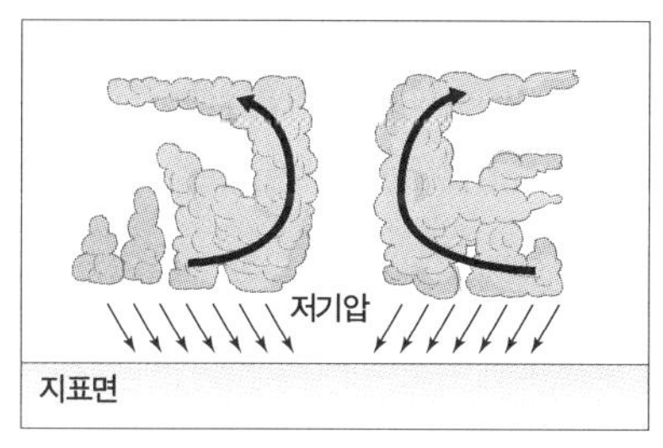

열대 및 온대 이동성 저기압의 중심부에서 상승 기류가 발생하면서 내리는 비를 말하며, 태풍 내습 시 내리는 비가 이에 속한다. 저기압성 강우는 단시간에 상당히 많은 강수량을 포함하기 때문에 집중 호우로 인한 풍수해가 크다.

적도 기단 赤道氣團 ■■■

적도 지방에서 발달하는 고온 다습한 해양성 기단으로, 성층이 불안정하기 때문에 적란운이 발달한다. 따라서 큰 비를 일으키는 경우가 많다. 특히 우리 나라와 일본 등에 태풍과 같은 열대성 저기압을 함께 몰고 와 많은 피해를 일으킨다.

적조 현상 赤潮現象 ■■■

연안 지역에서 해수의 플랑크톤이 비정상적으로 증식하여 수생 생물에 큰 피해를 주는 현상을 말한다. 적조를 일으키는 생물은 편모충류, 규조류, 남조류가 주종을 이루는 것으로 알려져 있으며, 질소·인이 많은 해양, 특히 합성 세제·비료·유기 물질의 폐수가 흘러 드는 곳에서 잘 발생된다. 물의 정체·일사량의 증대·수온의 상승 등도 적조 현상을 유발하며, 우리 나라 남해안 일대에서 적조 현상이 자주 발생하여 양식 업계에 큰 피해를 주고 있다.

전선성 강우 前線性降雨 ■■

서로 성질이 다른 두 기단이 만나 형성되는 전선을 따라 내리는 비를 말한다. 한대 기단과 열대 기단, 대륙 기단과 해양 기단과 같이 온도차가 큰 기단이 서로 만나 전선을 이루면 전선을 경계로 하여 저기압이 발달하고 비가 내리게 된다. 우리 나라의 장마철에 내리는 비는 오호츠크 해의 한대 기단과 북태평양의 열대 기단이 만나 형성되는 전선성 강우에 해당된다.

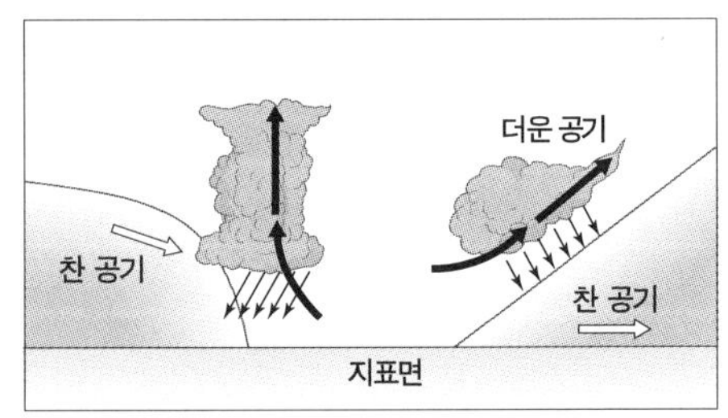

전 지구적 환경 문제 全地球的環境問題 ■■■

환경 문제의 발생 범위가 한 국가의 영역을 벗어나 전 지구적 차원에서 발생하는 환경 문제를 일컫는 것으로서, 지구 온난화 · 오존층 파괴 · 산성비 · 생물종의 감소 · 사막화 · 열대림 파괴 등을 들 수 있다. 인류를 위협하며 지구 환경의 파괴를 가속화하고 있는 전 지구적 차원의 환경 문제는 한 국가만의 노력으로 해결되는 것이 아니고 전 세계 국가 모두의 공동 노력으로 해결하여야 하는 어려움이 있다. 이를 위한 노력으로 현재 많은 국제 협약이 채택되고 있다.

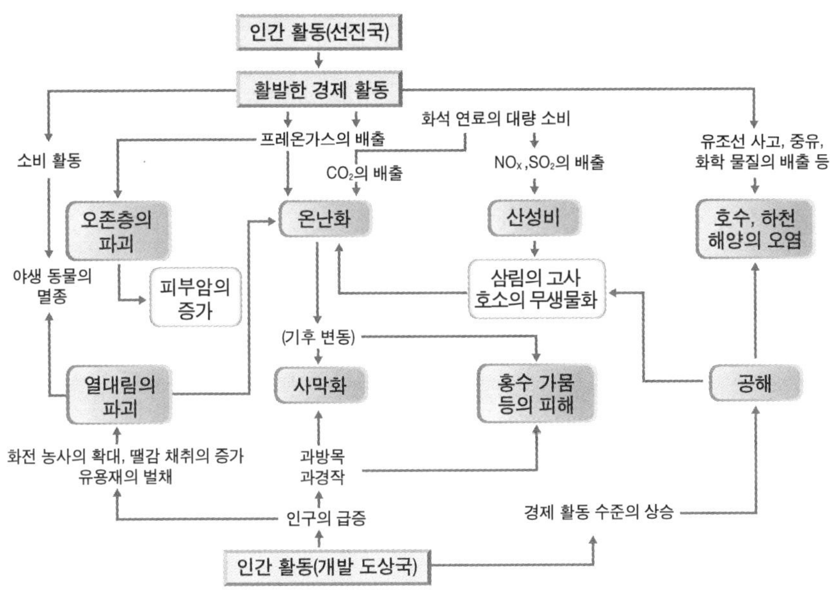

인간과 환경과의 관계

점묘도 → 통계 지도

점이 지대 漸移地帶 ■ ■ ■

지표 공간의 동질성을 기준으로 지역을 구분할 때, 두 지역의 특성이 함께 나타나는 지리적 범위를 말한다. 예를 들어 도시 지역과 농촌 지역의 경계부에서는 도시형 주택과 농경지가 혼재된 모습이 나타나는데, 이는 도시 지역과 농촌 지역의 교외화가 진행되고 있는 점이 지대에 속한다고 볼 수 있다. 또한 북서부 유럽 문화 지역과 남부 유럽 문화 지역의 중간 지대에 속하는 프랑스는 두 지역의 문화가 존재하는 특징을 보이기 때문에 유럽 문화의 점이 지대로서 다양한 문화 양상을 나타내고 있다.

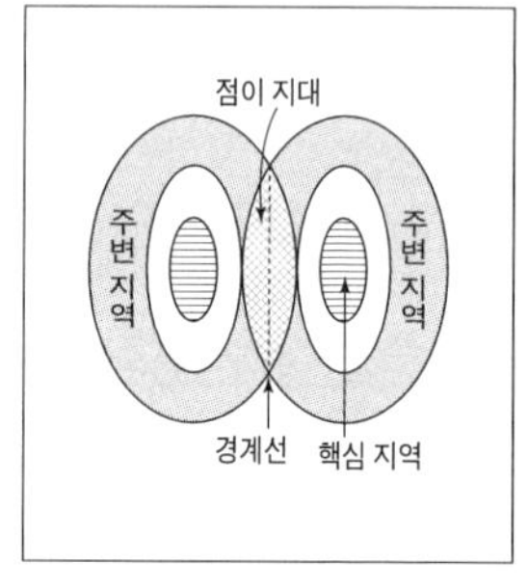

접근도 接近度

어떤 한 지점이 주위의 다른 지점들로부터 얼마만큼 쉽게 접근할 수 있는가 하는 정도로서, 시간과 거리라는 변수로 표시된다. 한 도로와 도시의 교통 유발 시설 간의 연결 정도를 나타내는 척도로서, 이동성과 함께 도로의 기능을 나타낸다. 접근로가 높은 지역은 대중 교통 수단을 이용하여 쉽게 접근할 수 있는 지역으로, 지가가 높고 토지 이용이 집약적이며 교통의 결절점을 형성한다.

접촉 확산 接觸擴散

문화 요소가 기원지로부터 전파되는 과정인 문화 확산의 한 유형으로서, 개인 혹은 집단간의 접촉에 의하여 광범위하게 전파되는 경우를 말한다. 직접 접촉에 의한 확산이기 때문에 교통 수단이 불편하거나 거리의 마찰력이 클수록 확

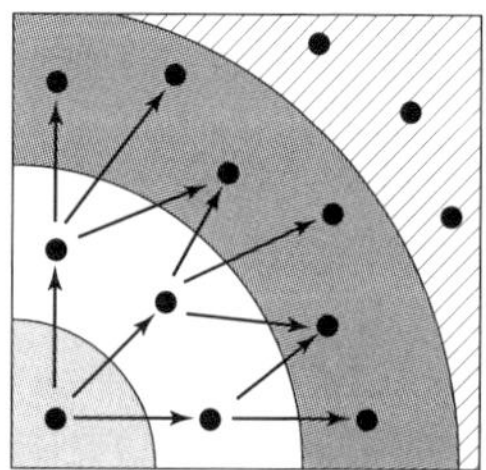

산 속도는 느리게 진행된다. 전염병의 확산이 대표적인 예가 된다.

정각 도법 正角圖法 ■■

지구상의 각의 크기가 지도 위에 바르게 재현될 수 있도록 고안된 도법으로서, 경위선에 의하여 이루어진 각도의 관계가 정확하게 나타나는 도법을 말한다. 15세기 지리상의 발견 시대 이후 나침반을 이용한 항해용 지도의 필요성에 따라 등장하였다. 실제로 지도의 주변부에서 축척이 크게 확대되는 단점이 있으나 국가나 대륙의 형태를 바르게 표현할 필요성이 있을 때 사용된다. 지표면상의 각과 지도상의 각이 일치하기 때문에 항해도로 이용된다.

정기 시장 定期市場 ■■

지역간 인구 이동이 별로 없고 인구 밀도가 낮은 지역에 살고 있는 소비자들에게 재화를 공급해 주기 위하여 교통이 편리한 지방 중심지에 5일 간격으로 열린 시장을 말한다. 객주와 보부상을 중심으로 농수산물 · 토산물과 같은 생활 용품 등이 매매되었으며, 대개 20㎞ 내의 상권을 가지고 있다. 이러한 시장은 한때 1,500개에 달하였으나 8·15 광복 후 경제 발전과 도시화, 교통의 발달로 상설 시장이 설치됨에 따라 계속 쇠퇴하고 있다.

정보 초고속 도로 情報超高速道路 ■

기존의 전산선처럼 광(光) 케이블을 깔고 이를 통하여 각종 정보를 고속 질주시키는 21세기 정보 사회의 기간망을 말한다. 일명 '꿈의 정보 통신망'으로 불리는 이 시스템은 세상을 바꿀 정보화 사회의 중추 역할을 할 것으로 기대되고 있다. 우리 나라도 현재 국가적 차원에서 21세기 정보화 사회에 대응하는 핵심 전략을 세우고 정보

초고속 도로 건설에 집중 투자하고 있다.

정보 혁명 情報革命 ■■

고도로 발달된 정보 통신 시스템의 발달에 의하여 가치 있는 정보의 입수가 쉬워져 사회 개혁이 자연적으로 이루어지는 것을 말한다. 역사적으로 인간은 수 차례에 걸쳐 정보 혁명을 경험하여 왔는데, 제1차 정보 혁명은 언어 혁명, 제2차는 문자 혁명, 제3차는 인쇄 혁명, 제4차는 전신 · 전화 · 텔레비전 등 컴퓨터와 결부된 컴퓨터 통신 혁명이다. 이 가운데 컴퓨터를 중심으로 한 제4차 정보 혁명은 인간의 지적 중심의 노동 형태의 변화와 정보 산업의 비약적 발전으로 정보 중심의 산업 구조의 변화를 초래하였다.

정보화 사회 情報化社會 ■■■

유목 사회 · 농경 사회 · 산업 사회에 비교되는 개념으로, 정보가 가장 중요한 자원으로 정보를 적극 이용하려는 사회를 말한다. 즉 컴퓨터와 통신 기술의 결합에 의하여 컴퓨터로 가공, 처리한 정보를 손쉽게 생활에 활용하는 사회를 말한다. 정보화 사회에서는 지역간 이동의 장애 요인이었던 거리의 영향력은 크게 감소할 것으로 보이며, 정보화의 진전으로 세계의 지역간, 국가간 상호 의존성은 더욱 강화될 것으로 전망된다.

정사 도법 正射圖法 ■■

투시 도법의 하나로, 평행 광선에 의하여 경위선이 평면에 투영되거나 시점을 무한대에 두고 투영하는 도법으로서, 반구 이상은 그릴 수

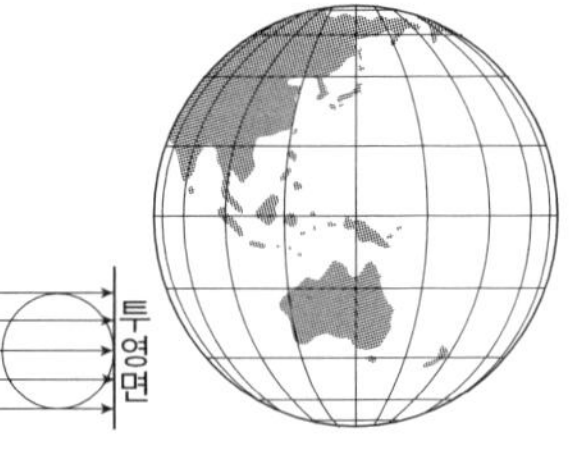

적도 중심의 정사 도법

없다. 거리, 면적이 중심부는 비교적 정확하게 나타나지만 주변부로 갈수록 축소되어 왜곡이 심해진다. 지구의를 직접 보는 것과 같은 입체적인 효과가 있기 때문에 장식용 반구도를 그릴 때 많이 이용된다.

정적 도법 正積圖法 ■ ■

지도상에서의 면적의 비가 실제와 같도록 고안된 도법으로서, 정적성이 뛰어나기 때문에 각종 현상의 세계적인 분포도를 작성할 때 사용된다. 지도의 주변부로 갈수록 각도의 왜곡으로 형태가 심하게 일그러짐을 피할 수 없지만, 형태의 왜곡이 심하지 않은 중심부는 국가 및 대륙의 일반도 제작에 이용된다. 표현 방법의 차이에 따라 시뉴소이드(상송) 도법, 몰바이데 도법, 구드(호몰로사인) 도법 등이 있다.

정적토 定積土 ■

기반암의 풍화 물질이 암석 표층 제자리에 집적되어 형성된 토양을 말한다. 우리 나라의 정적토는 토심이 얕고 비옥토가 낮기 때문에 주로 밭이나 삼림지로 이용된다.

정주간 ■

겨울이 추운 관북 지방에서 볼 수 있는 독특한 가옥 구성 요소로서, 부엌과의 사이에 벽이 없는 방을 말한다. 겨울철은 몹시 춥기 때문에 실외에서 할 수 없는 일을 실내에서 하기 위한 작업 공간으로 활용하는 다목적 방인 셈이다.

정주 생활권 定住生活圈 ■■

농어촌 지역을 효과적으로 개발하기 위하여 농어촌 중심 도시와 그 주변의 농어촌을 기능적으로 통합하여 상업 · 금융 · 교육 · 문화적 수요를 충족시킴으로써 개발하려는 전략으로, 농어촌 주민들의 일상 생활권을 말한다. 효율적인 정주 생활권을 개발하기 위해서는 중심 도시에 대한 개발 및 투자가 배후 지역에 효과적으로 파급될 수 있는 도 · 농 통합적 정주 생활권의 설정과 중심 도시와 배후 도시의 기능적 상호 보완성을 배치하여 연대성을 강화시킴으로써 정주 생활권 내의 균형 발전을 도모하여야 한다.

정책 지향성 공업 → 공업 입지 유형

제4차 종합 계획 第四次國土綜合計劃 ■■■

2001년부터 시작된 제4차 국토 종합 계획은 균형 국토, 자연과 어우러진 녹색 국토, 지구촌으로 열린 개발 국토, 민족이 화합하는 통일 국토를 기본 목표로 하고 있으며, 환경 친화성을 살리기 위하여 명칭에서 개발이란 말을 삭제하였다. 국토에 대한 보다 장기적인 구상을 위하여 20년을 계획 기간으로 하는 장기 계획으로 수립하였으며, 개발 방식은 균형 개발 방식을 채택하였다.

제3세계, 제4세계, 제5세계 ■■

일반적으로 선진 자본주의 제국을 제1세계, 구소련 · 동유럽의 사회주의 제국을 제2세계, 개발 도상국을 제3세계라고 한다. 대부분의 제3세계 국가들은 라틴 아메리카 · 아프리카 · 아시아에 분포되어 있고, 전세계 인구의 약 70퍼센트 이상을 차지하고 있다. 그러나 제3세계 중에서도 자원도 없고 공업화를 위한 자본이나 기술도 없는 35개국의 후진 개발도상국은 제4세계라고 하며, 특히 1973년 석유 위기에 의하여 가장 영향을 많이 받는 나라를 제5세계라고 부르기도 한다.

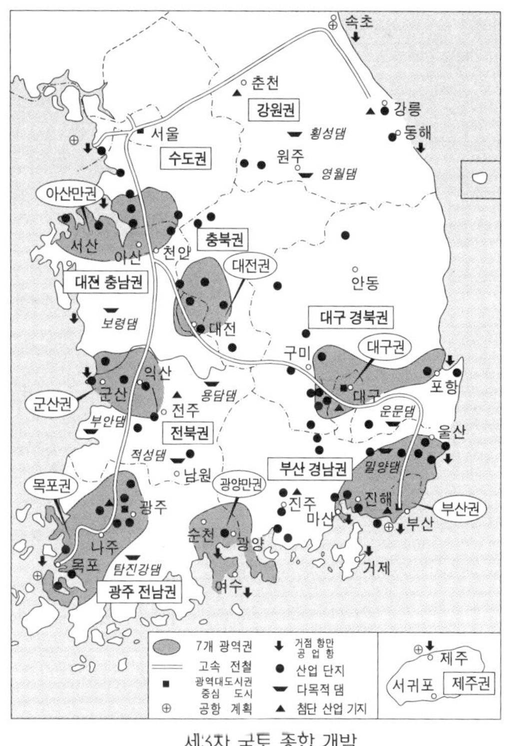

제3차 국토 종합 개발

제3차 국토 종합 개발 계획
第三次國土綜合計劃 ■ ■ ■

세계화, 지방화, 남 · 북 통일 여건 성숙, 국민 생활 환경 개선에 효과적인 대처를 위하여 지방 분산형 국토 골격 형성, 생산적 · 절약적인 국토 이용 체계의 구축, 국민 복지 향상과 국토 환경의 보전, 남 · 북 통일에 대비한 국토 기반 조성을 기본 목표로 설정하였다. 이를 위한 추진 전략으로 지방 육성과 수도권 집중 억제, 신산업 지대와 광역 개발권 조성, 종합적인 고속 교통 · 통신망 구축, 쾌적한 국토 환경 조성, 통일을 위한 남 · 북 교류 협력의 개발과 관리 등을 채택하였다. 1992년부터 2001년까지 추진되었다.

제2의 산업 혁명産業革命 ■

20세기를 전후하여 산업의 중심이 경공업에서 중화학 공업으로 전환된 것을 두고 일컫는 말이다. 즉, 산업 구조가 소비재 산업인 경공업 중심에서 부가 가치가 큰 생산재 산업인 중화학 공업으로 변화되었음을 말한다. 제2의 산업 혁명으로 인하여 자본주의는 고도로 발달되어 독점 자본주의 단계에 이르게 되었고, 제2차 세계 대전을 거치면서 군사 기술 · 전자 합성 화학 공업 등이 현저하게 발달하였다.

제2차 국토 종합 개발 계획 第二次國土綜合計劃 ■

국토의 균형적인 발전과 국민 복지 향상을 목표로 하여 초기에는 지역 생활권 중심으로 개발하였으나, 나중에는 수도권 · 중부권 · 서남권 · 동남권의 4대 지역 경제권과 다도해 · 태백산 특정 지역을 설정하여 광역 종합 개발 방식을 적용하였다. 주요 개발 내용은 인구의 지방 정착 유도, 공업 단지 조성, 교통망 확충, 관광 자원 개발 등이었다. 그러나 국민의 생활 환경 조성에 중점을 둔 제2차 국토 종합 개발(1982~1992)은 큰 성과를 거두지 못하였다. 오히려 수도권과 남동임해 공업 지역으로의 양극화가 촉진됨으로써 지역 격차가 심화되고, 공업 입지의 확산에 따른 환경 파괴와 오염 문제가 더욱 심화되는 등 국민의 생활 환경이 낙후되었다.

제2차 국토 종합 개발

제이 턴J-turn 현상 ■

도시 인구가 농촌으로 역류, 분산되는 과정인 역도시화와 관련된 인구 이동의 형태 가운데 하나로서, 농촌을 떠나 대도시로 이주하였다가 다시 예전의 농촌으로 귀향하는 것이 아니라 중간 기착지에 해당되는 중소 도시로 이주하여 정착하는 것을 말한다.

제1차 국토 종합 개발 계획 第一次國土綜合計劃 ■

국토 이용의 효율화, 사회 간접 자본의 확충, 자원 개발과 자연 보전, 생활 환경 개선을 목표로 하여 전국을 한강 · 금강 · 영산강 · 낙동강의 4대강 유역권으로 구분하여 개발하였다. 경제의 능률성을 중시하는 성장 거점 개발 방식을 채택하여 개발한 결과, 남동 임해 지역에 공업 단지를 조성하였고, 4대강 유역의 종합 개발로 농공업 용수를 확보하였으며, 고속 도로 건설로 전국을 일일 생활권으로 만들었다. 그러나 수도권 집중 현상 등 대도시의 과밀화, 경부축 중심의 인구와 산업의 집중 등 지역 격차가 심화되는 문제점이 발생되었다. 1972년부터 1981년까지 실시되었다.

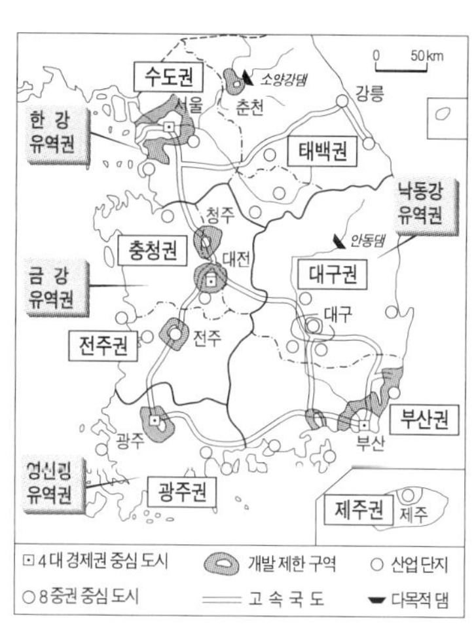

제1차 국토 종합 개발

제트류 jet stream ■ ■

대류권 상부 혹은 권계면 부근에 존재하는 편서풍대의 폭이 좁고 가장 빠른 강풍대를 말한다. 제트류의 높이는 7.5~12km로 대류권 권계면 부근이고, 두께는 2~3km, 폭은 160km에 이르며, 풍속은 30~150m/s로, 특히 남북 간의 온도차가 커지는 겨울철에 빠르고 대륙과 해양의 경계 지역에서 강하게 분다. 제트류가 부는

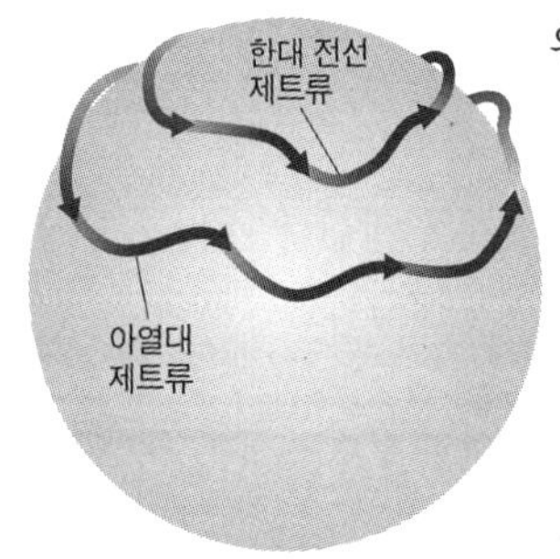

제트류 이동 유형

위치는 겨울에는 북위 25~35°로 남하하고, 여름에는 북위 40°로 북상한다. 우리 나라는 겨울철 차가운 제트류가 통과할 때에는 이상 한파, 따뜻한 제트류가 통과할 때에는 이상 난동 현상이 나타나고, 장마철 하층의 제트류가 장마 전선에 유입되면 다량의 수증기 공급으로 집중 호우가 발생한다.

조경 수역 潮境水域 ■■■

서로 다른 성질의 바닷물이 만나 이루는 경계 수역를 말한다. 일반적으로 두 해류의 수렴대와 일치하며, 한류와 난류가 만나는 수역이 대표적이다. 조경 수역은 영양 염류가 풍부하고, 한 · 난류성 어족이 모여 좋은 어장을 형성한다. 우리 나라의 경우 한류인 북한 해류와 난류인 동한 해류가 만나는 동해에 조경 수역이 형성된다. 세계 4대 어장 가운데 하나인 뉴펀들랜드 섬 근해는 한류인 래브라도 해류와 난류인 멕시코 만류가 만나 형성되는 조경 수역에 해당된다.

조류 潮流 ■■■

달과 태양의 인력에 의한 조수 간만의 차로 생기는 해수 운동으로, 하루에 각각 두 번의 썰물과 밀물이 발생한다. 조수 간만의 차를 조차라고 하는데, 조류는 조차가 클수록 빨리 흐르며 좁은 해협이나 수로를 통과할 때 유속이 빨라진다. 세계에서 조차가 가장 큰 곳은 북아메리카 동안의 펀디 만으로 사리 때의 조차가 최고 16m에 달한다고 한다. 우리 나라의 서해안도 조차가 큰 지역으로서, 특히 태안 반도 가로림만에서는 최고 11m의 조차가 발생하고 있다. 이렇게 큰 조수 간만의 차는 조력 발전에 유리한데, 이미 프랑스와 캐나다 등 선진국에서는 조력을 이용한 발전을 하고 있다.

조륙 운동 造陸運動 ■

대규모의 습곡 및 단층 작용이 없이 넓은 지역에 걸쳐 일어나는 지각의 승강 운동을 말한다. 지각의 평형을 유지하기 위하여 장기간의 오랜 지질 시대를 걸쳐 서서히 진행된다. 과거 빙하에 덮여 있던 스칸디나비아 반도 지역은 빙하가 녹아 없어지면서 지각의 평형을 유지하기 위하여 지금도 서서히 융기하고 있다.

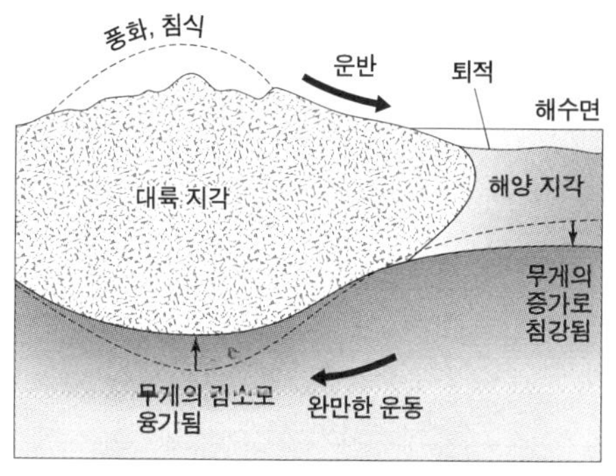

조륙 운동의 원리

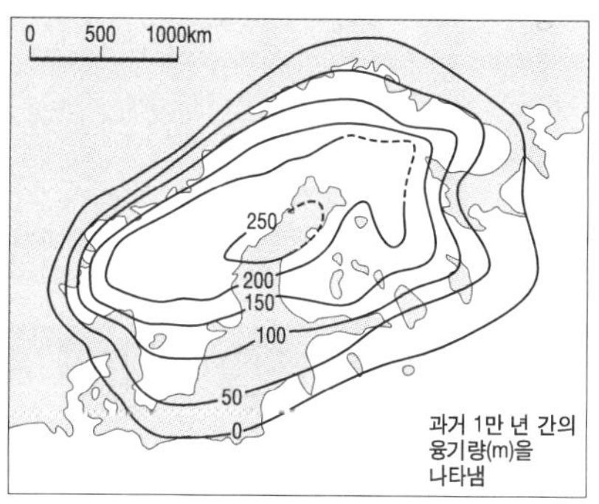

스칸디나비아 반도의 융기량

조산대 造山帶 ■■■

지층 및 암석이 퇴적 및 형성되었을 때의 상태에 비하여 복잡하게 변형되는 조산 작용을 받은 지대를 말한다. 지구에서 대체로 띠 모양을 이루며 지진과 화산 활동이 왕성한 지역을 중심으로 발달하여 지각이 불안정한 장소이다. 조산대는 시기에 따라 신기 조산대와 고기 조산대로 구분한다. 신기 조산대는 신생대 제3기 이후 심한 조산 운동을 받은 지역으로 험준한 산지를 이루며 지각이 매우 불안정하다. 따라서 세계적으로 지진과 화산 활동이 집중적으로 일어나며, 알프스 · 히말라야 조산대와 환태평양 조산대가 이에 속한다. 고기 조산대는 고생대와 중생대에 걸쳐 형성된 것으로 신기 조산대 안쪽에 위치하는데, 우랄 · 알타이 · 애팔래치아 등의 산맥이 이에 해당된다. 이들 지역의 대부분은 고생대 이후 오랫동안 침식을 받아 저산성 산지를 이루고 있다.

조산 운동 造山運動 ■

지층이 심한 습곡 및 단층 운동에 의하여 길고 좁은 산맥대, 즉 조산대를 형성시키는 지각 운동을 말한다. 일반적으로 조륙 운동에 비하여 좁은 면적에서 조산대를 따라 발달하며, 습곡 · 단층 · 요곡 · 절리 등으로 복잡한 지질 구조를 띤다. 조산 운동을 받은 시기에 따라 선캄브리아 기에 형성된 순상지, 고생대에 형성된 고기 습곡 산지, 신생대에 이르러 형성된 신기 습곡 산지 등으로 나뉜다.

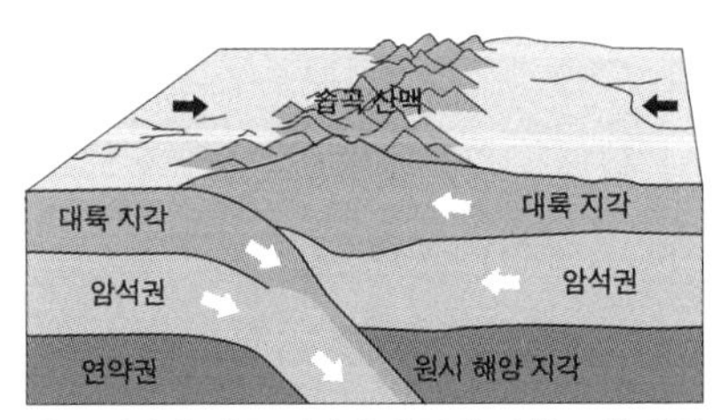

대륙 지각과 대륙 지각의 충돌에 의한 조산 운동 모식도

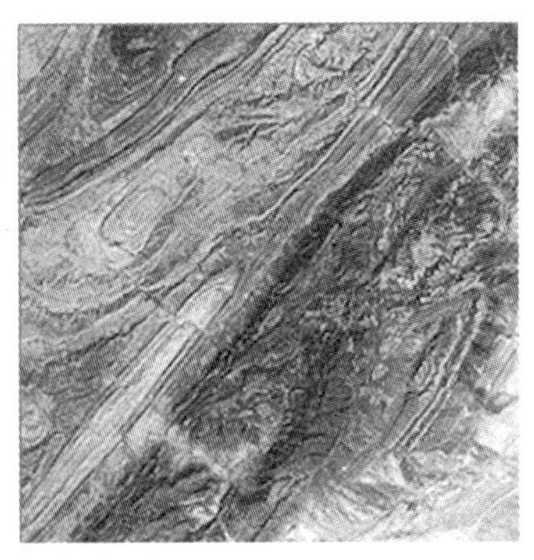
SPOT 영상으로 본 알제리 아모르 산 지역의 조산 운동

조석 潮汐 ■■■

지구에 대한 달과 태양의 인력에 의하여 규칙적으로 발생하는 해면의 승강 운동을 말한다. 만조와 간조 시의 수직 고도차를 조차라고

하는데, 우리 나라의 서해안은 세계적으로 조차가 큰 지역에 속한다. 조차는 아산만이 8.5m, 인천 8.1m, 군산 6.2m, 목포 3.1m 정도로 나타난다. 서해는 태평양으로 열린 하나의 만과 유사하여 수심도 얕은 편이고 해안선의 출입이 심하기 때문에 조차가 크게 나타난다. 따라서 항만의 발달이 불리하기 때문에 인천의 갑문식 독, 군산의 뜬다리 부두와 같은 특수 항만 시설이 설치되어 있다. 이에 비하여 동해안은 수심이 깊고 일본 열도로 둘러싸여 있어 태평양과 분리되어 평균 조차가 0.2~0.3m 정도에 불과하다. 조석이 오르내릴 때에는 바닷물의 수평 운동인 조류가 발생한다.

조선계 지층 朝鮮系地層 ■

고생대 전기에 형성된 퇴적 암층 지대인 평남 지향사와 옥천 지향사의 하부를 구성하는 지층을 말한다. 고생대 전기에 바다 밑에서 형성된 해성층으로, 주로 석회암으로 구성되어 있다. 따라서 카르스트 지형이 발달되어 있으며, 석회암을 원료로 하는 시멘트 산업이 입지하고 있다.

조엽수림 照葉樹林 ■

잎이 작고 두꺼우며 반짝거리는 상록 활엽수림을 말하는 것으로, 난대림 지역의 동백나무와 사철나무 등이 이에 속한다. 중국을 비롯하여 히말라야와 동남 아시아의 산지 및 유라시아 대륙 동안 등지에 널리 형성되어 있다.

종교 宗敎 ■■

사람들이 초인간적인 힘에 의지하여 구원을 얻으려는 행위를 말한다. 인간의 가치관과 관습을 형성하는 중요한 문화 요소로 문화의 모든 측면에 많은 영향을 미친다. 특히, 언어와 함께 문화적 특징에 잘 나타나는 요소로서, 여러 민족 및 지역을 중심으로 발생하고 성장하였다. 또한 지역별로 독특한 문화 경관을 형성시키며, 한 지역에서 형성된 문화 특성을 함께 다른 지역으로 전파시키기 때문에 지역 이해의 중요한 지표가 된다. 종교는 일반적으로 크리스트 교 · 불교 · 이슬람 교 등과 같이 보편적인 윤리관에 기초하여, 국경과 민족을 초월하여 세계 여러 지역에 널리 퍼져 있는 보편 종교와 한국의 천교도 · 이스라엘의 유대 교 · 인도의 힌두 교와 같이 특정 민족의 문화, 역사 발달과 관련하여 성립된 민족 종교로 나뉜다.

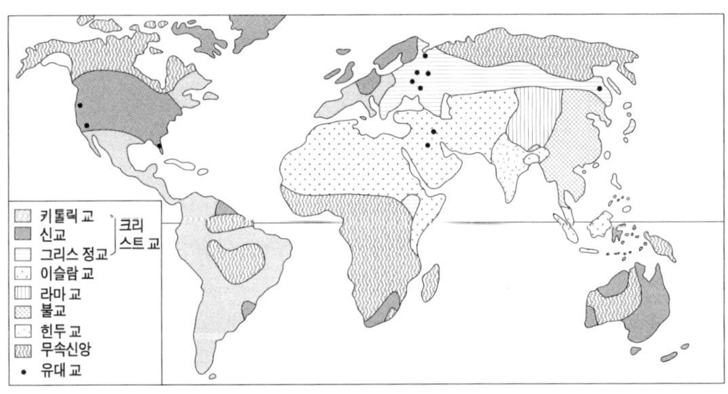

세계의 종교 분포

종교 분쟁 宗教分爭

종교적 배타성으로 인한 분쟁으로 인류의 평화에 큰 장애가 되고 있다. 현재도 전 세계적으로 여러 곳에서 종교 분쟁이 발발하고 있다. 가장 대표적인 종교 분쟁으로는 이스라엘과 팔레스타인과의 중동 분쟁이다. 유대 인들이 1948년 이스라엘을 건국하면서 주변의 이슬람 국가들과 분쟁이 야기되어 네 차례의 중동 전쟁을 치르면서 오늘에 이르기까지 분쟁이 계속되고 있어 '중동의 화약고' 라는 명칭까지 붙었다. 그리고 구소련의 해체 이후 유럽 지역은 자유화 물결로 종교와 민족의 분쟁이 표면화되면서 여러 국가들이 새롭게 생겨났다. 특히, 이 과정에서 구 유고슬라비아가 해체된 후 보스니아계와 세르비아 계 사이의 심각한 종교적 분쟁이 발생하였다. 이 밖에도 영국계의 신교도와 아일랜드 계의 카톨릭 교도 사이의 북아일랜드 분쟁, 다수파 불교도인 싱할리 족과 소수파인 힌두 교도인 타밀 족 간의 스리랑카 분쟁, 파키스탄의 이슬람 교도와 인도의 힌두 교도 간에 지속되고 있는 캐슈미르 분쟁, 이슬람 교 다수파에 속하는 수니 파의 이라크와 소수파에 속하는 시아 파의 이란과의 분쟁 등 전 세계에 걸쳐 여러 지역에서 종교 분쟁이 발생하고 있다.

종교의 섬 → 문화의 섬

종상 화산 鐘狀火山

유동성이 작은 조면 암질 또는 안산 암질의 용암이 화구 위로 천천히 밀려 올라와 형성된 돔 형의 화산으로서, 사면 경사가 급하고 화구가 없는 것이 특징이다. 제주도의 산방산이 대표적인 종상 화산에 속한다.

종주 도시 宗主都市 ■■

primate urban이라고 부르는 종주 도시는 수위 도시의 인구 규모가 제2도시의 인구 규모보다 두 배 이상 넘는 수위 도시를 말한다. 종주 도시는 수위 도시에 인구가 과잉 집중되는 과정에서 발생하며, 특히 급속한 산업화가 진행되는 개발 도상국의 도시 체계에서 많이 나타난다. 수위 도시 혹은 특정 도시의 선별적인 과대 성장으로 나타나는 종주 도시화 현상은 도시 체계의 불균형을 가져오게 한다.

주거 입지 조건 住居立地條件 ■■

주거지로서 가옥의 입지를 결정하는 조건을 말하는 것으로, 자연적 입지 조건과 사회 · 경제적 입지 조건으로 나뉜다. 자연적 입지 조건으로는 지형 · 용수 · 경지 · 기후 등이 있으며, 특히 이 가운데 용수 분포가 주거 입지에 가장 큰 영향을 미친다. 사회 · 경제적 조건으로는 교통 · 방어 · 관습 · 지리 사상 등을 들 수 있는데, 교통과 방어가 중요하다. 최근에는 주거의 입지를 선택하는 조건에 있어서 자연적 조건보다 사회 · 경제적 조건이 더욱 중시된다.

주빙하 지형 周氷河地形 ■■■

빙하 지역 주변의 툰드라 기후 지역이나 만년설로 덮여 있는 고위도 고산 지대에서 지표의 결빙과 융해가 반복되는 과정에서 형성되는 지형을 말한다. 주요 지형으로는 흙 속의 자갈이 밀려 올라와 기하학적인 모양을 이룬 구조토, 토양층 속에 토빙이 형성되면 그 상부의 토양층이 위로 들어 올려져 형성된 돔 모양의 핑고(pingo) 등이 있다. 그리고 영구 동토층 위의 토양이 물로 포화되어 완경사지에서도 쉽게 흘러내리는 솔리플럭션(solifluction) 현상이 나타난다. 따라서 주빙하 지형에서는 동결과 융해의 반복으로 토양층의 요동 현상이 나타나기 때문에 도로나 취락 건설에 피해를 주는 경우가 많다.

주상 절리 柱狀節理 ■

암석의 갈라진 틈을 절리라고 하는데, 현무암은 냉각될 때 수축되어 보통 수직 방향으로 오각형 내지 육각형 모양

주상 절리(울릉도 해안)

의 절리가 발생한다. 이 절리를 따라 풍화 작용이 일어나 여러 개의 돌기둥을 형성하게 되는데, 이를 주상 절리라고 한다. 철원의 한탄강 유역과 제주도 해안가에서 쉽게 찾아볼 수 있다.

주행 비용 → 운송비

중국 문화 지역 → 동양 문화권

중국-티베트 어족 中國Tibet語族 ■■

세계 제2의 어족으로 중국어 · 타이 어 · 티베트 어 · 미얀마 어 · 베트남 어 등이 이에 속한다. 분포 범위는 중국에서 인도차이나 반도에 이르는 지역으로 아시아 인종의 남방계 분포와 유사하다. 특히 중국어는 단일 언어로는 세계에서 가장 많은 인구가 사용하고 있다.

중력 모형 中力模型 ■■■

뉴턴의 만유 인력의 법칙을 원용한 것으로, 물체의 질량 대신 지역의 인구 규모로 대체하여 두 지역간의 상호 작용 관계를 설명하려는 수식으로, 공간적 상호 작용 모형이라고도 한다. 두 지역간의 유통량을 측정하는 방법으로서 중력 모형의 기본 원리는 지역의 인구 규모에 비례하고 거리의 제곱에 반비례한다는 것이다. 즉 유통량은 두 지역간의 인구 규모가 클수록 늘어나고 거리가 멀어질수록 줄어든다는 것이다. 이 모형은 교통량을 예측하고 교통 계획을 세우는 데 활용되며, 이 밖에 인구 이동 연구에도 쓰인다. 중력 모형에 의하여 계산한 유통의 양과 실제 유통량의 차이는 두 지역간의 유통 방해 요인이 작용하기 때문이다. 수식으로 표현하면 다음과 같다.

$$Iab = K\frac{Pa \cdot Pb}{Dab^2}$$

(단, *Iab*는 *ab* 지역간의 유통량, *Pa* · *Pb*는 *a*, *b* 지역의 인구 규모, *Dab*는 *a*, *b* 지역간의 거리, *K*는 상수)

중상주의 重商主義 ■

15세기부터 18세기 후반까지 서유럽 제국에서 채택한 경제 정책으로, 국가가 경제 활동의 주체로서 앞장서서 국부를 증진시킴으로써 군주권을 강화하고 국가의 세력을 대내외적으로 강화시키는 정책을 말한다. 수입 대체 상품의 국내 육성과 높은 관세의 설정으로 수입을 억제하며, 국내 상품의 적극적인 수출을 장려하는 등의 조치를 실행하였다. 결국 중상주의는 부국 강병을 위한 유럽 각국의 경제 활동의 팽창 정책을 초래하였다. 따라서 보다 많은 상품 생산의 원료와 시장 확보를 위하여 해외 식민지 개척을 위한 전쟁을 치르기도 하였다.

중심지 이론 中心地理論 ■■■

크리스탈러(W. Christaller)가 주변 지역에 재화와 용역을 공급하는 중심지의 분포와 계층 구조에 관한 공간적 규칙성을 규명한 이론을 말한다. 중심지 기능이 입지한 장소를 중심지라고 하며, 중심지로부터 재화와 용역을 제공받는 지역을 배후지라고 한다. 중심지 유지를 위하여 필요한 최소한의 수요를 최소 요구치라고 하는데, 이는 중심지 규모에 따라 달라진다. 그리고 중심지 기능의 영향을 받는 공간적 한계 거리를 재화 도달 범위라고 하는데, 이는 교통 발달 정도에 따른 구매자의 이동 범위와 일치한다. 중심지가 형성되기 위해서는 최소 요구치와 지역 범위가 재화 도달 범위 내에 있어야만 한다. 중심지가 단 한 개라면 중심지의 배후지의 형태는 원형이 된다. 그러나 동일 계층의 중심지가 다수 분포하는 경우 가장 이상적인 형태는 중심지 사이의 경쟁을 최소화하기 위하여 정육각형을 띠게 된다. 중심지 기능은 종류에 따라 최소 요구치가 다르기 때문에 기능에 따라 배후지 규모가 달라진다. 고위 중심지는 저위 중심지를 포섭하기 때문에 저위 중심지를 지배하게 되며, 저위 중심지보다 최소 요구치와 재화 도달 범위가 크기 때문에 고위 중심지일수록 그 수가 적고 중심지 사이의 거리가 멀다. 인구 밀도가 증가하고 경제 활동이 활발해지면 수요가 증대되어 새로운 중심지가 형성되고 중심지 간격은 좁아진다. 그리고 자동차 교통이 발달하면 고위 중심지는 발달하고 저위 중심지는 쇠퇴하게 된다. 이러한 중심지 이론은 취락의 분포 유형 · 쇼핑 형태 · 도시 규모 분포의 계층 유형을 연구하는 데 이용되고 있다.

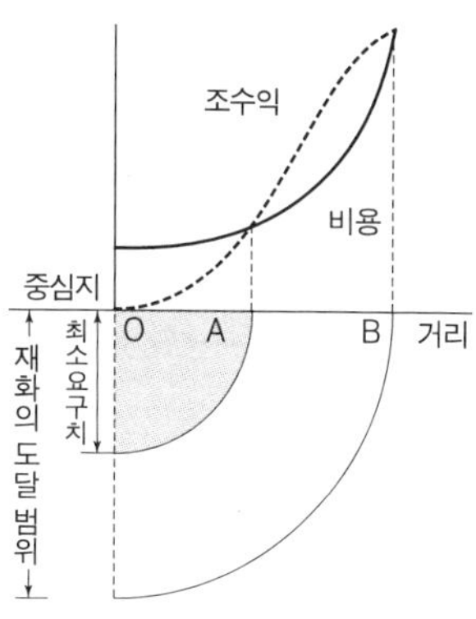

· **중심지 기능이 유지되는 경우** : OA (최소요구치) 〈 OB (재화의 도달 범위)
· **중심지 기능이 유지될 수 없는 경우** : OB (재화의 도달 범위) 〈 OA (최소요구치)

최소 요구치와 재화의 도달 범위

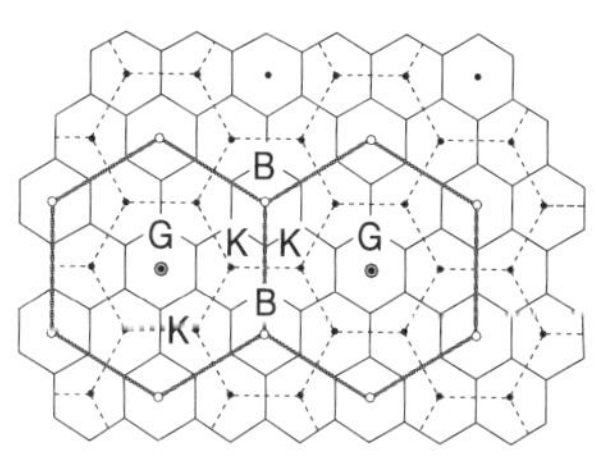

제 1 차 중심지(G)의 시장 지역 경계
제 2 차 중심지(B)의 시장 지역 경계
제 3 차 중심지(K)의 시장 지역 경계

중심지 계층 구조

지구대 地溝帶 ■

단층 운동의 결과, 단층 사이에 함몰된 낮은 지대가 길게 연속적으로 나타나는 지형을 지구대라고 한다. 지구대는 일반적으로 평탄한 특징을 가지고 있기 때문에 지구대를 따라 하천이 흐르며, 보통 교통로로 많이 이용된다. 우리 나라에는 신생대 제3기 때의 지각 운동으로 형성된 길주 · 명천 지구대와 형산강 지구대가 있다. 길주 · 명천 지구대를 따라 함경선, 형산강 지구대를 따라 동해 남부선 철도가 지나고 있다.

지구 온난화 地球溫暖化

화석 연료의 사용 증가와 산림 훼손으로 인한 온실 효과로 인하여 지구의 기온이 상승하는 현상으로, 전 지구적 차원에서의 환경 문제라고 할 수 있다. 화석 연료의 과다 사용에 따른 지구 온난화 현상은 세계 각 지역의 기후 변동을 초래하고, 해수면 상승을 유발하여 연안 저지대를 침수하게 하는 등 그 문제의 심각성이 크다. 따라서 이러한 문제를 해결하기 위한 국제적인 노력으로 1989년 3월 환경 정상 회담에서 헤이그 선언을 채택하여 화석 연료의 사용 제한, 개발 도상국에 환경 오염 방지 자금 및 기술 제공 등 다각적인 노력을 기울이고 있다.

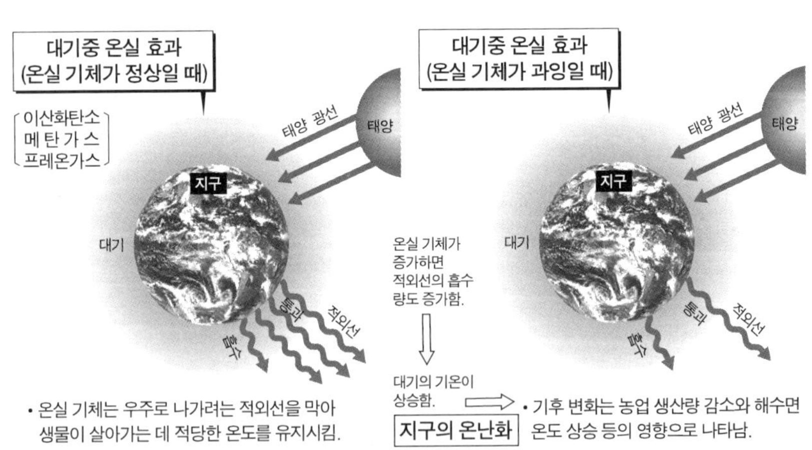

지구 온난화의 모식도

지구촌 地球村 ■■

지구 전체가 하나의 마을과 같은 성격을 가진 생활 장소로서, 사람들 모두가 서로를 알게 되고 모든 정보의 혜택을 누리게 되는 사회를 일컫는 말이다. 1945년 공상 과학 소설가인 클라크가 제시한 지구의 미래상이다. 그는 인공 위성을 통하여 전 세계 사람들이 동시에 빛의 속도로 통화가 가능할 것이라고 예견하였는데, 그 꿈은 실제로 현실화되었다. 통신 기술과 교통 수단의 급속한 발달로 지구 전체가 하나의 생활권으로 변화된 오늘날의 지구 문명을 설명하고 있다.

지구 타원체 → **지오이드**

지도 地圖 ■■■

지표면의 여러 현상을 축척 · 방위 · 기호 등을 사용하여 평면 위에 옮겨 놓은 그림을 말한다. 지도는 정각성, 정적성, 정거성, 정방위성 등의 조건을 구비하여야만 하는데, 좁은 지표 공간을 나타내는 대축척 지도는 이들 조건을 모두 만족시키지만, 넓은 지역을 나타내는 소축척 지도는 불가능하기 때문에 일부 조건만 만족시키는 다양한 도법이 개발되어 이용되고 있다. 지도는 제작 방법에 따라 실제 측량하여 제작한 지형도 · 지적도 · 해도와 같은 실측도와 실측도를 바탕으로 편집하여 제작한 지세도 · 세계 전도와 같은 편찬도로 구분되며, 축척에 따라 좁은 지역을 자세하게 표현한 1:50,000, 1:25,000, 1:5000의 대축척 지도와 넓은 지역을 간략하게 표현한 1:1,000,000, 1:2,500,000 등의 소축척 지도로 구분되며, 사용 목적에 따라 일반인에게 널리 보급하기 위하여 다양한 지리 정보를 종합적으로 표현한 지형도 · 지세도 등의 일반도와 어떤 특수한 내용만을 표현한 기후도 · 지질도 · 해도 등의 주제도로 나뉜다.

지도 투영법 地圖投影法 ■ ■ ■

지도 제작의 기본 틀이 되는 지구의 경위선 망을 평면에 옮기는 방법을 말한다. 지구는 구면체이기 때문에 평면에 옮길 때 모양 · 거리 · 면적 · 방위 등의 왜곡이 발생하기 때문에 왜곡을 처리하는 방법에 따라 투영법은 달라질 수 있다. 사용 목적과 필요에 따라 그리고 정각성, 정적성, 정거성, 정방위성 등의 기본 요건을 어떻게 만족시켜 주느냐에 따라 정각 도법, 정적 도법, 정거 도법, 방위 도법 등으로 나뉜다.

지리적 위치 地理的位置 ■ ■ ■

일정 지역의 위치를 대륙 · 해양 · 반도 · 섬 등의 지형 지물의 관점에서 파악한 위치로서, 크게는 국가의 위치에서 작게는 마을의 위치까지 그 규모는 다양하다. 우리 나라는 유라시아 대륙 동안의 반도적 위치에 해당된다. 따라서 대륙 동안에 위치하여 연교차가 큰 대륙성 기후가 나타나고 있으며, 반도적 위치에 해당되어 대륙과 해양의 문화 수용과 전파, 해외 무역, 원양 어업의 발달에 유리하다.

지리 정보 地理情報 ■ ■

지표 공간의 자연적, 인문적 현상들이 공간상에 어떻게 분포, 배열되어 있으며 어떻게 상호 작용하고 조직되고 있는가에 대한 체계적 지식과 자료를 말한다. 즉 지표 공간상의 모든 정보를 뜻하는 것으로, 지리 정보는 한 장소의 위치와 공간 형태를 나타내는 공간 자료, 장소의 특성을 나타내는 속성 자료, 다른 장소 및 현상들과의 관계를 나타내는 관계 자료로 구분된다. 정확한 지리 정보의 획득은 지역 개발 및 환경 영향 평가 등의 성공적인 수행에 매우 중요하다.

지리 정보 체계 GIS ■■■

지역에서 수집한 각종 지리 정보를 수치화하여 컴퓨터에 입력 · 정보 · 처리하고, 이를 사용자의 요구에 따라 다양한 방법으로 분석 · 종합하여 제공하는 정보 처리 시스템을 말한다. 지리 정보 체계(Geographic Information System)는 컴퓨터를 이용한 대량의 정보 처리 기술, 지도 제작 기술, 원격 탐사 기술 등이 결합된 현대 과학의 개가로 일컬어진다. 오늘날 지리 정보 체계는 정책 결정의 일관성을 유지하고 합리적인 의사 결정을 내릴 수 있도록 자료를 제공하여 주기 때문에 지역 개발 대상지로서의 적합성 판정, 환경 문제의 원인과 대책 수립, 고급 수준의 국토 관리 등에 이용되고 있다.

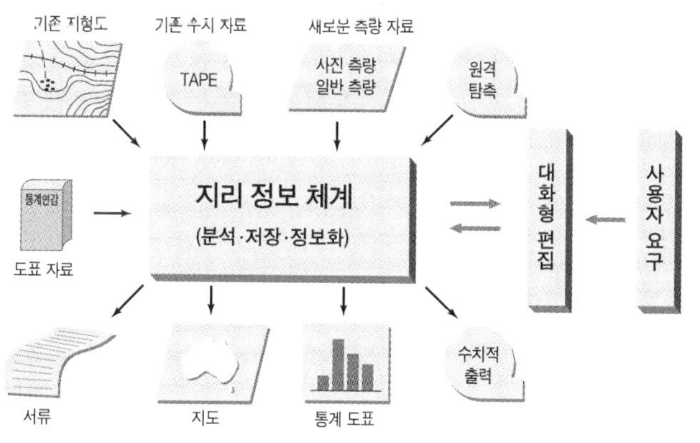

지리 정보 체계

지리 조사 地理調査 ■■■

어느 지역의 지리적 현상을 조사하여 지역성을 규명하는 일련의 과정을 말한다. 지리 조사는 직접적인 관찰을 하기 때문에 지역에 대한 이해를 보다 구체화시켜 주는 장점이 있다. 지리 조사 순서는 먼저 조사 목적에 맞는 연구 주제를 정한 후 연구 주제에 부합되는 지역을 선정한다. 다음 실내 조사에서는 문헌 조사 및 각종 통계 자료를 수집하고, 조사 지역의 지형도 분석 및 설문지와 백지도 등을 작성, 준비한다. 다음 야외 조사에서는 조사 항목에 따라 관찰·실측·촬영·면담·설문지 조사 등으로 자료를 수집한다. 마지막으로 실내 조사와 야외 조사에서 수집된 각종 자료를 분석·종합·정리하여 지도화, 도표화하고 이를 보고서로 작성한다.

지리지 地理誌 ■■■

어떤 지역의 자연·역사·사회·문화 등에 관한 지역 정보를 조사, 연구하여 체계적으로 편집한 문헌을 말하는 것으로, 전국지·지방지·읍지 등이 이에 속한다. 우리 나라에서 지리지의 편찬은 삼국시대부터 있었으나, 《왕오천축국전》(혜초)과 《삼국사기 지리지》(김부식) 등이 대표적이다. 조선 전기에는 전국을 대상으로 하는 관찬 지리지가 발달하여 《세종실록지리지》, 《동국여지승람》, 《신증동국여지승람》 등이 편찬되었으며, 국가 통치를 위한 기본 자료로서 제작되었다. 조선 후기에는 어느 한 지방을 대상으로 하는 관찬 및 사찬 지리지가 발달하였는데, 실학 사상의 영향으로 이전의 백과 사전 식 기술에서 탈피하여 체계적이며 실용적으로 기술되었다. 최초의 사찬 지리서인 《동국지리지》(한백겸), 《성호사설》(이익), 《도로고》(신경준), 《아방강역고》(정약용), 《대동지리지》(김정호), 《택리지》(이중환) 등이 있다.

지방시 地方時 ■■

세계 각국이 공통적으로 사용하는 세계시(그리니치 본초 자오선 상의 지방 평균 태양시)에 대하여 각 지방마다 기준이 되는 지점을 정하고 그 지점을 통과하는 자오선을 기준으로 정한 시각을 말한다. 지방시는 그 지점의 자오선과 평균 시각에 의하여 결정되므로 자오선에 따라 각 지점마다 시각이 다르게 나타난다. 지방시는 경도 15°마다 1시간의 차이가 발생하는데, 한국은 동경 135°의 지방시를 표준시로 사용하고 있다.

지방풍 → **국지풍**

지방화 地方化 ■■■

세계화에 대응하는 개념으로, 지역과 지방이 정치 · 경제 · 사회의 새로운 주체로 등장하는 현상을 말한다. 세계 체제 속에서 여러 문화 지역이 개성 있게 발전하는 것을 의미하는 것으로, 지역의 고유한 문화와 풍속 등의 의미를 재조명하게 된다. 이는 지방 자치 제도를 통하여 실시하게 되며, 지역의 산업 · 관광 · 주택 · 상가 · 공원 개발 및 환경 정화 및 보존 등을 포함하는 정책을 추진한다.

지속 가능한 개발 ESSD ■■■

지속 가능한 개발(Environment Sound and Sustained Development)은 경제 발전과 환경 보전의 양립을 위하여 새롭게 등장한 개념으로, 1987년 환경과 개발에 관한 세계 위원회가 발표한 '우리의 공통된 미래(Our Common Future)'에서 제시되었다. 미래 세대가 이용할 환경과 자연을 손상시키지 않고 현재 세대의 필요를 충족시켜야 한다는 '세대간의 형평성'과, 자연 환경과 자원을 이용할 때는 자연의 정화 능력 안에서 오염 물질을 배출하여야 한다는 '환경 용량 내에서의 개발'을 의미한다.

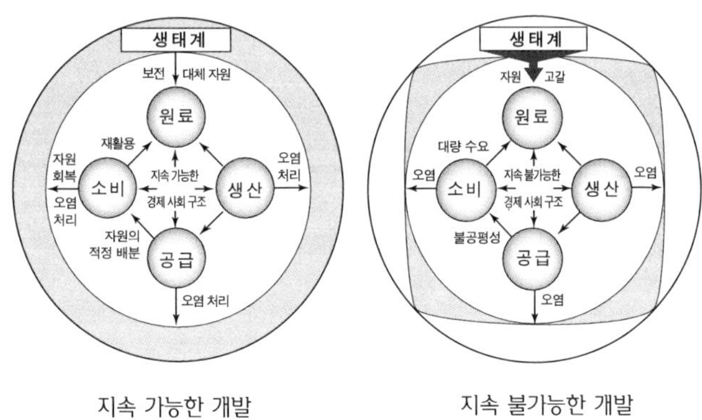

지속 가능한 개발　　　　지속 불가능한 개발

지식 집약형 산업 知識集約形產業 ■■■

지식을 이용하여 상품과 서비스의 부가 가치를 크게 향상시키거나 고부가 가치의 지식 서비스를 제공하는 산업을 통칭하여 지식 기반 산업이라고 하며, 이 가운데 특히 연구 개발 · 디자인 · 전문적 판단 등 지적 활동의 집약도가 높은 산업을 일컬어 지식 집약형 산업이라고 한다. 컴퓨터 · 항공기 · 원자력 관련 연구 개발 산업, 고급 의류 · 디자인 등 패션 산업, 소프트웨어 · 정보 처리 서비스 관련 지식 산업 등이 그 예라고 할 수 있다.

지역 地域 ■■

일정한 지표면 상에 자연 환경 및 인문 · 사회 환경이 유사한 지표 공간을 말한다. 지역은 우리가 보고 만지는 실제적인 지표를 말하기보다는 우리의 머리 속에서 인식되고 구성되는 지표를 말하는 것으로 추상적인 개념이다. 그리고 어떤 지역 내의 여러 환경들이 서로 유기체적인 상호 작용을 통하여 형성된 그 지역만이 가지는 독특한 성질을 지역성이라고 하는데, 이러한 지역성은 시간의 경과나 다른 지역과의 관계 등에 따라 변한다. 지역은 지역성을 기준으로 등질 지역과 기능 지역으로 구분된다.

지역 개발 地域開發 ■■■

각 지역이 갖는 발전 잠재력을 효율적으로 개발하여 국토의 생산성을 높이고 주민의 생활 수준을 고르게 향상시키는 것을 말한다. 지역 개발은 개발의 목표와 방식에 따라 성장 거점 개발과 균형 개발로 구분된다. 개발 도상국에서의 지역 개발 목표는 국토의 생산성을 극대화시켜 국가 전체의 경제력 향상에 중점을 두고 있다. 반면 선진국에서는 지역간의 불균형을 해소하여 국토 공간을 균형적으로 개발하는 데 중점을 두고 있다. 일반적으로 개발 도상국에서는 성장 거점 개발 방식을, 선진국에서는 균형 개발 방식을 지역 개발 방식으로 취하고 있다.

지역 구조 → 공간 구조

지오이드 geoid ■

평균 해수면과 동등한 중력점을 연결하여 지구의 형상을 가상으로 정한 면, 즉 중등 조위면(中等潮位面)에 의하여 정의된 지구를 말한다. 지오이드는 해수면과 그 연장으로 형성되므로 어느 곳에서나 중력 방향과 수직을 이루지만 지구 내부의 성질 차이나 수륙 분포 등의 영향으로 기복이 발생하여 모

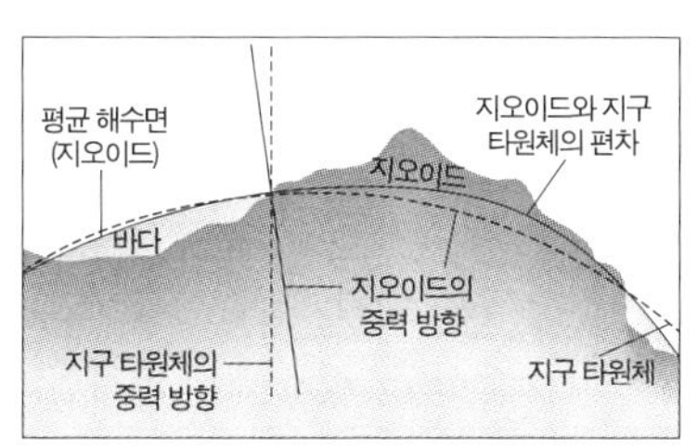

지오이드와 지구 타원체

양이 불규칙하다. 그래서 지오이드는 복잡하기 때문에 지도 제작을 위해서는 지오이드와 가장 가까운 형태인 회전 타원체 면으로 나타낸 지구 타원체의 개념을 사용하고 있다. 지오이드는 해양에서 해수면과 일치하고 육상에서는 땅속을 통과하게 된다. 또한 그 높이가 항상 0m로, 지구 표면의 측량 해발 고도의 기준면이 된다.

지중해성 기후 → 온대 하계 건조 기후

지중해식 농업 地中海式農業 ■■■

겨울철에 온난 습윤하고 여름철에 고온 건조한 지중해성 기후 지역에서 행하는 농업 양식을 말한다. 밀과 양의 자급적 혼합 농업에서 발전한 농업 양식으로 건조에 잘 견디는 올리브 · 포도 등의 상품성 과수 재배와 자급 작물인 밀을 결합하고, 여기에 양 · 염소 등의 가축 사육을 결합한 농업 양식을 취한다. 여름에는 올리브 · 포도 · 무화과를 재배하는 수목 농업이 이루어지며 겨울에는 밀 · 보리 중심의 식량 작물이 재배된다. 지중해식 농업은 지중해성 기후가 나타나는 지중해 연안 · 미국 서부 캘리포니아 · 칠레 중부 · 아프리카 남서부 · 오스트레일리아 남부 등에서 행해진다.

지질 구조 地質構造 ■■■

한반도의 지질은 고생대 이전의 선캄브리아 기의 지층에서부터 신생대 지층에 이르기까지 다양한 구조를 띠고 있다. 지질 구조상의 가장 큰 특색은 고생대 이전에 형성된 안정 지괴로서 화강암과 편마암이 국토의 70퍼센트 정도를 차지한다는 점이다. 지층별로 살펴보면, 시 · 원생대의 편마암계의 변성 퇴적암으로 이루어진 지층이 가장 넓게 분포하는데, 평북 · 개마 지괴, 경기 지괴, 영남 지괴가 이에 해당된다. 고생대 지층은 하부 지층인 조선계와 상부 지층인 평안계로 구성되는데, 평남 지향사와 옥천 지향사가 위치한 평안남도와 강원도 일대에 주로 분포한다. 조선계는 주로 셰일과 석회암으로 이루어져 있으며, 평안계는 무연탄이 매장되어 있다. 중생대 지층은 대동계와 상부의 경상계로 구분된다. 대동계는 충청남도 중서부와 평양 부근에 나타나는 반면에 경상계는 경상남·북도에 분포하는 육성층으로 수평 누층을 이루고 있다. 이들 지층은 모두 퇴적암으로 사암(砂岩)과 셰일(shale) 등으로 구성되어 있다. 중생대에는 트라이아스기의 송림 변동과 쥐라기의 대보 조산 운동에 의하여 이전의 지층들이 심한 습곡과 단층 작용을 받아 매우 복잡한 지질 구조를 형성하였다. 신생대 지층은 크게 제3계와 제4계 지층으로 구분된다. 제3계는 두만 지괴, 영일만 지구, 길주·명천 지구대 등지에 일부 분포하고 있으며, 갈탄이 매장되어 있다. 제4계는 홍적세(洪積世, 플라이스토세)의 빙하기 때 형성된 퇴적 지형인 해안 단구와 하안 단구 등이 분포하며, 현세인 충적세(沖積世,

	신생대			중생대			고생대						원생대	시생대
지질 시대	제4기		제3기	백악기	쥐라기	트라이아스기	페름기	석탄기	데본기	실루리아기	오르도비스기	캄브리아기		
	현세	플라이스토세												
지층	제4계		제3계	경상계	대동계	평안계		결층			조선계		상원계	편마암 편암계
지각 변동	화산 활동		요곡 운동	불국사 변동 (불국사 화강암)	대보 조산 운동 (대보 화강암)	송림 변동		조륙 운동					변성 작용	

한반도의 지질 계통

홀로세)에 형성된 퇴적 지형인 충적 평야와 범람원 등이 나타난다. 그리고 신생대 제3기 말에서 제4기 초로 넘어 가면서 화산 활동으로 인하여 백두산, 철원 · 평강, 울릉도, 제주도 등지에 화산 지형이 형성되었다.

지체 구조 地體構造

우리 나라의 지체 구조는 대부분 고생대 이전에 형성된 지층이 많기 때문에 대체적으로 안정된 구조를 띠고 있는 편이다. 지체 구조별 특징을 살펴보면 다음과 같다. 먼저 추가령 구조곡을 경계로 하여 북쪽에는 라오뚱 방향의 평남 지향사, 평북 · 개마 지괴, 두만 지괴, 길주 · 명천 지괴가 있다. 남쪽은 중국 방향의 옥천 지향사, 영남 지괴, 경상 분지가 있다. 평북 · 개마 지괴, 경기 지괴, 영남 지괴는 고생대 이전에 형성된 매우 안정된 지괴로서 금 · 은 · 텅스텐 · 흑연 등이 매장되어 있다. 평남 지향사와 옥천 지향사는 고생대의 바다와 육지 상태에서 형성된 퇴적층으로 중생대 이후 심한 지각 변동을 받아 지질 구조가 매우 복잡하다. 석회석이 매장된 하부의 조선계 지층과 무연탄이 매장된 상부의 평안계 지층으로 이루어져 있다. 경상 분지는 중생대에 퇴적된 대표적 육성층으로 경상계 지층이 퇴적되어 있다. 특히 경상계 지층에서는 중생대 당시 살았던 공룡들의 화

한반도의 지체 구조

석이 발견되고 있다. 그리고 두만 지괴, 길주 · 명천 지괴, 포항 분지는 신생대 제3기 지층으로 분포가 협소한 편이며 주로 갈탄이 매장되어 있다.

지하 자원 地下資源 ■■

광물의 형태로 지각 속에 들어가 있는 인류 생활에 불가결한 광물 자원을 말한다. 지하 자원은 매장의 유한성과 분포의 편재성을 가지고 있다. 지하 자원의 개발은 경제 발전과 기술의 발달에 따라 점차 증대되었다. 우리 나라의 지하 자원은 '광물의 표본실'이라고 불릴 정도로 종류는 많지만 경제성 있는 광물은 적다. 따라서 산업에 필요한 대부분의 광물은 해외 의존도가 매우 높은 편이다. 주요 지하 자원의 수급 실태를 살펴보면, 철광석은 수요량의 대부분을 브라질과 오스트레일리아 · 인도 등에서 수입하고 있으며, 텅스텐은 특수강의 원료로서 과거 수출 광물이었으나 값싼 중국산 광석의 수입으로 채굴이 중단된 상태이다. 석회석은 우리 나라에서 가장 풍부한 광물로 시멘트 · 제철 공업의 원료로 쓰이며, 고령토는 도자기의 원료로서 하동 · 산청 등에서 많이 산출된다. 이 밖에 구리 · 흑연 등의 지하 자원은 값싼 외국 자원의 수입으로 생산이 중단된 상태이다.

지향사 地向斜 ■

장기간에 걸쳐 많은 양의 퇴적물이 쌓이면서 가라앉는 거대한 침강 지대를 말한다. 우리 나라에서는 고생대에 퇴적된 평남 지향사와 옥천 지향사가 이에 해당된다. 두께가 약 1만m나 되는 퇴적층이 두껍게 쌓여 있다. 지향사가 습곡 작용과 단층 작용을 받으면 습곡 산맥이 형성된다.

지형도 地形圖

지표의 형태 및 지표에 분포하는 사물 등을 축척을 적용하여 정교하게 그려낸 지도로서, 일반도와 대축척 지도에 해당된다. 어느 나라에서나 많은 지도 가운데 가장 기본이 되는 지도로서, 우리 나라는 1:50,000, 1:25,000 지형도를 국립 지리원에서 발행하고 있다. 지형도는 방위 · 거리 · 면적 · 해발 고도 등의 기본적인 사항과 산지 · 강 · 평야 등의 지형적 요소, 그리고 도시 · 농촌 · 경지 · 교량 · 도로망 등의 인문적 요소를 쉽게 확인할 수 있기 때문에 지리 조사에 매우 유용하다.

지형성 강우 地形性降雨

고온 다습한 공기가 산지를 넘을 때 상승하는 쪽에서 내리는 비나 눈을 말한다. 높은 산맥 등에 가로막힌 습한 공기가 산지를 타고 올라가는 동

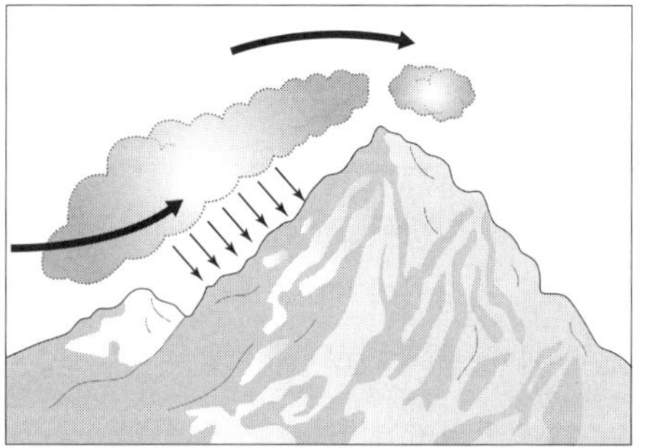

안 단열 냉각되는 까닭에 바람받이가 되는 산비탈 부근에서 비나 눈이 많이 내린다. 인도의 아삼 지방과 우리 나라 대부분의 다우 지역에 내리는 비는 지형성 강우에 속한다.

지형 윤회설 → 침식 윤회설

지형 형성 영력 地形形成營力 ■■■

지표의 지형을 변화시키는 일체의 힘을 말하며, 그 에너지원이 지구 내부의 온도 · 압력 등에 의한 경우는 내적 영력, 지구 외부의 태양 에너지에 의한 물 · 불 · 바람 · 빙하 등에 의한 경우는 외적 영력이라고 한다. 내적 영력은 융기 · 침강 등의 조륙 운동, 단층 · 습곡 등의 조산 운동, 화산 운동 등으로 인하여 지표면의 기복을 심하게 하고 대산맥 · 대양 · 대평원과 같은 대지형을 형성한다. 외적 영력은 풍화 작용 · 침식 및 용식 작용 · 퇴적 작용 등으로 인하여 지표면의 기복을 없애는 평탄화 작용으로 범람원 · 선상지 · 삼각주와 같은 소지형을 형성한다.

직선 기선 → 영해 기선

진압 농법 鎭壓農法 ■

우리 나라에서 가장 건조한 관서 지방에서 봄철 가뭄에 대비한 건조 농법의 하나로서, 가을에 파종한 보리 · 밀 등의 작물이 성장하기 시작하는 봄철에 토양수 증발을 최소화하기 위하여 작물이 뿌리가 마르지 않도록 밟아 주는 농사법을 말한다.

집적 이익 集積利益 ■■■

산업 입지론에 있어서 공업이 특정 장소에 집중하는 현상을 집적이라고 말하며, 이러한 공업들이 생산 활동을 통하여 발생하는 이익을 집적 이익이라고 말한다. 동일 업종이나 연계성이 큰 공업이 한 장소에 집중하는 경우와 서로 다른 여러 업종의 공업이 대도시에 집적하는 경우에 발생한다. 전자의 경우, 제품 개발의 기술 및 정보의 교류가 가능하며, 특정 기술을 가진 노동력을 쉽게 공급받을 수 있고, 원료 및 제품의 공동 구매 및 판매 등으로 운송비를 절약할 수 있는 장점이 있다. 후자의 경우는 철도 · 도로 · 항만 등 사회 간접 자본이나 연구 기관 등의 이용이 용이함으로써 생산비와 운송비를 절약할 수 있는 장점이 있다. 반면 공업의 집적에 의하여 발생하는 집적 이익이 보다 많은 지역의 공업을 유인하여 공업 지역의 규모가 더욱 커져 가는데, 이러한 과도한 공업의 집중은 지가 앙등 · 교통 체증 · 환경 오염의 부담 등 집적에 따른 불이익이 발생하게 된다. 따라서 다수의 공업은 이러한 집적 불이익을 해소하기 위하여 풍부한 용수, 저렴한 지가, 공해가 적은 새로운 공업 지대를 찾아 분산하게 된다.

집적 지향성 공업 → 공업 입지 유형

집중 호우 集中豪雨 ■

국지적으로 단시간 내에 많은 양의 강한 비가 집중하여 내리는 현상으로, 홍수 · 산사태 등 자연 재해를 수반하는 경우가 많다. 일반적으로 하루 강수량이 연 강수량의 10퍼센트 이상일 때를 기준으로 한다. 집중 호우는 다량의 수증기가 장마 전선에 유입할 때 발생하며, 지형의 영향으로 더욱 국지성을 띤다.

집촌 集村 ■■■

가옥의 밀집도에 따라 촌락의 형태를 구분할 때, 가옥이 밀집되어 있고 경지와는 분리되어 있는 촌락을 말한다. 우리 나라에서 흔히 찾아볼 수 있는 가장 보편적인 취락 형태이다. 협력 노동의 필요성이 큰 벼농사 지대, 혈연 중심의 동족촌, 집단 방어의 필요성이 큰 지역, 용수 확보가 국지적으로 가능한 지역 등에서 발달한다. 집촌은 가옥의 배열 상태에 따라 다시 괴촌, 열촌, 노촌, 가촌, 환촌 등으로 구분된다. 괴촌은 가옥의 도로망의 배치가 불규칙한 자연 발생적 촌락에서 나타난다. 열촌은 지형 · 용수 등의 제약을 받아 자연 제방상의 강변 촌락에서 나타난다. 노촌은 도로에 대한 의존도가 낮은 농업적 촌락에서 나타나며, 가촌은 도로에 대한 의존도가 높은 상업적 촌락에서 나타난다. 환촌은 중앙에 광장 또는 목초지가 있으며, 그 주위에 가옥이 고리 모양의 환상으로 늘어선 취락으로 독일 · 폴란드 등과 북부 유럽 일부에서 나타난다.

찬정 분지 鑽井盆地 ■■

오스트레일리아의 중앙 저지에 형성된 광대한 분지로, 강수량이 적은 사막과 초원 지역에 해당된다. 그러나 이 지역은 북동 산지에 내린 강수량 중 일부가 지하수로 스며들어 풍부한 피압 지하수로 존재하는 지역으로, 국토의 약 1/3을 차지하고 있다. 따라서 이러한 건조 지역 내에서 인공샘인 찬정의 개발을 통하여 용수의 확보가 가능해짐에 따라 양과 소의 목축지로 이용되고 있다. 찬정은 퀸즐랜드에 약 500여 개가 집중되어 있으며, 사암이 해성층을 이루고 있어서 염도가 높기 때문에 관개 용수보다는 가축의 음용수로 주로 이용된다.

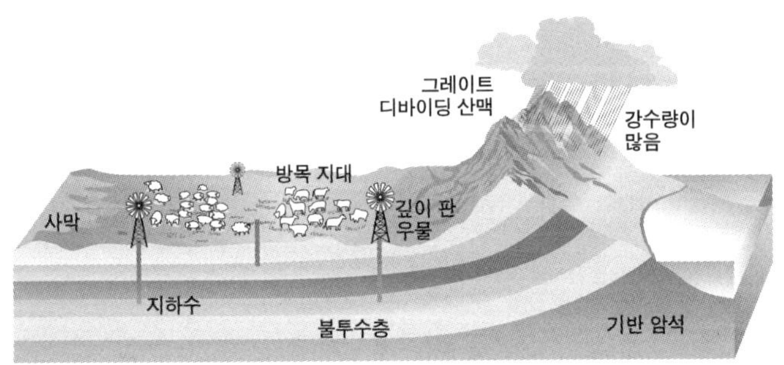

대찬정 분지(모식도)

천연 가스 天然gas ■

석유 산출 지역에서 원유와 함께 분출되는 가스를 말하는 것으로 유정 가스라고도 한다. 발열량이 높고 공해가 없는 청정 에너지로 각광받고 있다. 최근 사용량이 증가하고 있으며 우리 나라는 산출되지 않으므로 주로 인도네시아에서 전량 수입하고 있다.

천정천 天井川 ■

하천 바닥이 주변의 평지보다 높아진 하천을 말한다. 천정천은 하천 상류 지역에서 홍수 방지를 위한 인공 제방의 건설로 하상에 퇴적이 촉진되어 형성된다. 강바닥은 토사가 많이 쌓여 지속적으로 높아지고 인공 제방도 따라서 높아지기 때문에 나중에는 하상이 주변의 평지보다 높아지는 특이한 구조의 하천이 된다. 상류의 산지에서 평지로 흘러 드는 소하천에 주로 발달한다.

천하도 天下圖 ■■

조선 중기 이후 여러 종류가 제작되어 민간에서 사용되었던 지도로서, 제작자는 미상이며, 중국 중심의 세계관을 표현한 관념도이다. 서양 중세의 기독교적 세계관이 담겨진 T-O 지도와 같은 성격을 띠고 있다.

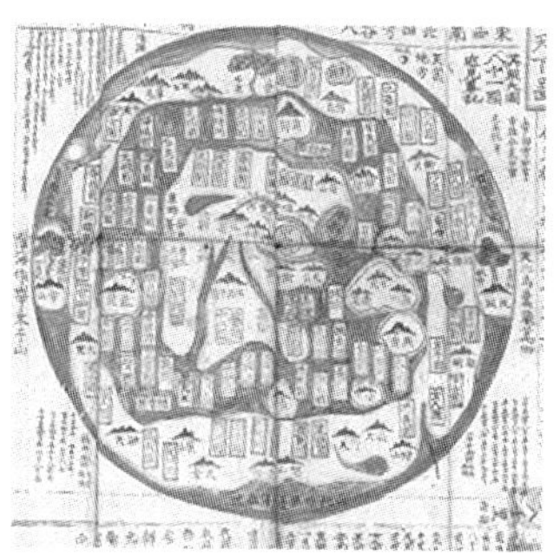

철鐵의 실크로드 Silk Road ■■■

2000년 6월 15일 남 · 북 정상 회담 후, 기자 회견에서 남 · 북한이 경의선 복원에 합의함에 따라 중국 · 러시아를 거쳐 유럽에 이르는 새로운 대륙 철도망이 열리게 되었음을 인용한 용어이다. 즉 경의선 복원이 단순한 철도 연결이라기보다는 남한에서 중국을 통하여 유럽을 연결하는 철의 실크로드 시대가 열림을 의미한다. 경의선을 통하여 대륙 철도망으로 인적 · 물적 자원을 수송할 경우 물류비 절감 등 파급 효과가 엄청나게 클 뿐만 아니라 한반도가 유럽 · 아시아 대륙의 물류 전초 기지로 부상하게 된다는 점에서 경제적으로 큰 의미가 있다고 하겠다.

첨단 산업 尖端産業 ■■■

전자 · 신소재 · 바이오 테크놀러지 · 컴퓨터 · 정보 통신 산업 등 첨단 기술을 핵심으로 한 고도의 지식 집약적 산업을 말한다. 첨단 산업의 입지 조건은 고급 기술 인력의 확보가 용이하고 연구 개발과 관련한 산업이 근거지에 집중되어 있어야만 한다. 우리 나라 첨단 산업 단지의 효시는 1973년부터 조성되기 시작한 대전의 대덕 연구 단지이다. 외국의 유명한 첨단 산업 단지로는 미국의 실리콘 밸리, 영국의 케임브리지 과학 공원, 일본의 스쿠바 연구 학원 도시, 그리고 대만의 신주 과학 산업 단지 등이 있다. 정부는 현재 부가 기치가 높고 국가 경쟁력 강화에 도움을 줄 수 있는 첨단 산업을 효율적으로 육성하기 위하여 인천의 송도 · 수원 · 기흥 등의 수도권과 부산 · 대구 · 경산 · 대전 · 광주 등 지방에 첨단 산업 단지를 개발할 예정이다.

청구도 靑邱圖 ■■

조선 후기 선조 때 고산자 김정호가 만든 한반도 지도로서 청구 선표도(靑邱線表圖)라고도 한다. 지도 축척은 1:160,000의 대축척 지도로서, 조선 시대의 지도 가운데 가장 크며, 당시로서는 일정한 크기의 지역으로 구분되어 있는 가장 정밀한 전국도였다. 지도 내용은 수계 · 지형 · 성곽 · 역참 · 봉수 · 고개 · 인물 등 그 지역의 특색을 나타내는 지지(地誌) 사항도 상세히 수록되어 있다. 후년에 제작된 대동 여지도의 기초가 되었다.

청정 수역 淸淨水域 ■■■

블루 벨트(blue belt)라고도 부르며, 수산 양식업의 보호를 위하여 설정한 수역을 말한다. 이 수역 내에서의 공단 설치, 오·폐수 방류, 유조선 통과 등을 법으로 금하고 있다. 우리 나라는 남해의 한려 해상 공원, 통영 앞 바다 일대와 서해의 천수만 일대를 청정 수역으로 설정하고 있다.

초거대 도시 megalopolis ■

인구수 100만을 넘는 몇 개의 거대 도시(메트로폴리스)가 연접한 거대 도시화 지대를 말한다. 초거대 도시 영역 내의 거대 도시들은 교통·통신망으로 밀접하게 연결되어 기능적으로 일체화되어 있고, 인구와 경제력의 집중으로 국가 경제의 중추적 역할을 담당한다. 미국의 보스턴·뉴욕·필라델피아·워싱턴에 이르는 지역, 영국의 런던에서 잉글랜드 중부에 이르는 지역, 우리 나라에서는 서울을 중심으로 한 수도권이 이에 해당된다.

초원 草原 ■

대체로 강수량이 적은 반건조 기후 지역에서 널리 나타나는 초지대를 말한다. 우기에만 자라는 초목 경관이 널리 펼쳐지는 것이 특징으로, 강수와 기온 조건에 따라 사바나, 프레리, 스텝 등으로 나뉜다. 주로 유목 및 대규모 방목과 밀 위주의 곡물 재배와 플랜테이션 농업 등이 행해지고 있다.

초원길 ■■■

중국의 만리 장성에서 아시아와 유럽을 잇는 교통로를 말하는 것으로, 유목 민족의 본거지를 관통하고 있다. 기원전 6세기경 고대 그리스 · 페르시아의 청동기 문화와 스키타이 족의 기마 문화가 초원길(Steppe Route)을 통하여 흉노에게 전해졌으며, 한반도와 중국 · 몽고의 청동기 문화도 이 초원길을 통하여 유입되었다. 또한 4세기 후반에는 이 길을 따라 흉노가 이동하여 게르만 민족의 대이동을 유발시켰으며, 13세기에는 몽고 군 바투의 유럽 원정도 이 길을 통하여 이루어졌다.

축산업 畜産業 ■

가축을 사육 · 번식시켜 식료 등을 얻기 위한 목적으로 행하는 산업을 말한다. 우리 나라의 축산업은 곡물 위주의 농업이 주를 이루고, 기후와 초지 조건이 불리한 관계로 인하여 전통적으로 경시되어 왔다. 그러나 최근 소득 증가에 따른 식생활 변화로 기업 형태로 발전하고 있다. 양계와 양돈은 대도시 근교 농촌에서 집약적으로 행해지고 있으며, 초지 조건에 유리한 대관령 · 제주도를 중심으로 육우가 사육되고 있다.

축적성 중독 蓄積性中毒 ■

토양이나 수중에 포함된 카드뮴 · 비소 · 구리 · 수은 등의 중금속이 농산물이나 물고기 등에 흡수 축적되고, 이것을 섭취한 사람이나 가축의 체내에 미량이나마 축적됨으로써 발생하는 장애나 마비 증세를 말한다. 미나마타 병, 이타이이타이 병이 대표적인 축적성 중독에 해당된다.

축척 縮尺 ■■■

지도상의 거리와 지표상의 실제 거리의 비율을 말하는 것으로, 비례식 · 분수식 · 도표 척도식(bar scale) · 줄임자 등으로 표현한다.

1:50,000의 축척이면 실제 거리 5만cm를 지도상에 1cm로 줄였다는 뜻이다. 따라서 축척을 통하여 거리나 면적의 계산이 가능하다. 지도상에서 거리를 측정할 경우 실제 거리와 오차가 발생하게 되는데, 이는 기복의 경사도를 계산하지 않았기 때문이다.

충적 평야 沖積平野 ■■■

하천에 의하여 형성된 평탄한 저지의 퇴적 평야 지형을 말한다. 충적 평야는 일반적으로 선상지, 범람원, 삼각주의 세 부분으로 구분되는데, 대부분 지난 마지막 빙기 때 깊이 파였던 침식지나 하곡지에 해수면 상승시 하천 퇴적물이 메워져 형성된 것이다. 우리 나라의 충적 평야는 대하천 주변에서 범람원의 형태로 우세하고 선상지와 삼각주의 발달은 미약한 편이다. 한강 하류의 김포 평야, 금강 하류의 논산 평야, 만경강 · 동진강 하류의 호남 평야, 영산강 하류의 나주 평야 등은 범람원으로 이루어져 있고, 낙동강 하구의 김해 평야는 삼각주로 이루어진 충적 평야 지형이다. 충적 평야의 대부분은 논으로 이용되고 있다.

한강 하류의 충적 평야(경기도 파주)

측화산 → **기생 화산**

7대 광역권 개발 七代廣域圈開發 ■

제3차 국토 종합 개발 계획은 국토의 균형 개발로 국제화, 개방화에 대응하기 위하여 전국에 7대 광역 개발 권역을 설정하였다. 아산만권은 인천항의 기능 분담, 군산 · 장항권은 중국 진출의 교두보 확보, 광주 · 목포권은 첨단 산업과 종합 산업 기지 조성, 광양만권은 중화학 공업 육성, 대전권은 서울의 행정 기능 분산 수용, 대구 · 포항권은 해양 지향적 개발, 부산권은 국제 무역의 중심지로 개발하는 것이다.

침강 해안 → 침수 해안

침수 해안 沈水海岸 ■ ■

해수면의 상승 또는 지반의 침강에 의하여 육지의 해발 고도가 낮아져 해침을 받게 되어 침수로 인하여 형성된 해안으로 침수 또는 침강 해안이라고 한다. 해안선 출입이 복잡하여 반도, 섬, 만의 발달이 현저하다. 하식곡(V자곡)이 발달한 지형이 침수된 해안에는 리아스식 해안이 나타나며, 한국의 남서 해안과 에스파냐 북서 해안이 대표적이다. 반면 빙식곡(U자곡) 발달한 지형이 침수된 해안에는 피오르드 해안이 나타나며, 노르웨이 남서 해안, 북미 북서 해안, 칠레 남부 해안 등이 대표적이다.

침식 기준면 浸蝕基準面 ■

하천이 하방 침식을 할 수 있는 하천 또는 지표가 유수의 침식에 의하여 낮아질 수 있는 하한(下限)을 말한다. 일반적으로 해수면이 하천의 침식 기준면으로 간주된다. 그러나 해수면은 빙하의 성장 및 기타의 원인으로 인하여 낮아지거나 높아질 수 있기 때문에 침식 기준면은 고정된 것이 아니라 변화될 수 있는 것이다.

침식 분지 浸蝕盆地 ■■■

분지 중에서도 그 형성이 침식에 기인하는 것을 침식 분지라고 한다. 침식 분지는 하천 중·상류 지역에서 하천이 합류하는 지점이나 화강암 분포 지역에서 편마암 지대에 관입한 화강암이 차별 침식을 받아 형성되는 것이 일반적이다. 침식 분지는 물이 풍부하고 평야가 발달하여 예로부터 생활의 터전이 되어 왔으며 내륙 지방의 생활 중심지로 발달하였다. 청주·춘천·원주·충주·남원·상주 등이 침식 분지 지형에 발달한 대표적인 지방 도시라고 할 수 있다. 침식 분지 지형은 기온 역전 현상이 발생할 경우 안개와 스모그가 형성되어 대기 오염이 심해질 수도 있다.

침식 분지(강원도 양구군)

침식 분지(강원도 양구군 해안면 현리)

침식 윤회설 浸蝕輪回說 ■■

침식 윤회설은 데이비스(W. M. Davis)가 다윈의 생물 진화론의 영향을 받아 지형의 진화를 생물의 진화에 비유하여, 지형의 변화는 원지형에서 유년기→장년기→노년기 등의 일련의 단계를 거쳐 준평원(準平原)의 종지형(終地形)이 된다고 설명한 이론을 말한다. 침식의 진전에 따른 일련의 지형 변화 과정을 통하여 지형을 이해하려고 한 침식 윤회설은 지형 윤회 혹은 지리적 윤회라고도 한다. 침식 윤회설은 지반(地盤)이 정지하고 있거나 해면의 높이(침식 기준면)가 일정하다는 가정 하에서 성립되며, 혹시 윤회 도중에 지반이 융기하거나 해면이 저하되면 침식이 부활하여 새로운 윤회가 시작된다. 따라서 침식 윤회설은 지각 변동을 고려하지 않았다는 점에서 지형을 이해하는 데 한계점을 가지고 있다. 뿐만 아니라 지형 변화는 그 지역의 기후와 밀접한 관계 하에서 이루어진다는 기후 변동의 측면을 고려하지 않았다는 점에서도 한계점을 가지고 있다. 그러나 침식 윤회설은 이론 자체의 문제점에도 불구하고 지형을 살아 있는 유기체로 인식한 최초의 연구로서, 지형 발달 연구사의 고전적 위치를 차지하고 있다는 점에서 지형학적 의의가 크다.

지형 윤회 과정 모델

침식 평야 浸蝕平野 ■■

기복이 작은 산지가 오랫동안 풍화와 침식을 받아 형성된 파랑상의 평야를 말한다. 우리 나라 평야는 노년기 지형 또는 준평원 발달과 관련된 침식 평야가 많은데, 침식 평야는 충적 평야와는 달리 구릉성의 기복을 이루고 토양의 두께가 얕은 것이 특징이다. 대부분 임야 · 밭 · 과수원 · 목장 등으로 이용되며, 관개가 가능한 곳에서는 계단식 논으로 이용된다.

ㅋ

카나트 qanat ■■

페르시아 말로서, 지표수 관개가 불가능한 건조 지대에 분포하는 지하 수로식 관개 시설로, 북아프리카에서 서남 아시아를 거쳐 중앙 아시아에까지 분포한다. 파키스탄과 아프가니스탄에서는 카레즈(karez), 모로코에서는 레타라(lettara), 북부 아프리카에서는 포가라(foggara), 중국에서는 칸칭이라고 한다. 카나트는 산지에 내린 풍부한 강수가 지하수로서 산록을 흐를 때, 산록에서 수직 갱을 파서 원우물을 끌어 낸 다음 수평식 지하 수로를 평지까지 연결하여 필요한 곳에서 지표로 끌어올려 관개 및 생활 용수로 사용한다. 최근 일부 국가에서는 도시화, 산업화의 영향으로 농촌 인구가 감소함에 따라 카나트의 이용도가 낮아지고 있는 추세이다.

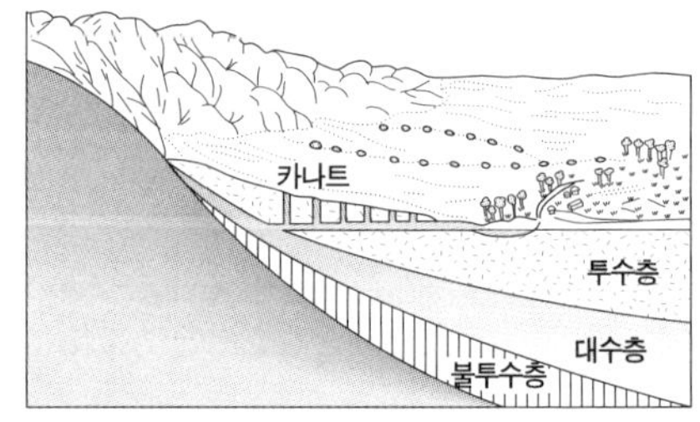

카르스트 지형 Karst地形 ■■■

석회암이 빗물이나 지하수의 용식 작용으로 형성된 지형을 총칭하여 카르스트 지형이라고 한다. 카르스트 지형은 지하수의 순환이 활발하고 강수량이 풍부한 곳에서 잘 나타난다. 우리 나라는 고생대 전기 조선계 지층이 분포하는 평안남도, 황해도, 강원 남부와 충북 북동부 지역에서 카르스트 지형이 나타난다. 주요 지형으로는 석회암의 용식이나 지반의 함몰로 형성된 원형 또는 타원형의 와지인 돌리네(doline), 두 개 이상의 돌리네가 결합하여 형성된 우발라(uvale), 단층이나 습곡 등 지질 구조선이나 골짜기를 따라 용식된 폴리예(polje), 석회암의 용식으로 형성된 지하의 석회 동굴 등이 있다. 석회암 지역에서는 순수한 석회분은 용식되어 없어지고 철분 등이 산화된 붉은 색의 점토질 토양인 테라로사(terra rossa)가 발달한다. 이러한 지역은 지표수가 부족하여 주로 밭과 과수원으로 이용되며 관광 산업과 원료 지향성 공업인 시멘트 공업이 발달한다.

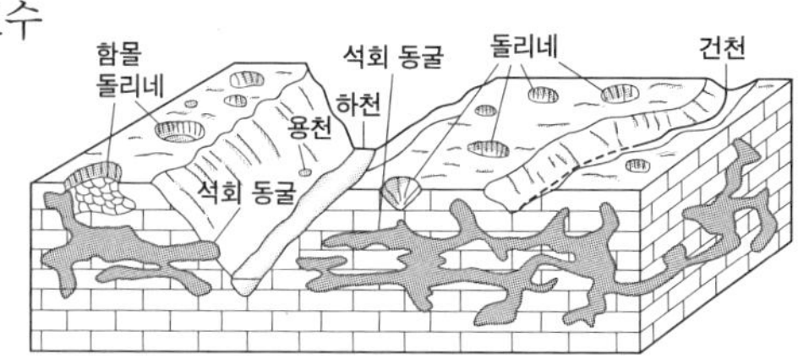

카스트 제도 caste制度 ■

아리안 족이 인도로 이주하면서 통치권을 확보하기 위하여 만든 신분 차별 제도를 말한다. 승려들이 해당되는 최상위의 브라만, 왕족과 무사들이 속하는 크샤트리아, 농 · 상 · 공업에 종사하는 평민들이 속하는 바이샤, 노예와 천민 등 피정복민으로 구성된 수드라의 네 개의 계급으로 신분이 나뉜다. 이러한 카스트 제도는 각 집단간에 엄격한 차별로 인하여 인도의 정치적 · 사회적 통합을 방해하였다. 따라서 정부는 근대화의 걸림돌이라고 여겨지는 카스트 제도를 법으로 금지하였으나 여전히 실생활에 존재하고 있다. 그나마 대도시에서는 점차로 차별이 해소되고 있지만, 지방에서는 쉽게 사라지지 않고 있다.

칼데라 caldera ■

화산 전체의 크기에 비하여 화구가 매우 큰 대규모의 와지를 칼데

칼데라(백두산 천지)

라라고 한다. 화산체의 중앙 분화구 밑의 빈 공간이 마그마의 분출로 함몰하여 형성된다. 백두산의 천지와 울릉도 알봉과 나리 분지는 대표적인 칼데라 지형이다. 칼데라에 물이 고이면 칼데라 호라고 하는데, 백두산 천지가 이에 해당된다.

캄푸스 campos ■■

브라질 중부의 브라질 고원 면적 약 200만km^{2}에 이르는 사바나 기후 지역의 열대 초원을 말한다. 강수량은 풍부하고 식생은 드넓은 초원에 관목이 산재한 경관을 띠며, 토양은 현무암이 풍화되어 비옥한 편이다. 커피가 대규모로 재배되고 있는 지역으로 특히 유명하며, 최근에는 관개 시설을 갖추어 면화 · 밀 · 옥수수 · 사탕수수 등의 작물 재배가 활발하게 이루어지고 있다. 또한 초지를 개량하여 소 · 양 등의 가축 사육도 활발하다.

캐슈미르 분쟁 Kashmir分爭 ■■

지역간의 종교적 갈등에서 기인하는 대표적인 분쟁의 하나로서, 1947년 인도와 파키스탄의 분리 · 독립 이후, 캐슈미르 지역에서 계속적으로 일어나는 영유권 싸움을 말한다. 인도 북서부의 산악 지대인 캐슈미르는 오랫동안 힌두 문화의 일대 중심지로 번성하였으나, 14세기 이후 이슬람 권에 들어가게 되었다. 이후 인도와 파키스탄이 분리, 독립하면서 북서부는 이슬람 교를 믿는 파키스탄령으로, 남동부는 힌두 교를 믿는 인도 령으로 분리되었다. 그런데 인도 령으로 되어 있는 남동부 주민들의 60퍼센트가 이슬람 교도였기 때문에 인도의 힌두 교도들과의 충돌이 많았다. 따라서 핵 보유국인 인도와 파키스탄 양국은 캐슈미르 지역에 대한 영유권을 행사할 목적으로 이러한 캐슈미르의 이슬람 교도와 힌두 교도들의 충돌을 배후 지원하면서 여러 차례의 전쟁을 치루었다. 1999년 6월에는 7주 간의 충돌로 양쪽에서 700명이 사망하기도 하는 등 캐슈미르 분쟁은 아직도 계속되고 있다.

케스타 cuesta ■

한쪽이 급경사, 그 반대쪽이 완만한 경사를 이루는 비대칭적인 횡단 평면을 나타내는 구릉을 말한다. 구조 평야에 발달하는 지형으로 경암과 연암이 호층을 이룬 지층이 차별 침식을 받아 경암부에 구릉열이 남게 되어 형성된 것이다. 파리 분지, 런던 분지, 오스트레일리아의 찬정 분지가 케스타 지형의 전형적인 예라고 할 수 있다.

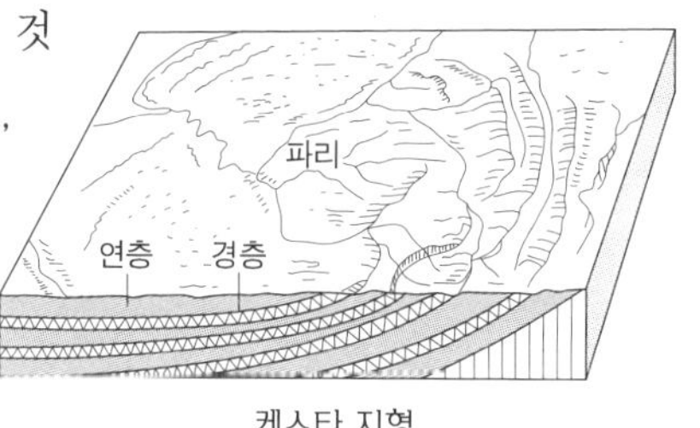

케스타 지형

콤비나트 kombinat ■

일정한 지역에서 기초 원료로부터 제품에 이르기까지 생산 단계가 다른 각종 생산 부문이 기술적으로 결합되어 집약적인 계열을 형성한 기업의 지역적 결합체를 말한다. 1928년 소련의 경제 개발 계획에 의하여 우랄의 철광과 쿠즈네츠크의 석탄을 결합한 콤비나트가 시초라고 할 수 있는데, 그 후 서방 세계에서도 시행되었다. 가장 대표적인 산업으로 석유 화학 콤비나트를 들 수 있다. 관련성이 큰 산업끼리 계열화된 콤비나트의 형성은 원재료의 확보 · 제품 생산의 집중화 · 유통 과정의 합리화 등이 가능하기 때문에 원가의 절감 효과가 크다. 우리 나라는 울산 및 여천 공단에 석유 화학 콤비나트가 형성되어 있다.

쾨펜의 기후 구분 ■■■

쾨펜(W. Köppen)이 식생이 기후 환경을 가장 잘 반영하고 있다는 점에 주목하여 식생 분포의 경계와 일치하는 기온과 강수량을 구분 기준으로 하여 세계를 11개의 기후구로 구분한 것을 말한다. 1차적 기준은 기온과 건조의 정도에 따라 위도대 별로 나타나는 식생과 관련하여 열대 기후(A:최한월 평균 기온 18℃ 이상), 온대 기후(C:최한월 평균 기온 -3~18℃), 냉대 기후(D:최난월 10℃ 이상, 최한월 -3℃ 미만)로 구분하고, 식생이 자라기 어려운 기후를 건조 기후(B:연 강수량 500mm 미만), 한대 기후(E:최난월 10℃ 미만)로 구분하였다. 2차적 기준은 열대(A)·온대(C)·냉대(D) 기후에 대해서는 강수의 계절적 분포에 따라 연중 습윤(f), 여름 건조(s), 겨울 건조(w), 몬순(m)으로 구분하고, 건조(B)·한대(E) 기후에 대해서는 식생 유형과 지표 상태를 고려하여 스텝(S), 사막(W), 툰드라(T), 빙설(F)로 세분하여 1차적인 부호와 함께 사용하였다. 쾨펜의 기후 구분에 따르면 우리 나라는 최한월 평균 기온이 -3℃ 이상인 남부 지역은 온대 기후, -3℃ 미만인 중·북부 지역은 냉대 기후로 구분된다.

크리스트 교 christ敎 ■

유대 교의 형식주의와 선민 사상에 반대하여 신분과 민족을 초월한 사랑과 믿음을 중시하는 종교로서, 기원년 팔레스타인에서 크리스트에 의하여 창시되었다. 로마 제국의 분리와 함께 동로마의 그리스 정교와 서로마의 카톨릭 교로 분리되었다. 이후 종교 개혁으로 카톨릭 교에서 분파된 신교인 프로테스탄트가 새롭게 생겨났다. 성지는 예루살렘이며, 남부 유럽과 중남미 · 필리핀 등에서는 카톨릭 교를, 북서부 유럽과 북미 · 오스트레일리아 등에서는 신교를, 동부 유럽과 구소련 등에서는 그리스 정교를 신봉하고 있다. 기독교는 유럽의 문화와 과학을 세계에 전파하는 데 기여하였을 뿐만 아니라 민족 국가의 탄생 및 자본주의의 발달에도 큰 영향을 주었다.

크리크 creek ■

양쯔 강을 중심으로 한 해안 지역에 간선은 바둑판 모양의 격자식, 지선은 나뭇잎 모양의 수지상으로 형성된 인공 수로를 말한다. 크리크는 관개 및 배수에 이용되고 있으며, 배의 운항에도 많이 이용된다. 중국의 지중해로 불리는 중국의 상하이 부근 양쯔 강 델타 삼각주 지대의 크리크는 세계적으로 유명하다.

타포니 tafoni ■

화학적 풍화 작용과 관련한 미지형으로서, 암벽에 벌집처럼 생긴 구멍 형태의 지형을 일컫는 말이다. 암석에의 선택적 풍화가 촉진되어 발생하는 것으로 집단적으로 발달하는 경향이 크다. 우리 나라의 마이산 암벽에서 전형적인 타포니 지형을 찾아볼 수 있는데, 이는 경상계 역암으로 이루어진 마이산의 암벽이 겨울철 동결과 융해를 반복하면서 자갈 성분의 암석이 수직적인 암벽에서 잘 떨어져 나가 크고 작은 구멍들이 생겨났기 때문이다.

타포니 지형(전북 진안 마이산)

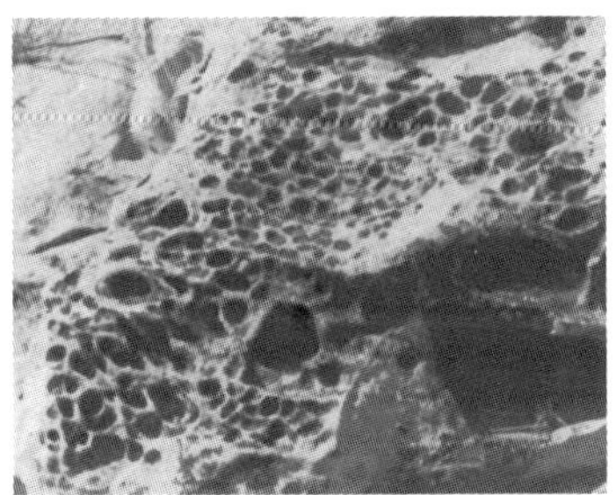

타포니

탁월풍 卓越風 ■■

대기의 대순환 원리에 의하여 연중 일정한 방향으로 부는 바람으로 항상풍이라고도 하며, 범선 시대에 항해에 많이 이용되었다. 아열대 고기압대로부터 적도 저기압대로 부는 무역풍, 아열대 고기압대로부터 고위도 저압대로 부는 편서풍, 극고기압대로부터 불어 나오는 극편동풍이 이에 속한다. 탁월풍의 풍향은 전향력의 영향을 받아 북반구에서는 시계 방향, 남반구에서는 시계 반대 방향으로 구부러진다.

탈산업 사회 → 후기 산업 사회

태평양 시대 太平洋時代 ■■■

한국 · 중국 · 일본 · 미국 등 태평양 연안 국가가 정치 · 경제 · 문화의 교류를 통하여 세계의 주역으로서 역할을 하는 시대를 말한다. 세계의 중심 무대를 유럽의 관점에서 볼 때, 15세기 중세까지는 그리스 · 로마 중심의 지중해 시대, 16세기 지리상 발견 시대부터 20세기까지를 유럽과 미국 중심의 대서양 시대라고 한다면, 다가오는 21세기는 세계의 중심이 서태평양 연안 국가와 미국 중심의 태평양 시대로 옮겨질 것으로 보고 있다.

태평양 북동부 어장 太平洋北東附漁場 ■■■

알래스카에서 캘리포니아에 이르는 해역에 형성된 어장으로, 대륙붕의 발날이 미약하며, 한류 수역에 해당되어 어종이 다양하지 못하다. 또한 좁은 소비 시장으로 인하여 수산 가공업이 발달하였다. 연어 · 숭어 · 청어가 많이 잡히는데, 특히 콜롬비아 강과 프레이저 강은 연어 양식으로 유명하다

태평양 북서부 어장 太平洋北西附漁場 ■■

캄차카 반도에서 우리 나라와 남중국해에 이르는 해역에 형성된 어장으로, 쿠로시오 난류와 쿠릴 한류가 만나 조경 수역을 형성하고, 대륙붕의 발달로 세계 제1의 어장을 이루고 있다. 청어 · 명태 · 송어 · 대구 · 고등어 · 참치 등 한 · 난류의 다양한 어종이 잡힌다.

태평양 제도 太平洋諸島 ■

태평양 제도란 태평양 상의 날짜 변경선과 인접한 경선 180°를 기준으로 하여 동서 해역에 분포하는 여러 섬들을 말한다. 태평양 제도는 멜라네시아, 미크로네시아, 폴리네시아로 나뉜다. 멜라네시아는 경선 180°의 서부 해역, 적도 이남에 분포하는 섬들로서, 뉴기니 · 솔로몬 · 로열티 제도 등 화산섬이 많다. 미크로네시아는 적도 이북에 분포하는 섬들로서, 괌 · 마리아나 · 마셜 · 캐롤라인 제도 등 환초섬이 많다. 그리고 폴리네시아는 경선 180°의 동쪽에 분포하는 섬들로서, 하와이 · 사모아 · 쿡 제도 등 화산섬과 산호초 섬이 많다.

태평양 제도 문화 지역 → **오세아니아 문화권**

태풍 颱風 ■ ■ ■

필리핀 동부 해상에서 발원하는 열대성 저기압으로 최대 풍속 17m/s 이상인 것을 말하며, 일반적으로 강한 바람과 호우를 동반한다. 우리 나라를 비롯한 중국 · 대만 · 일본 등 동북 아시아 지역이 태풍의 영향권에 해당된다. 7~9월에 걸쳐 우리 나라에 내습하는 태풍은 강풍 · 집중 호우 · 해일을 동반하여 제주도와 남해안 일대에 심한 풍수해를 가져온다. 그러나 한편으로 태풍은 저수량의 주요 공급원이 되고

태풍(1995년, 제니스)

있으며, 열대 기단과 한대 기단을 뒤섞어 대기의 열적 평형을 유지하는 긍정적인 역할도 한다.

택리지 擇里志

조선 후기 청담 이중환이 전국을 답사하고 쓴 지지(地誌)로서 인간과 자연 환경 간의 상호 작용을 다룬 최초의 인문 지리서로, 사민 총론, 팔도 총론, 복거 총론으로 구성되었다. 사민 총론에서는 사·농·공·상의 유래 및 사대부의 역할과 사명을 논하였다. 팔도 총론에서는 조선 팔도의 위치, 역사적인 배경에 대한 요약과 함께 지리적 특성과 지역성을 그 지방 출신의 인물과 결부하여 논하였다. 그리고 복거 총론에서는 사람이 살 만한 조건을 설명하면서, 그 입지 조건으로 지리(地理)·생리(生利)·인심(人心)·산수(山水) 네 가지를 들었다. 가거지(可居地), 즉 사람이 살 만한 곳으로 풍수적 길지에 해당하는 지리(地理), 생업에 유리한 곳을 중시하는 생리(生利), 풍류를 즐길 만한 곳을 중시하는 산수(山水), 주변 사람들의 좋은 인성을 중시하는 인심(人心)을 제시하고 있다. 이 중 가거지의 입지 조건으로 생산성 높은 토지와 물자 교류에 필요한 교통 조건을 나타내는 생리(生利)를 제일 중요하다고 보았다. 그리고 이중환이 《택리지》에서 각도의 인심을 자연 환경과 결부시켜 설명함으로써 환경 결정론적 입장에서 인간과 자연 환경과의 관계를 기술한 점, 우리 나라 촌락 입지의 기본형인 배산 임수 촌락을 처음으로 과학적인 입장에서 해석하였다는 점, 자연 환경이나 생활 양식이 같은 지방들을 하나의 지역으로 묶어 지역의 특성을 기술함으로써 지역 구분을 시도하였다는 점 등은 현대 지리학에서 볼 때 매우 의의가 크다고 할 수 있다.

테라로사 terra rossa ■■

석회암이 풍화되고 남은 불순물이 잔류하여 이루어진 점토질의 적색 토양을 말한다. 강원도 남부와 충청북도 북부의 석회암 지대에 분포하며 주로 마늘과 고추 등의 밭농사로 이용된다.

테라록사 terra roxa ■

브라질 고원 남서부의 파라나 지방을 중심으로 분포하는 적색 토양을 말한다. 브라질 고원의 고기 퇴적암의 기반암을 이루는 휘록암, 현무암 류가 적색 풍화 과정을 겪어 생성된 토양으로, 열대 고지의 토양으로는 생산성이 비교적 높기 때문에 커피 재배에 알맞은 것으로 알려져 있다.

테마 파크 Theme-park ■

넓은 지역에 특정한 주제를 정해 놓고 그에 맞는 오락 시설을 배치하는 위락 단지를 말한다. 자연 · 민속 · 과학 기술 등 다양한 분야에 걸쳐 이용객들에게 감동과 즐거움을 줄 수 있는 소재를 발굴하여 위락과 레크레이션 · 교육 · 체험 등의 기능에 맞도록 시설화하고 놀이 프로그램과 캐릭터 등을 일체성 있게 계획하여 조성한 창의적인 레저 공간을 뜻한다. 고부가 가치의 21세기형 첨단 문화 산업으로 각광받고 있으며, 최초의 테마 파크는 1971년 미국의 디즈니 랜드를 들 수 있다. 우리 나라에서는 서울의 롯데 월드, 용인의 한국 민속촌과 에버 랜드 등이 이에 속한다.

테크노폴리스 technopolis ■■

기술(techno)과 도시(polis)의 합성어로서, 첨단 과학 도시, 과학 기술 도시 등으로 불리며, 미국 캘리포니아의 실리콘 밸리(Sillicon

Valley)가 효시라고 할 수 있다. 테크노폴리스는 고부가 가치형, 지식 산업형의 산업 기능이 연구 기능과 연계되고 주거 및 각종 도시 시설이 지원되는 복합적이고 종합적인 형태를 띤다. 우리 나라에서는 대전의 대덕 연구 단지가 이에 해당된다.

텔레포트 teleport ■

telecommunication과 port의 합성어로, 정보의 송 · 수신 거점을 뜻한다. 정보 통신 매체 및 통신 위성 시설과 국내의 도시 간의 정보 통신망으로서의 랜(LAN) · 광섬유 케이블 · 위성 통신 등으로 구축된 고도의 통신 네트워크의 기반이 조성된 지역을 말한다. 우리 나라에서는 현재 인천의 송도 매립지를 텔레포트 개발 예정 지구로 선정하여 개발중에 있다.

토네이도 tornado ■

국부적으로 강력한 저기압의 발달로 강한 풍속을 가진 나사 모양의 회오리바람을 말하는 것으로, 선풍(颴風)이라고도 한다. 좁은 지역의 범위에서 발생하며 대규모의 적란운으로부터 깔때기 모양으로 불어 내려오며 시속은 80km에 달하는 것으로 추정된다. 우리 나라에서는 울릉도 해상에서 간혹 나타나고 있는데, 이를 '용오름(water spout)'이라고 한다. 미국의 대평원과 미시시피 하곡의 여러 주에서는 토네이도에 의하여 매년 많은 피해를 입고 있다.

토르데시아스 협정 Tordesillas協定 ■

에스파냐와 포르투갈이 1494년 에스파냐의 토르데시아스에서 맺은 협정으로, 유럽에서 인도로 향하는 해양을 양국이 분할한 조약을 말한다. 에스파냐와 포르투갈 양국이 라틴 아메리카로 진출하는 과정에서 서로간의 충돌을 피하기 위하여 새로 발견되는 땅을 현재의 50° 선을 경계로 서쪽은 에스파냐가, 동쪽은 포르투갈이 영유하기로 한 것이다. 포르투갈은 이 협정에 의하여 1530년 브라질을 식민지화하였다. 그러나 16세기 말 영국 · 프랑스 · 네덜란드의 등장으로 에스파냐와 포르투갈 양국은 해상권을 상실하여 이 조약은 유명무실해졌다.

토양 土壤 ■■

지각을 덮고 있는 기반암이 풍화된 풍화 물질에 각종 생물체의 유해 부식물들이 혼합되어 이루어진 물질을 말한다. 식물 생장에 바탕이 되는 천연 자원으로서 모암의 성질 · 기후 · 식생 · 지형 등에 따라 그 성질이 달라진다. 토양은 일반적으로 기후와 식생을 잘 반영하는 성대 토양과 기후 환경보다는 모재나 지형 조건을 강하게 반영하는 간대 토양으로 나눈다. 성대 토양은 강수량의 차이에 따

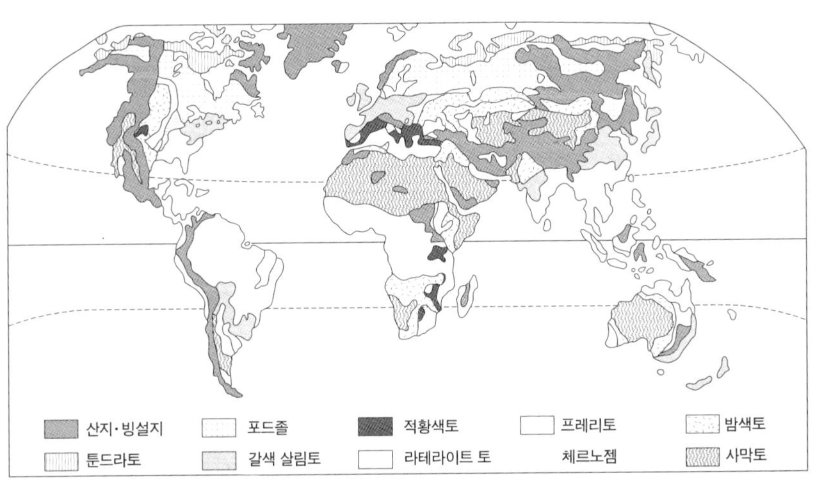

세계의 토양

라 습윤 토양과 건조 토양으로 구분된다. 강수량이 많은 지역의 습윤 토양은 저위도의 열대 지역으로부터 고위도로 가면서 라테라이트 토, 적황색토, 갈색토, 포드졸 토, 툰드라 토로 변한다. 반면 강수량이 적은 지역의 건조 토양은 강수량이 극히 적은 지역의 사막토와 작은 규모의 우기(雨期)의 형성으로 인한 반건조 토양으로 구분된다. 반건조 토양으로는 열대의 사바나와 스텝 지역의 밤색토, 온대 반건조 지역의 프레리 토와 체르노 점 등이 있다. 우리 나라 토양은 운적토보다는 정적토가 많고, 화강암과 편마암이 풍화된 사질 토양이 널리 분포되어 있으며, 여름철 고온 다우로 인하여 알칼리 성분의 용탈이 심하기 때문에 유기질이 적은 산성 토양이 대부분을 차지하고 있다.

토양 생성 과정 土壤生成過程 ■■

토양은 암석의 풍화물과 유기물의 혼합으로 이루어지며, 토양 속의 수분의 이동으로 광물질, 유기물이 침전되어 토양의 층위가 형성된다. 토양 층위는 지표부터 유기물층, 표토(A층)·심토(B층)·모재층(C층)·기반암으로 구성되어 있다. 유기물 층은 낙엽과 나뭇가지가 쌓인 층이고, 표토(A층)는 유기물이 분해된 부식물과 광물질이 혼합된 층으로 식물 성장에 필요한 영양분이 풍부하고 공기 순환이 잘 되기 때문에 농경에 적합하다. 심토(B층)는 A층에서 이동된 부식물과 광물질이 집적된 층으로 풍화의 진전으로 점토가 많다. 모재층(C층)은 암석이 풍화되는 과정에서 생긴 암설로 이루

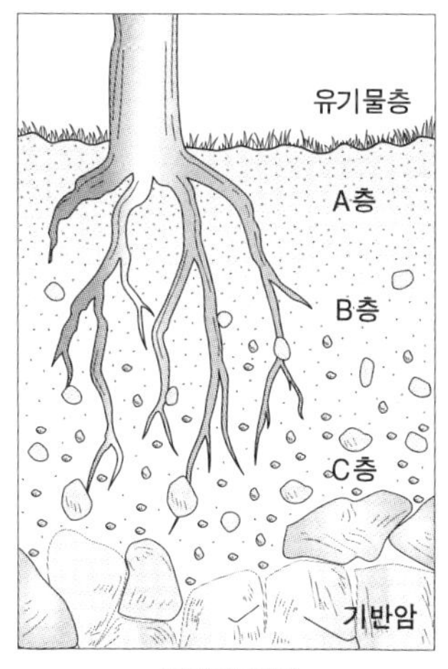

토양의 단면

어진 층이다. 그리고 최하단부 기반암은 절리를 따라 풍화가 이루어지고 있으나 전체적으로는 단단한 암석층을 이루고 있다.

토양 오염 土壤汚染 ■■■

화학 비료와 농약의 과다 사용 · 중금속 등 산업 폐기물 · 산성비 등에 의하여 토양의 지력이 약화되고 생산력이 감소되는 현상을 말한다. 토양은 대기나 물에 비해 자정 능력이 매우 약하기 때문에 일단 오염되면 자연적인 제거에 많은 시간이 걸리며, 축적성 중독 현상을 일으켜 사람이나 가축에게 심각한 문제를 일으킨다. 1968년 일본에서 발생한 이타이이타이 병은 중금속에 의한 토양 오염의 대표적 사건이다. 토양 오염의 대책으로는 농약이나 비료의 과다 사용 억제 · 유기 비료 사용 · 쓰레기 매립장의 설치 및 관리 등을 들 수 있다.

통계 지도 統計地圖 ■■■

각종 지리적 통계의 수치화된 정보를 점 · 선 · 면 · 도형 등을 이용하여 특정 사실이나 현상을 표현하기 위한 지도를 말한다. 다양한 지리 정보를 통계적 방법으로 처리하며, 지도화할 경우 통계 지도는 표현 방법에 따라 다르게 나타날 수 있다. 일반적으로 점묘도, 등치선도, 단계 구분도, 도형 표현도, 유선도 등이 대표적인 통계 지도의 예이다. 점묘도는 점을 사용하여 지역적 분포와 밀도 파악에 유리하다. 등치선도는 같은 수치의 지점을 선으로 연결하여 표현하며, 기온과 강수량과 같은 연속적으로 변화하는 지리 현상을 표현하는 데 적합하다. 단계 구분도는 지역별 통계 자료를 몇 단계로 구분하여 표현하며 불연속 분포하는 정보를 표현하는 데 적합하다. 도형 표현도는 도형을 이용하여 분포나 속성을 표현하며 지역별 비교와 크기를 나타내는 데 편리하다. 유선도는 화살표의 흐름이나 굵기로 정보나 물질의 이동을 표현하는데, 화살표 방향은 이동 방향, 굵기는 이동량을 나타낸다.

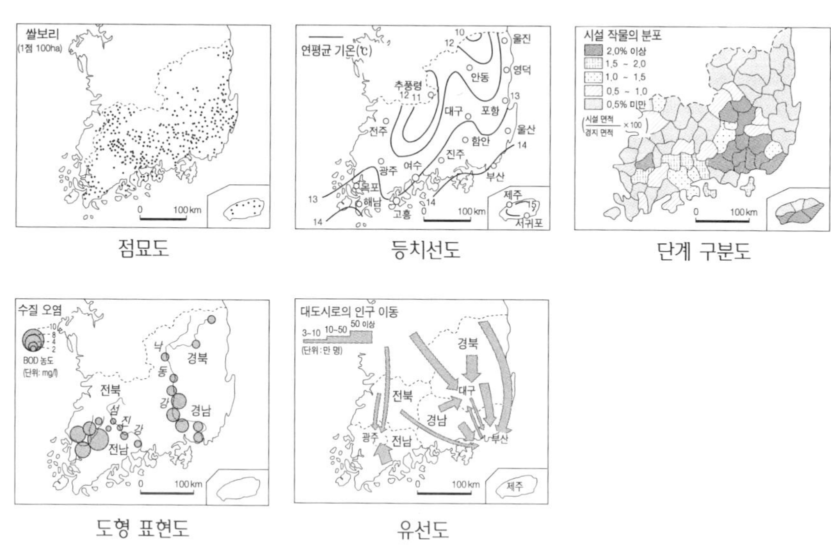

점묘도 / 등치선도 / 단계 구분도

도형 표현도 / 유선도

통상 기선 → 영해 기선

툰드라 기후(ET) tundra氣候 ■ ■ ■

최난월 0~10℃에 해당되는 지역으로 여름이 짧으며 겨울이 길고 추운 기후로서, 북극해 연안과 그린란드 해안 지역에 분포한다. 선태류 · 지의류 등의 식생이 발달하였으며, 농경은 불가능하기 때문에 유라시아 대륙 북단에서는 에스키모들이 수렵과 어로 생활을 하고 있다. 최근 지하 자원과 북극의 대권 항로가 개발되면서 많은 변화를 겪고 있다.

튀넨의 고립국 이론孤立國理論

튀넨(V. Thünen)이 자연 조건이 동일한 고립국을 가상하여 농업 지역의 공간적 분화를 설명한 이론을 말한다. 튀넨은 농업적 토지 이용 분화의 주요 인자로 입지 지대를 설정하였는데, 입지 지대는 농산물의 지대로서 시장 가격에서 생산비와 운송비를 뺀 수익이 된다. 따라서 입지 지대는 거리에 따른 운송비의 차이로 결정되기 때문에 중심 시장에서 멀어질수록 감소하게 되어 조방적인 농업 방식이 행해지며, 가까울수록 증가하여 집약적인 농업 방식이 행해진다. 튀넨은 입지 지대에 따른 농업 지역 분화를 설명하기 위하여 현실을 단순화시킨 고립국을 가정하였다. 고립국 내의 자연 조건은 동일하며, 하나의 중심 도시가 존재하고, 운송 수단은 우마차만 이용하며, 운송비는 거리에 비례한다고 하였다. 또한 농민은 합리적 판단을 하는 경제인으로 보았다. 이와 같은 전제 조건 하에서 고립국은 작물의 시장 가격과 운송비의 차이에 의하여 농업 경영의 지역 차이가 발생하기 때문에 도심을 중심으로 자유식 농업→임업→윤재식 농업→곡초식 농업→삼포식 농업→조방식 목축 농업 순으로 동심원 상의 여섯 개 농업 지대가 형성된다고 하였다. 현실적 조건을 고려한 수정 모형도 제시하였는데, 가항 하천이 있을 경우에는 농업 지역은 시장을 중심으로 하천을 따라 대상(帶狀)으로 변형된다고 보았다. 튀넨의 고립국 이론은 현실을 매우 단순화시켜

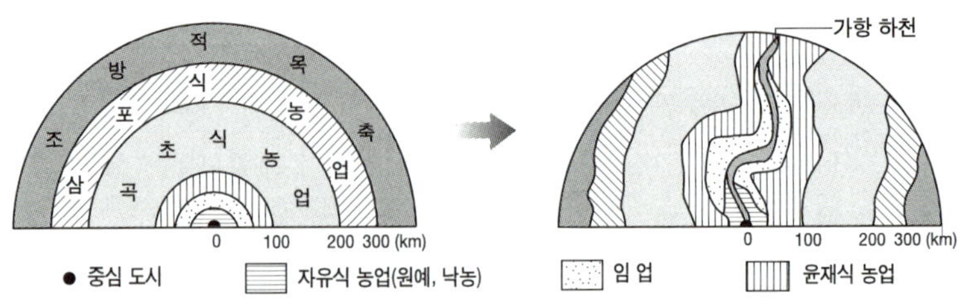

설명하려고 한 점에서 비판받았으나, 농업 입지론의 효시로서 오늘날 농업 생산의 공간 조직을 설명하는 데 기여한 바가 크다.

T-O 지도 ■

중세 유럽에 널리 쓰인 대표적인 세계 지도로서 기독교적인 세계관이 담긴 관념도이다. 우리 나라의 관념적인 세계관을 표현한 천하도와 비견되는 지도라고 할 수 있다. 세계의 중심은 예루살렘이며, O는 대양의 경계를 나타낸다.

파급 효과 波及效果

지역 개발 방식 가운데 성장 거점 개발 방식에서 중심지의 성장 효과가 주변 지역의 자원 생산과 기술 발달을 촉진하여 주변 지역의 산업을 발전시키는 효과를 말한다.

판 구조론 板構造論

고생대 말기까지 존재하던 팡게아(pangaea)라고 불리는 거대한 하나의 대륙이 지구 표면 지각의 판 운동에 의하여 분리, 충돌, 이동되어 현재의 모습이 되었다는 이론을 말한다. 지구 표면의 암석권이 10여 개의 크고 작은 판으로 분리되어 있으며, 맨틀의 대류에 의하여 이 판들이 움직임에 따라 판과 판이 충돌하는 경계부에서 화산과 지진 및 조산 운동 등의 지각 변동이 일어난다는 것이다. 지진과 화산 활동이 많고 지각이 불안정한 곳, 즉 판과 판이 부딪히는 대륙 주변의 조산대 및 해령, 해구 등에서의 지각 변동은 판 구조론에 의하여 설명이 가능하다.

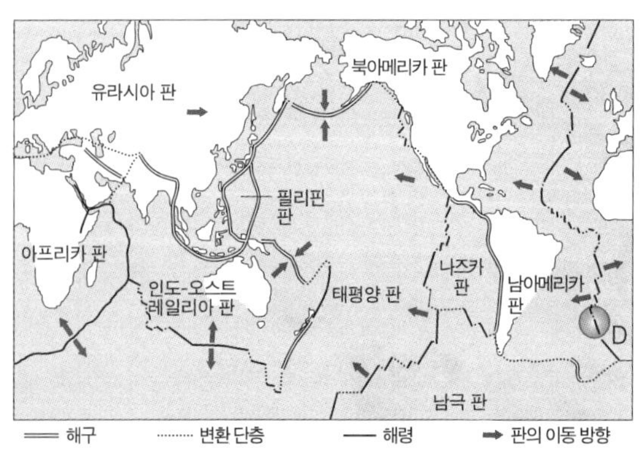

판의 경계와 이동 방향

팔레스타인 분쟁 Palestine分爭 ■■■

요르단 강 서안에서 지중해에 이르는 팔레스타인 지역에서 발생하는 팔레스타인과 이스라엘의 싸움을 말한다. 팔레스타인 분쟁은 유대 인들이 제2차 세계 대전 이후《성서》의 2000년 기록을 근거로 이 지역에 대한 권리를 주장하며 1948년 팔레스타인 지역에 이스라엘 국가를 수립하면서 비롯되었다. 이에 대하여 아랍 이슬람 권의 국가들은 십자군 원정이 있을 때, 기독교에 의하여 일시적으로 점령당한 기간을 제외하고는 줄곧 팔레스타인 지역을 지배하여 왔기 때문에 강력하게 저항하였다. 따라서 팔레스타인은 이스라엘과 네 차례에 걸친 중동 전쟁을 치루었다. 1974년 팔레스타인 해방 기구(PLO)가 유엔 국회에서 옵서버 자격을 얻었다. 1991년에는 미국의 중재로 이스라엘과 PLO가 상호 승인에 합의하였으나, 분쟁의 불씨로 여전히 남아 있는 상태이기 때문에 '중동의 화약고'라고 불리고 있다.

팜파스 pampas ■■

아르헨티나의 부에노스아이레스를 중심으로 펼쳐진 온대 초원을 말한다. 면적 약 60만km²으로 아르헨티나 면적의 1/5을 차지한다. 팜파스는 '나무가 없는 초원'을 의미하며, 19세기까지는 프레리와 키가 비슷한 벼과의 초본이 대부분이었으나, 유럽인의 이주와 함께 개척되어 광대한 농경지와 목장 지대로 변화하였다. 강수량 750mm를 기준으로 동으로는 습윤 팜파스, 서로는 건조 팜파스에 해당되는데, 습윤 팜파스에서는 상업적 혼합 농업과 목우 지대로 육류 생산이 많고, 건조 팜파스에서는 기업적 곡물 농업 지대로 밀, 그 주변 지역은 양의 방목 지대이다. 현재 팜파스는 세계적인 곡창 지대 가운데 하나로서, 아르헨티나 전체 인구의 약 70퍼센트, 경지의 80퍼센트, 목초지 · 방목지의 60퍼센트가 집중되어 있는 이 나라의 핵심 지역이다.

편서풍 偏西風 ■■

대기 대순환계에서 중위도의 고압대와 극지방과의 사이에 부는 서풍을 말한다. 즉 남 · 북반구의 아열대에서 극 쪽으로 부는 바람이 지구 자전의 영향으로 전향력의 작용을 받아 서쪽으로 기우는 바람을 말한다. 특히 편서풍은 북반구의 대륙 서안에서는 탁월하지만 대륙 동안에서는 대륙의 영향으로 뚜렷하지 않다. 이에 반해 남반구의 40~60° 실제 지역에서는 바다가 넓게 분포하기 때문에 편서풍이 탁월하다.

평남 지향사 平南地向斜 ■

옥천 지향사와 함께 고생대에 형성된 퇴적층 지대로 평안남도를 중심으로 분포한다. 고생대 전기의 하부층에 속하는 조선계는 바다 밑에서 형성된 해성층이며, 후기의 상부층에 속하는 평안계는 얕은 바다와 습지에서 퇴적된 지층이다. 조선계 지층에서는 석회암이, 평안계 지층에서는 무연탄이 매장되어 있다.

평면 도법 → 방위 도법

평북 · 개마 지괴 平北介馬地塊 ■

고생대 이전의 시 · 원생대에 형성된 지대로 고생대 이래 계속 육지로 남아 있는 안정 육괴를 말하며, 편마암을 기반으로 하고 있다. 평안북도와 함경도의 대부분 지역이 이에 해당된다.

평사 도법 平射圖法 ■■

투시 도법의 하나로, 투영면을 지구상의 한 점에 접하도록 하고 접점의 대척점을 시점으로 하여 지구의(地球儀)의 경위선을 투영하는 도법으로, 반구보다 더 넓은 범위의 지도를 그릴 수 있다. 중심이 어디에 놓이든 경위선의 간격이 주변부로 갈수록 넓어지며 축척이 증가한다. 지도의 제작이 비교적 간단하므로 수륙 양반구를 나타내는 지도를 그리는 데 많이 이용된다.

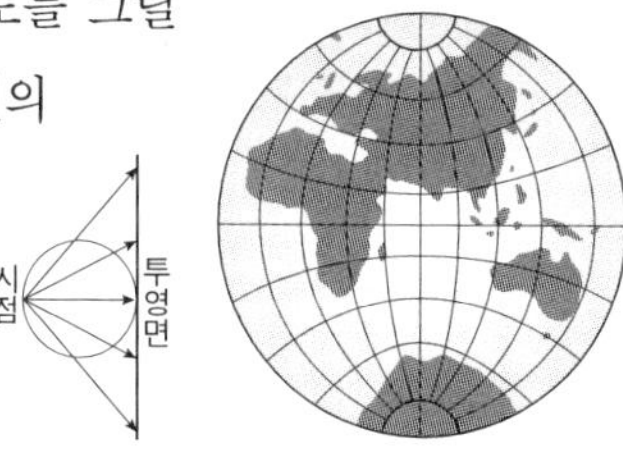

적도 중심의 평사 도법

평안계 지층 平安系地層 ■■

고생대 후기에 형성된 퇴적암층 지대인 평남 지향사와 옥천 지향사의 상부를 구성하는 지층을 말한다. 고생대 후기에서 중생대 초기에 걸쳐 얕은 바다와 습지에서 형성된 관계로 무성하였던 식물군(群)이 탄화, 퇴적되었기 때문에 무연탄이 많이 매장되어 있다.

평정봉 → 고위 평탄면

평정 해산 平頂海山 ■

바다 속에 잠겨 있는 화산으로 봉우리는 평탄하며, 기요(guyot)라고도 한다. 화산섬이 침강하면서 파랑 작용에 의하여 침식되어 산봉우리가 평탄해진 것으로, 대양의 중앙 해령에서 멀어질수록 암석의 연대가 오래되었기 때문에 판 구조 운동에 의한 해양저 확장설의 증거가 된다.

폐기물 무역 廢棄物貿易 ■

자국에서 처리하기 힘든 병원성 및 핵 폐기물 등을 다른 나라에서 처리하기 위하여 폐기물을 거래하는 것을 말한다. 주로 선진국에서 후진국으로 폐기물의 이동이 일어나기 쉽다. 유럽과 미국의 경우 자국 내의 환경과 안전에 관한 법률의 강화, 유해 폐기물 처리 비용의 상승에 따라 폐기물 처리가 쉬운 제3의 세계 혹은 아프리카 국가로 눈을 돌리고 있다.

포드졸 토 podzol土 ■

북부 냉대 습윤 기후 지역의 침엽수림에 분포하는 회백색의 강한 산성 토양을 말하는 것으로, 염기가 부족하고 비옥도가 낮아 농업에 부적당하다. 우리 나라에서는 침엽수림대에 속하는 개마 고원 일대에 분포하고 있다.

포드졸 화 작용 podzol化作用 ■

냉량 습윤한 기후 조건과 침엽수림이 잘 발달된 곳에서 포드졸 토양이 생성되는 작용을 말한다. 토양층을 항상 하강하는 수분에 의하여 철·알루미늄 등의 성분이 녹게 되고, 녹은 용액이 토양수(水)를 따라 토양층의 하부로 이동하게 된다. 이와는 달리 탈색된 규산 성분은 토양 중에 잔류하여 회백색을 띠게 된다. 이렇게 형성된 토양을 포드졸 토라고 하는데, 유기질이 풍부한 편이지만 강한 산성을 띠고 있어 농사에는 부적당하다. 우리 나라에서는 개마 고원의 냉대 기후 지역의 침엽수림에서 나타나며, 세계적으로는 유라시아와 북아메리카 대륙의 타이가 지방에 널리 분포한다.

폭포선 지대 瀑布線地帶 ■■

대서양 연안과 애팔래치아 산맥의 중간 지대에 산맥의 산기슭 대지와 해안 평야가 접하는 곳에 여러 개의 폭포가 생성되어 횡적 배열을 이루는 지대를 말한다. 이는 화강암으로 이루어진 애팔래치아 산맥부와 퇴적암으로 이루어진 해안 평야가 만나는 지점에 경사 차이에 의하여 급류가 발생하여 폭포가 형성된 것이다. 처음에는 이곳의 폭포를 물레방아로 이용하여 동력을 얻었으나 나중에는 수력 발전으로 활용하면서 각종 공업이 발달하여 많은 도시가 폭포선을 따라 형성되었다. 이러한 폭포선 지대의 풍부한 수력 개발은 미국의 근대 공업을 급성장시키는 원동력이 되었다. 그리고 폭포선을 따라 발달한 도시들을 폭포선 도시라고 하는데, 미국의 뉴욕 · 필라델피아 · 볼티모어 · 워싱턴 · 리치먼드 등이 이에 속한다.

미국 동부의 폭포선 도시

푄 Föhn 현상 ■■■

습윤한 공기가 산을 넘어 반대쪽으로 불면서 고온 건조한 바람으로 바뀌는 것을 말하며, 알프스를 넘어 스위스로 부는 고온 건조한 바람을 푄 바람이라고 한다. 습윤한 공기가 산 사면을 따라 상승하게 되면 대기가 팽창하면서 100m 상승에 기온이 1℃씩 하강(A~B 구간, 건조 단열 팽창)하여 응결 고도 지점에 이르게 되면 수증기의 포화 상태로 지형성 강우가 내린다(B~C 구간, 습윤 단열 팽창). 이와는 반대로 산을 넘은 바람은 반대쪽 산 사면을 내려갈 때 습기를 상실하여 단열, 압축되면서 100m 하강에 기온이 1℃씩 상승(C~D 구간, 건조 단열 압축)하여 고온 건조한 바람으로 변한다. 초여름 영서 지방에 나타나는 높새바람은 이러한 푄 현상에 의하여 발생하는 것이며, 우리 나라 극서지로 알려진 대구 지방의 여름철 더위도 이러한 푄 현상에 의한 것이라고 볼 수 있다.

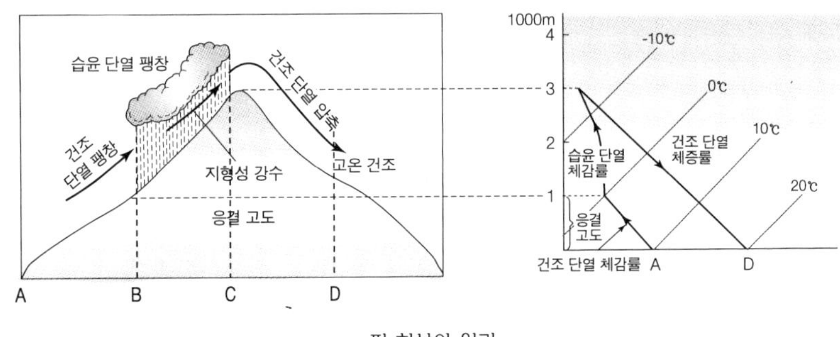

푄 현상의 원리

표준시 標準時 ■■

태양의 특정 자오선 통과에 기초한 평균 태양시로서, 국가마다 일정한 범위 내에서 특정 경선의 지방시를 선택하여 그 지역 전체의 공통 시간으로 정하여 사용하는 시간을 말한다. 태양에 대한 지구의 자전 운동으로 각 지방에서 이와 같이 각기 다른 시각을 쓴다면 불편하므로 특정 지방의 표준 경선을 선택하여, 이를 일정 범위의 지역에 적용하는 시간 체계인 표준시를 정하였다. 이 범위 내에서는 공통의 표준시를 사용하기 때문에 같은 시간대를 이루고 있다. 한국은 현재 동경

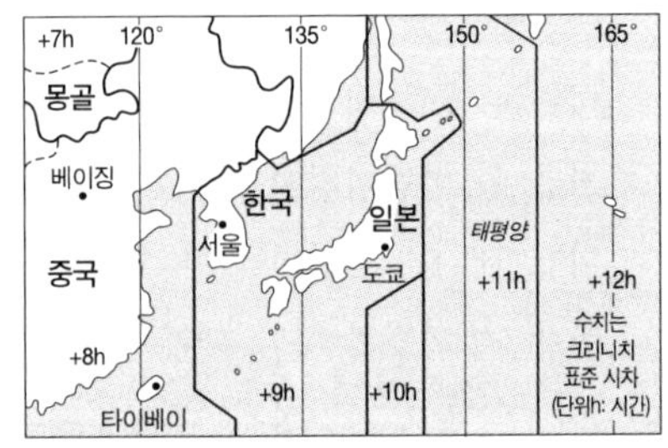

135°의 지방 평균시를 표준시로 채택하고 있다. 각 표준시의 경계선은 그 나라와 지역의 정치적 · 지형적 조건 등에 따라 결정되는 것이 일반적이다. 반면 미국 · 캐나다 · 러시아와 같이 국토가 동서 방향으로 연장된 국가에서는 여러 개의 표준시를 사용하고 있다.

표준 자오선 標準子午線 ■■

표준시를 정하기 위하여 기준이 되는 지표상의 경선을 말한다. 표준 자오선에 나타나는 지방 평균 태양시를 정하여 한 나라 또는 한 지역의 표준시로 삼는다. 한국은 조선 시대까지는 중국의 베이징과 같은 동경 120°선을 표준 자오선으로 택하였으나, 1910년 한 · 일 합방과 함께 일본과 시차를 없애기 위하여 동경 135°선을 채택하였다. 그리고 다시 8 · 15 광복 후 1954년에는 한국만의 표준 자오선을 설치하자는 의견에 따라 동경 127° 30′ 표준 자오선을 취하였으나 불편한 점이 많아 5 · 16 군사 정변과 함께 1961년에 동경 135°선을 표준 자오선으로 설정하여 오늘에 이르고 있다. 따라서 한국의 표준시와 일본의 표준시는 일치하기 때문에 같은 시간대를 형성하고 있다.

풍수 지리 사상 風水地理思想 ■■■

땅의 성격을 파악하여 좋은 터전을 찾는 사상으로, 산수의 형세와 방위 등의 환경적인 요인을 인간의 길흉 화복과 관련지어 집과 도읍 및 묘지를 가려 잡아야 한다는 자연관 및 세계관을 말한다. 풍수 지리 사상은 우리 나라에 삼국 시대 때 도입되어 신라 말 승려 도선에 의하여 발전하게 된 후 고려 시대에 전성기를 이루면서 조정과 민간에 널리 보급되었다. 그 후 조선 시대를 거치면서 오늘에 이르기까지 인간 생활은 풍수 지리 사상에 의하여 많은 영향을 받았는

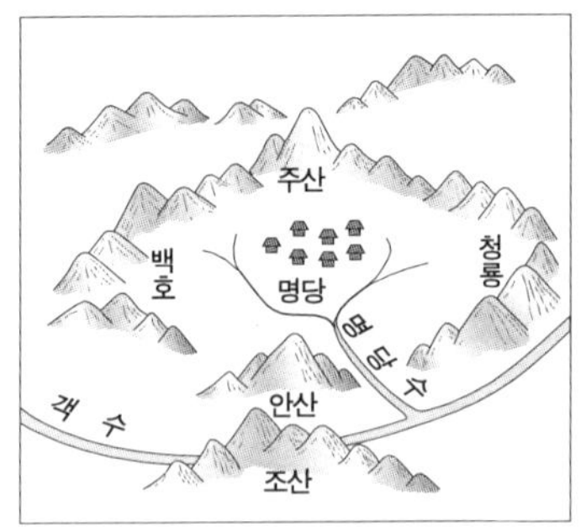

풍수 지리 사상의 개념도

데, 크게 다음과 같은 세 가지로 정리가 가능하다. 첫째, 고려가 개성을, 조선이 한양을 도읍지로 선정한 바와 같이 풍수 지리 사상 입장에서 보면 거의 완벽한 명당 자리이다. 한 국가의 창업 과정에 있어서 도읍을 선정하는 데 풍수 지리 사상이 매우 큰 영향을 미쳤음을 알 수 있다. 둘째, 풍수 지리 사상은 유교의 조상 숭배 사상과 결합하여 풍수의 길지에 묘지를 선정하는 데 적극 활용되었으며, 동족촌의 형성 원인도 풍수 지리 사상과 관련이 크다. 셋째, 우리 나라의 지형적 환경과 함께 전통적인 농경 취락의 입지 형태인 배산 임수의 촌락 입지 유형 발달에도 큰 영향을 미쳤다. 이 장소는 우리 나라의 농업 조건과 기후 조건을 고려해 볼 때 현대적 의미의 취락 입지 조건과도 그 맥락을 같이 하고 있다. 그리고 풍수의 자연 현상과 변화는 인간의 행복과 직결된 것으로 보았기 때문에 풍수 지리 사상은 환경 결정론적 입장이 강하다고 할 수 있다. 따라서 인간의 사고 체계와 생활 양식에 커다란 변화를 초래하였음이 사실이다. 풍수 지리 사상은 한국인의 의식 깊숙이 자리잡은 민간 신앙임과 동시에 자연 환경에 대한 우리 민족의 경험 철학을 내포한 전통 지리 사상으로서 그 의의가 매우 크다.

프레리 prairie ■■

사막 주변의 단초형 초원인 스텝에 비하여 온대 내륙 지역의 키가 큰 장초형 초원을 말한다. 프레리는 원래 북아메리카 중앙 저지대의 2m 내외의 풀이 자라는 초원을 말하는 것으로, 남아메리카에서는 팜파스(pampas)라고 하며 헝가리에서는 푸스타(puszta)라고 부른다. 프레리 기후 하에서의 토양은 비옥하기 때문에 밀 · 목화 등의 재배와 유목 및 방목 등 목축업도 활발하다.

프레리 토 prairie土 ■ ■

온대 반건조 기후 지역인 미국 중서부 프레리 초원에 생성되어 있는 토양으로서, 성대 토양에 속하며, 유기질이 풍부한 흑토로서 밀 농사가 발달하였다. 초원이 발달한 반건조 지역에서는 1년생 초본류들이 죽어서 토양에 유기물이 공급된다. 이런 과정이 오랜 기간 반복되어 토양은 양분이 풍부한 흑색의 두꺼운 토층이 형성된다. 이러한 토양은 매우 비옥하기 때문에 건조에 잘 견디는 밀 · 옥수수 등의 곡물 재배에 유리하다. 따라서 프레리 토가 발달한 북아메리카 프레리 지방은 세계적인 밀 재배지를 이루고 있다.

플랜테이션 plantation ■ ■ ■

서구 제국이 열대 · 아열대 지역으로 농업 개척을 시작하면서 이루어 놓은 농업의 한 형태를 말한다. 서구 제국은 16~17세기부터 식민지의 농업 개척 과정에서 현지 원주민의 값싼 노동력을 바탕으로 본국의 자본과 기술을 도입하여 기호품과 공업 원료를 단일 경작하는 기업적인 농업 경영 방식을 택하게 되었는데, 그것이 식민 취락화(植民聚落化)를 뜻하는 플랜테이션이란 말로 불리게 되었다. 농작물은 무역품으로서 가치가 높은 고무 · 차 · 삼 · 커피 · 카카오 · 사탕수수 · 바나나 · 담배 등이 있다. 현재는 제2차 세계 대전 이후 식민지의 독립 과정에서 국유화되어 현지민이 직접 경영하는 경우가 많아졌다. 또한 최근에는 경영 안정상 단일 재배에서 오는 가격 불안정, 흉작 등의 피해를 줄이기 위하여 여러 작물을 경작하는 다각 경영(多角經營)으로 이행하는 경향이 뚜렷하다. 대농원 제도에 해당되는 브라질의 커피 농장인 파젠다(fazenda)와 동남 아시아의 고무 농장인 에스테이트(estate)가 대표적인 플랜테이션에 속한다.

피오르드 해안 fjord海岸

빙하에 의하여 형성된 빙식곡(U자곡) 안에 해수가 침입하여 좁고 긴 내륙 협만에 발달한 해안을 일컫는 말이다. 만을 둘러싸고 있는 곡벽은 급경사를 이루고 있으며 폭포가 발달하여 있는 경우가 많다. 노르웨이 남서 해안, 북미 북서 해안, 칠레 남북 해안에 주로 분포하고 있으며, 노르웨이의 송네 피오르드(1,210m)와 알래스카의 챠다므 해협(878m) 등이 유명하다.

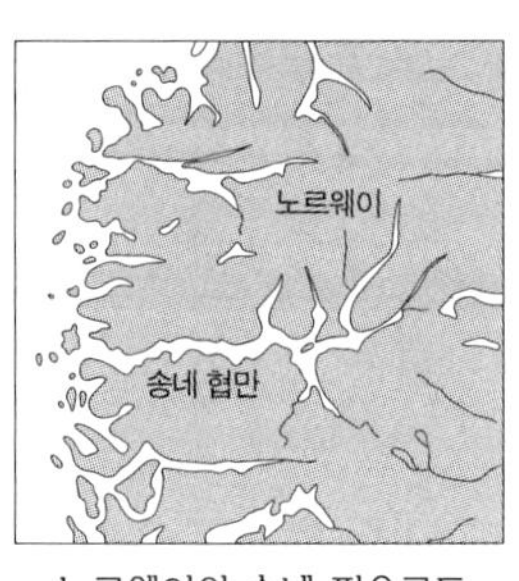

노르웨이의 송네 피오르드

핌피PIMFY 현상

산업 단지 · 위락 시설 · 올림픽이나 월드컵 개최 장소 등 지역의 복지 증진 및 재정 수입 증대 등이 예상되는 개발이나 시설의 입지를 둘러싼 지역 간의 집단적인 경쟁 현상을 말한다. 고속 전철 노선 및 역사 유치 경쟁 · 월드컵 축구 개최지 유치 경쟁 등을 자신이 살고 있는 지역에 유치하려는 지역 이기주의의 현상으로, 핌피(Please In My Front Yard) 현상은 님비(NIMBY:Not In My Back Yard) 현상에 반대되는 경우라고 볼 수 있다.

핑고 → 주빙하 지형

하상 계수 河狀系數

하천의 최소 유수량에 대한 최대 유수량의 비를 말하는 것으로, 수치가 클수록 하천 수량의 변화 상태를 의미하는 유황(流況)이 불안정함을 의미한다. 세계 주요 하천의 하상 계수를 살펴보면, 한강 1:393, 낙동강 1:372, 금강 1:299, 나일 강 1:30, 양쯔 강 1:22, 라인 강 1:8, 콩고 강 1:4 등과 같다. 우리 나라 하천의 하상 계수가 높은 것은 하천의 유역 면적이 좁고 삼림이 빈약하여 여름철 집중 호우로 강수량의 계절적 변동이 크기 때문이다. 따라서 하천을 이용한 내륙 수운 교통이 발달하지 못하였으며, 홍수 · 가뭄 등으로 인한 자연 재해의 발생이 많다. 우리 나라는 이러한 유황의 불안정을 해소하기 위하여 대규모 조림 사업과 함께 다목적 댐 건설로 홍수 시 유출량을 줄이고 하천의 이용도를 높여야 한다.

하안 단구 河岸段丘

하천의 유로를 따라 양안에 발달한 계단 모양의 지형을 말한다. 지반의 융기 또는 기후 변화로 인한 해수면이 하강하게 되면 침식 기준면이 낮아져 하천이 진행하면서 주변에 단구면을 형성시킨다. 하안 단구는 감입 곡류 하천 주변에 넓은

하안 단구(강원도 인제 내린천)

띠 모양으로 나타나는데, 지반 융기의 증거가 된다. 보통 단구면은 농경지와 교통로로 이용되고 열촌 형태의 취락이 들어서기도 한다. 실제로 하안 단구에서는 과거에 하천이 흘렀다는 증거로서 마모도가 큰 조약돌과 같은 하천력이 발견된다.

하항 河港 ■

하구의 외항으로서, 수운이 발달한 하천 유역에 발달한 항구를 말한다. 금강에 강경 · 부여 · 공주 · 부강 등이 대표적 하항이었으며, 현재 북한 대동강의 남포항이 이에 속한다. 특히 군산과 강경 하항은 평양, 대구와 더불어 조선의 3대 시장으로 번영하였다. 그러나 현재는 연안 항로와 철도 교통의 발달로 금강 수운이 쇠퇴하면서 하항의 기능은 쇠퇴하였다. 반면 남포는 현재 평양의 외항으로 북한의 공업 발달을 선도하고 있다.

하향식 개발 下向式開發 ■■■

'위로부터의 개발'을 의미하는 것으로, 국가 또는 중앙 정부가 직접 개발 효과가 가장 유리한 지역을 집중 개발하여 국가적으로 체계적이고 효과적인 개발이 가능하도록 하는 개발 방식이다. 그러나 국가 전체적으로는 효과적인 개발 방식이 될 수 있으나, 특정 지역의 집중 개발로 인하여 지역간 격차가 더욱 심화될 우려가 있다. 개발 도상국에서 주로 채택하는 성장 거점 개발 방식이 대표적인 예이다.

한대 기후(E) 寒帶氣候 ■■■

최난월 평균 기온 10℃ 미만 지역으로 수목의 생장이 불가능하며 영구 동토층을 이루는 양극 지방에 분포하는 기후를 말한다. 연 강수량은 200mm 정도로 매우 적고 여름 동안은 백야 현상이 나타나기도 한다. 최난월 기온이 0~10℃인 툰드라 기후(ET)와 연중 기온이 0℃ 미만인 빙설 기후(ET)로 나뉜다.

한대 전선 寒帶前線 ■■

성질이 다른 두 기단인 한대 기단과 열대 기단의 경계에 형성되는 전선으로 지구상에서 가장 뚜렷한 전선대이다. 한대 전선은 북반구에서는 겨울철에 북위 30° 이하로 남하하고, 여름철에는 북위 60°까지 북상하여 중위도 지방의 기후에 영향을 미치는 중요한 기후 인자가 된다. 우리 나라의 초여름에 시작되는 장마철은 바로 오호츠크 해의 한대 기단과 북태평양의 열대 기단이 만나 형성되는 한대 전선의 일종인 장마 전선에 의한 것이다.

한랭 지수 寒冷指數 ■■

식물 성장에 요구되는 생리적 최적 기온인 5℃ 이하인 달에 대하여 월평균 기온에서 5℃를 뺀 값의 총계로, $-\Sigma(5-t)$, (t=월평균 기온)로 계산한다. 온량 지수에 상반되는 개념으로 추위 지수라고도 한다. 우리 나라의 삼림의 경우 난대림과 온대림의 경계는 한랭 지수 -10선과 대체적으로 일치하고, 냉대림과 온대림의 경계는 온량 지수 55선과 대략 일치한다.

한발 旱魃 ■

장기간의 강수 부족으로 토양이나 식생의 물 부족이 나타나는 가뭄 현상을 말한다. 주로 여름에 발생하며 그 발생 범위가 넓기 때문에 피해 지역 또한 광범위하다. 이는 안정성 고기압의 영향이 장기간 계속될 때 나타나는 현상으로 우리 나라는 낙동강 중·상류 지방,

경기 · 관서 지방, 호남 서부 평야 지대 등에서 피해가 자주 발생한다. 최근에는 물 수요의 증가로 계절에 관계없이 발생하기도 한다. 세계적으로는 아프리카 사헬 지대가 최대의 가뭄 지대로서 그 피해가 매우 크기 때문에 국제적인 환경 문제를 야기하고 있다.

한 · 일 어업 협정 경계선 韓日漁業協定境界線

1998년 9월 한 · 일 양국간의 체결된 어업 협정에 따라 새롭게 형성된 양국간의 배타적 어업 수역의 경계선을 말한다. 1998년 1월 일본측이 구 한 · 일 어업 협정을 일방적으로 종결 통보한 이후, 양국간의 경색된 관계를 타결하고 새로운 한 · 일 관계를 정립하기 위하여 새로운 어업 협정이 필요하였다. 그러나 일본과 새롭게 체결된 신 한 · 일 어업 협정은 우리 나라의 고유 영토인 독도를 중간 수역(한 · 일 공동 수역)에 포함시켜 독도 영유권에 대한 국제적 분쟁 문제의 소지를 남겨 주었다. 또한 대화퇴 어장의 절반 정도가 중간 수역으로 설정되어 우리 나라의 어업에 많은 피해가 발생하였다. 신 한 · 일 어업 협정에 따른 어업 경계선은 왼쪽 그림과 같다. ①은 러시아와 일본의 200해리 배타적 경계 수역의 중간선을 나타내며, ②는 북한과 일본의 배타적 경계 수역의 가상 중간선을 나타내며, ③은 남 · 북한 군사 분계선의 연장선을 나타낸다. A수역은 일본이 동쪽 한계선을 둔 이유를 들어 중간 수역의 서쪽 한계선을 주장한 한국의 주장이 받아들여 한국 측 배타적 어업 수역이 된 곳이며,

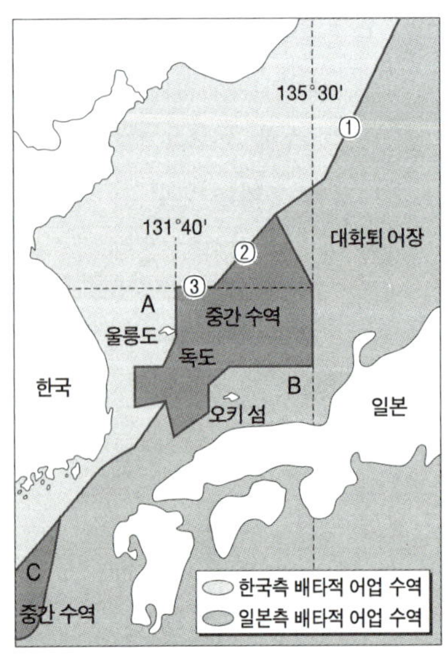

B수역은 양국 협상 원칙에 의하여 중간 수역이 되어야 하지만 한국이 대화퇴 어장을 얻기 위하여 일본측 배타적 수역으로 양보한 곳이다. 한국은 대신 울릉도 옆 A 수역을 확보하였다. C수역은 기존 대륙붕 협정과 일본 남쪽의 일부 무인도 등의 문제로 인하여 선을 긋지 못하고 남겨 둔 남해의 중간 수역을 말한다.

항상풍 → 탁월풍

해류 *海流* ■ ■

연중 일정한 방향으로 흐르는 해수의 흐름을 말하는 것으로, 지구 자전에 의한 전향력의 영향으로 북반구에서는 시계 방향, 남반구에서는 시계 반대 방향으로 환류한다. 성인상으로 분류하면, 취송류로서 탁월풍에 의하여 형성되는 적도 해류 · 서풍 피류가 있고, 밀도류로서 수온이나 염도 차이에 의하여 생기는 쿠로시오 해류 · 멕시코 만류가 있고, 경사류로서 기압과 바람 등에 의한 해면 경사의 차에서 생기는 해류가 있고, 보류로서 이동한 해수의 자리를 메우는 카나리아 해류 · 페루 해류 · 캘리포니아 해류 등이 있다. 그리고 수온에 의하여 분류하면, 저위도에서 고위도로 흐르는 해류로서 대륙 동안에 탁월한 난류에는 쿠로시오 해류 · 멕시코 만류 · 브라질 해류 · 동 오스트레일리아 해류 등이 있으며, 고위도에서 저위도로 흐르는 해류로서 대륙 서안에 탁월한 한류에는 쿠릴 해류 · 동 그린란드 해류 · 래브라도 해류, 벵겔라 해류 · 페루 해류 · 카나리아 해류 등이 있다. 우리 나라에 영향을 미치는 해류는 크게 동안 해류, 북한 해류, 황해 해류로 나뉜다. 동안 해류는 쿠로시오 해류에서 분기된 난류로서 여름에는 청진, 겨울에는 울릉도 부근까지 북상하며, 북한 해류는 리만 해류에서 분기된 한류로서 여름에는 영흥만,

겨울에는 영일만까지 남하한다. 이 두 해류는 동해상에서 만나 조경 수역을 형성하여 좋은 어장을 이룬다. 그리고 황해 해류는 쿠로시오 해류의 지류이기는 하지만 세력이 미약하여 북서풍이 강한 겨울에는 차가운 연안류를 이루기 때문에 겨울에 서해에서의 조업이 불가하다.

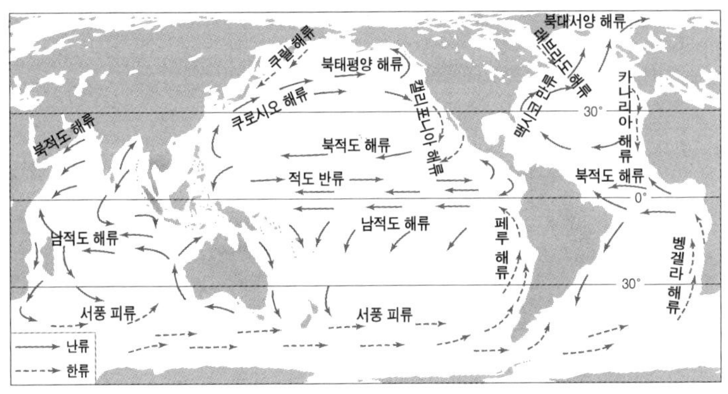

세계의 해류

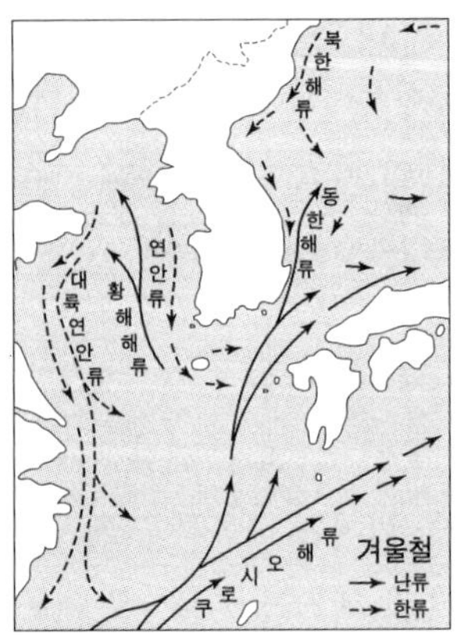

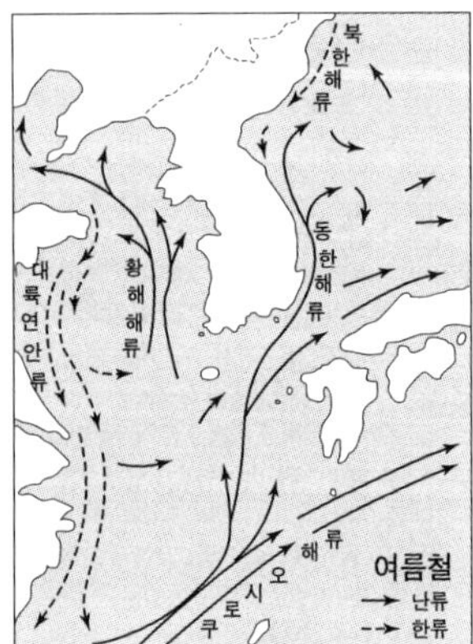

우리 나라의 해류

해륙풍 海陸風 ■

해안 지역에서 해양과 육지의 비열 차이로 인하여 하루를 주기로 풍향이 바뀌는 바람으로 국지풍에 해당된다. 낮에는 육지가 해양보다 빠르게 가열되어 육지의 공기 밀도가 낮은 반면, 밤에는 육지가 해양보다 빠르게 냉각되어 육지의 공기 밀도가 높다. 따라서 낮에는 바다에서 육지로 해풍이 불고, 밤에는 육지에서 바다로 육풍이 분다. 해륙풍은 여름철 맑은 날, 해안에 드넓은 모래가 노출되어 있는 곳에서 잘 발달한다.

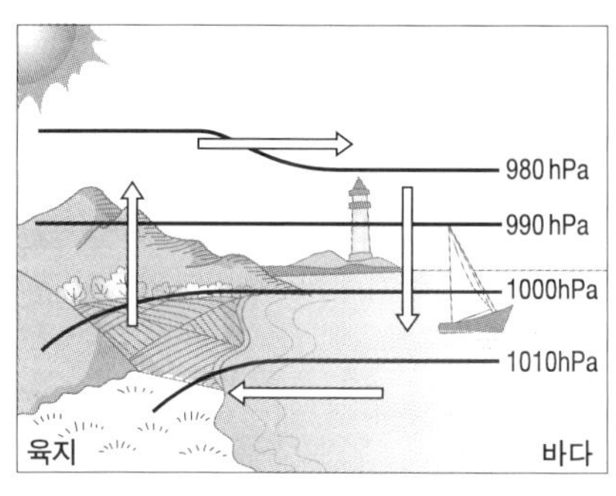

해 풍

육 풍

해성층 海成層 ■ ■

바다 속에서 퇴적물이 굳어 형성된 지층으로서, 층리가 명확하며, 바다에 있는 동 · 식물의 화석이 많이 포함되어 있다. 대표적인 해성층으로는 고생대에 형성된 평남 · 옥천 지향사의 상부층인 조선계 지층을 들 수 있으며, 이 지층은 주로 석회암이 주로 매장되어 있다. 평안남도 · 강원 남부 및 충북 북동부 지역에 해당되며, 석회암을 원료로 하는 시멘트 산업이 발달하였다.

해수면 승강 운동 海水面昇降運動 ■■■

오랜 지질 시대를 두고 바다와 육지의 경계부에 해당되는 해수면이 승강을 반복하는 것을 말하며, 주로 지반의 침강과 융기와 관련한 구조성 해수면 운동과 빙하의 성장과 쇠퇴와 관련한 빙하성 해수면 운동으로 나뉜다. 지반이 침강하면 상대적으로 해수면이 상승하고, 지반이 융기하면 해수면은 하강한다. 한편 기후가 온난해지면 빙하가 녹아 해수면이 상승하고, 기후가 한랭해 지면 빙하가 발달하여 해수면이 하강한다. 신생대 제4기에 걸쳐 빙기와 간빙기가 교대로 반복되면서 심한 기후 변화로 인하여 해수면의 승강 운동도 활발하였다. 해수면은 침식 기준면을 말하기 때문에 해수면 승강 운동은 침식 기준면의 변화를 가져와 해수면 하강 시 침식 작용의 발달로 감입 곡류 하천 · 하안 단구 등의 지형이 형성되었고, 해수면 상승 시 퇴적 작용의 발달로 삼각주 · 범람원 등의 지형이 형성되었다.

해안 단구 海岸段丘 ■■■

오랜 세월에 걸쳐 파랑에 의하여 침식되어 형성된 넓은 파식대가 지반의 융기나 해수면 하강으로 인하여 육지화된 계단상의 평탄 지형을 말한다. 과거 파식대에 해당하던 지역은 단구면이라고 하고 과거 해식대에 해당하던 지역은 단구애라고 한다. 넓은 단구면은 농경지와 교통로로 이용된다. 우리 나라의 동해안에는 해안선을 따라 정동진 · 삼척 · 포항 등지에서 해안 단구를 찾아볼 수 있다. TV 드라마 '모래시계'

해안 단구(영국 아란 섬 해안)

로 잘 알려진 그림의 정동진 인근에 위치한 봉화 지역의 A-B 지점간의 등고선 간격이 넓게 나타나는데, 과거 이 지역은 바다 속에서 파랑의 침식 작용으로 평탄해진 것이다. 그 증거로 둥근 자갈과 고래뼈와 같은 해양 동물의 뼈가 출토되기도 한다.

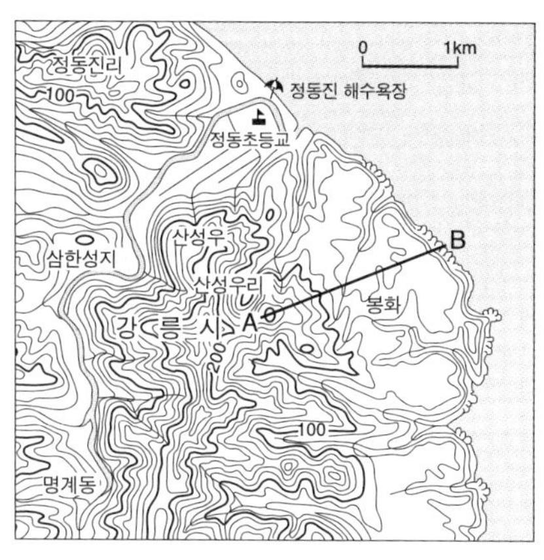

해안 단구(강원도 강릉시 정동진)

해안 사구 → 사구

해안 지형 海岸地形 ■ ■ ■

과거 또는 현재에 걸쳐 바다의 영향에 의하여 형성된 지형을 말한다. 해안 지역에서는 해수면의 변동, 육지의 승강 운동, 파도의 침식과 퇴적 작용 등이 복합적으로 일어나 특이한 해안 지형이 발달한다. 주요 해안 지형으로는, 해수욕장으로 이용되는 것으로서 하천에 의하여 공급된 토사가 파랑 · 연안류에 의하여 형성된 퇴적 지형인 사빈, 사빈의 모래가 바람에 날려 언덕을 형성한 사구, 파랑의 퇴적 작용으로 형성된 새 부리 모양의 사취, 후빙기 해수면 상승과 사주의 발달로 형성된 석호, 사주의 발달로 육지와 연결된 육계도, 파랑의 침식 작용으로 형성된 해안 절벽인 해식애, 파식대에 굴뚝 모양으로 우뚝 솟아오른 기암 괴석인 시 스택(sea stack), 파식대에 위치한 암석의 차별 침식으로 중앙에 구멍이 뚫린 모양을 한 시 아치(sea arch), 지속적인 파랑의 침식 작용으로 평탄해진 파식대, 해수면 하강과 지반 융기로 형성된 해안 단구, 만조 시 침수되고 간조 시 노출되는 넓고 평탄한 해안 퇴적 지형인 간석지 등이 발달한다.

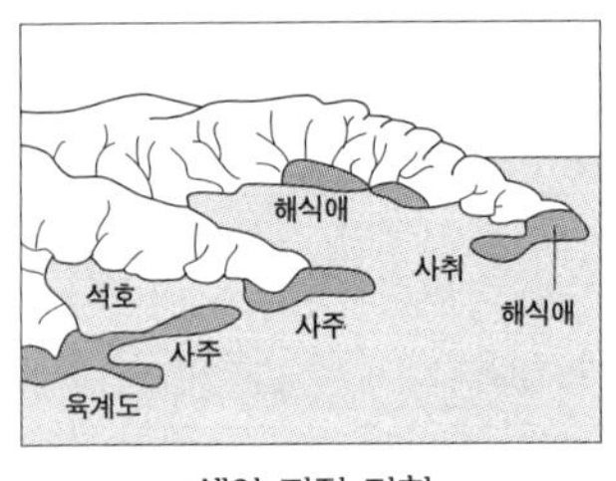

해안 퇴적 지형

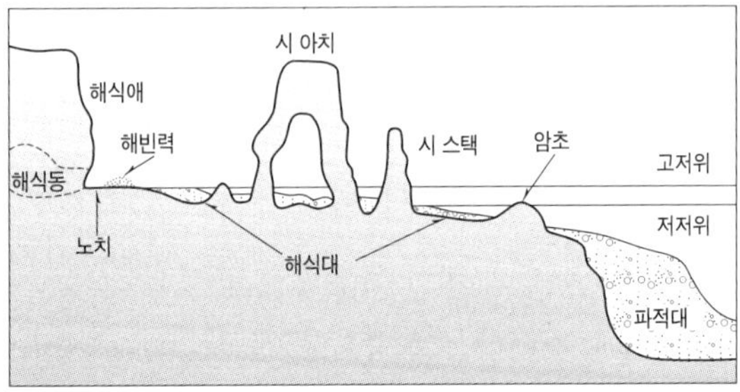

해안 침식 지형

해안 평야 海岸平野 ■

과거 대륙붕이 융기하거나 해수면의 하강으로 해저 지형이 육지화된 지형을 말하는 것으로, 이후 육상에서의 계속적인 침식 작용으로 그 형태는 변하게 된다. 주로 해저의 퇴적물로 구성되어 있으며, 사주 · 사구 등의 지형도 발달되어 있다. 미국의 대서양 연안과 멕시코 만 일대에 분포하고 있으며, 우리 나라의 경우 동해안 일부 지역에 분포한다.

해양성 기후 海洋性氣候 ■■■

대륙성 기후의 상대적인 말로, 해양의 영향으로 한서의 차가 작은 기후를 말한다. 대륙성 기후에 비하여 기온의 일교차와 연교차가 작고, 강수량 · 습도 등이 많으며, 기후 변화가 시간적으로 늦게 나타난다.

해양 오염 海洋汚染 ■■■

인간 활동의 결과 발생한 각종 유해 물질이 해양으로 유입되어 인류의 건강을 위협하고 어업을 포함한 해양 활동에 장애가 되고 해양의 질을 저하시키는 현상을 말한다. 해양 오염은 연안에 입지한 중화학 공업의 급속한 발전, 도시 인구 급증에 따른 생활 하수 및 산업 폐수의 해양 유출, 선박 및 유조선 사고로 인한 기름 유출 등으로 인하여 발생한다. 특히 남해안과 같이 섬·만 등이 많은 해역은 약간의 오염물이 흘러 들어도 적조 현상이 발생하기 쉽다. 선박의 해난 사고에 의하여 기름이 해양에 유출되는 경우는 다른 경우와 달리 순식간에 광역적으로 확산되어 해양 생태계에 큰 영향을 미친다. 해양 오염의 대책으로는 임해 도시 및 공단의 폐수·하수 종말 처리장의 건설, 선박 폐유 처리 시설의 확충, 청정 수역의 설정, 적조 방지 대책의 수립 등을 들 수 있다.

해저 지형 海底地形

바다 밑의 지형으로서, 해저는 크게 육지에서 바다 쪽으로 대륙붕, 대륙 사면, 대양저 등으로 나뉜다. 해안선에서 수심 200m 내외의 완경사를 가진 해저 지형을 대륙붕이라고 하는데, 대륙붕은 지하자원과 수산 자원의 보고로서 경제적 가치가 크다. 그리고 대륙붕 상의 해저 언덕 지형으로 빙산의 퇴적물이 쌓인 지형인 뱅크가 나타나는데, 이는 영양 염류와 플랑크톤이 풍부하여 좋은 어장을 형성한다. 대륙붕과 대양저 사이의 급경사 지대인 대륙 사면은 화강암의 대륙 지각과 현무암의 해저 지각의 경계를 이룬다. 그리고 대양저는 수심 4,000~6,000m의 해저 지형으로 비교적 평탄하다. 심해저에서 망간 단괴와 우라늄 같은 광물 자원의 매장이 알려지자 최근 선진국을 중심으로 개발이 이루어지고 있다. 대양저에는 대양저의 깊은 골짜기를 이루는 해구,

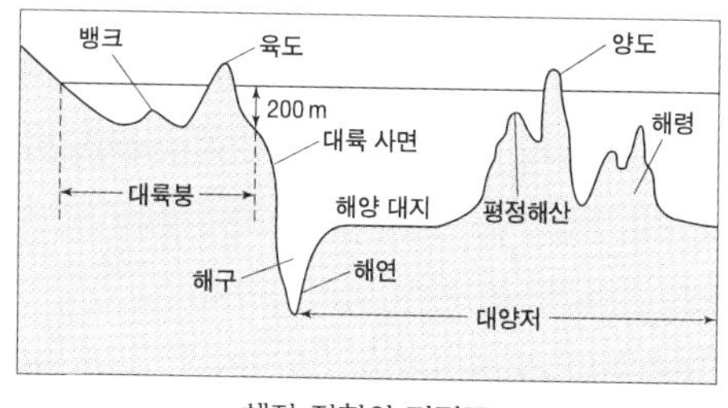

해저 지형의 단면도

해수의 침식에 의하여 평탄해진 해저의 산인 평정 해산, 좁고 긴 해저 산맥인 해령 등이 나타난다. 우리 나라는 서해가 평균 수심 약 44m, 남해가 약 100m의 얕은 바다를 이루기 때문에 대륙붕에 속하여 좋은 어장을 형성한다. 반면, 동해는 평균 수심 1,700m로 넓은 해분으로 되어 있으며, 울릉도 북동쪽에 뱅크가 발달하여 좋은 어장을 형성하고 있다.

해저 확장설 海底擴張設 ■■

맨틀에서 위로 치솟는 용암 물질이 대양저 산맥을 만들고 V자형의 열곡을 중심으로 양쪽으로 서로 반대 방향으로 밀려 이동하면서 용암이 부착되며 굳어져 새로운 대양 지각의 형성과 확장이 일어난다는 이론을 말한다. 해저 지각이 해령으로부터 멀어질수록 대체적으로 그 나이가 점점 많아진다는 점, 해령에서 멀어질수록 퇴적암의 두께가 두꺼워진다는 점, 지구 자기 역전의 줄무늬가 해령을 축으로 대칭적으로 나타난다는 점 등을 해저 확장설의 증거로 들 수 있다.

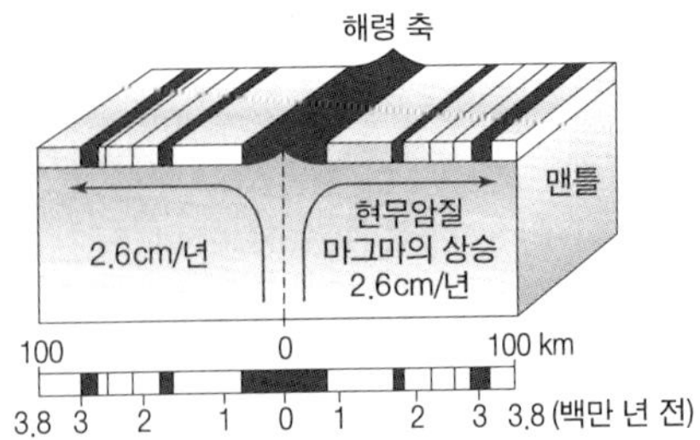

호몰로사인 도법 homolosign圖法 ■■

정적 도법의 하나라서 구드 도법이라고도 한다. 몰바이데 도법과 시뉴소이드 도법을 결합한 다음, 바다를 단열한 도법으로서 위도 40° 44′ 위선을 접합 위선으로 하여 이보다 고위도는 몰바이데 도법, 저위도는 시뉴소이드 도법을 적용하였다. 호몰로사인 도법의 가장 큰 특징은 각

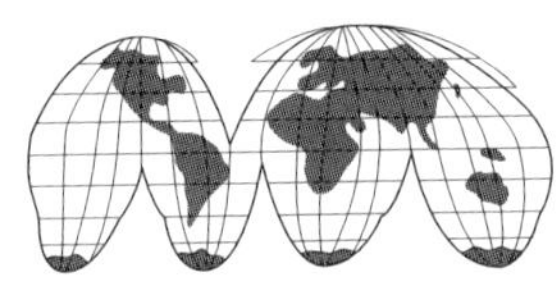

대륙의 중앙부를 지나는 경선들을 중앙 경선으로 택하고 바다를 단열하여 모든 대륙의 모양을 바로잡았다는 점이다. 따라서 면적과 형상이 정확하여 분포도와 밀도도의 이용에 적합하다.

혼일 역대 국도 강리 지도 混一歷代國都疆理地圖 ■■

1042년 신대륙 발견 이전에 제작된 것으로, 현존하는 동양에서 가장 오래된 세계 지도이다. 조선 시대 태종 때 명나라에서 가져온 이택민의 성교광피도(聲敎廣被圖)와 청준의 역대 제왕 혼일 강리도(歷代帝王混一疆理圖)를 합성하고, 여기에 박돈지에 의하여 유입된 일본 자료를 보완한 후, 이회가 그린 조선 팔도 지도(朝鮮八道地圖)를 첨가하여 제작한 것이다. 중국이 세계의 중심이라는 중화 사상과 그리고 한국이 그 다음이라는 소중화 사상(小中華思想)이 엿보이며, 멀리 아프리카와 유럽도 표현되어 있는 것으로 보아 당시의 세계관의 범위를 엿볼 수 있다

혼작 → **경종 조직**

혼합 농업 混合農業 ■■■

농작물 재배와 가축 사육이 유기적으로 결합된 농업 형태를 말한다. 중세 유럽의 북서부에서 행해지던 삼포식 농업에 그 기원을 두고 있으며, 이후 과도적 곡초식 농업을 거쳐 성립한 윤재식 농업이 혼합 농업의 가장 전형적인 형태라고 할 수 있다. 그러나 오늘날의 혼합 농업은 기본적으로 고도의 상업적 농업을 의미한다. 산업 혁

명이 진척되면서 도시 인구가 급속히 증가하자 곡물의 수요가 증가하였다. 이에 따라 신대륙으로부터 값싼 밀이 대량으로 유입되어 경쟁력 없는 밀농사보다는 목초나 사료 작물을 재배하여 소 · 돼지 등의 가축 사육에 중점을 두는 상업적 혼합 농업이 나타난 것이다. 혼합 농업은 자급을 주목적으로 하는 자급적 혼합 농업 지대와 상품화 비율이 대단히 높은 상업적 혼합 농업 지대로 분류한다. 동부유럽 · 러시아 · 발칸 반도에서는 사료 작물 재배에 중점을 두고 밀 · 호밀 · 옥수수 · 보리 등의 윤작과 고기용 가축을 사육하는 자급적 혼합 농업이 중심인 데 비해 유럽의 일부 지역, 미국, 브라질, 오스트레일리아 동안, 남부 아프리카, 아르헨티나 팜파스 북동부 등에서는 상업적 혼합 농업이 행해지고 있다.

혼혈 인종 混血人種 ■ ■ ■

서로 다른 인종 사이에 생겨난 제3의 인종으로, 종족간의 혈통이 섞인 튀기를 말한다. 혼혈 인종은 한 인종이 다른 인종이 거주한 지역으로 이동하여 함께 살면서 형성하게 된다. 라틴 아메리카 지역의 라틴 족과 아메리카 인디언 사이의 메스티소, 라틴 족과 아프리카 흑인 사이의 물라토, 아프리카 흑인과 아메리카 인디언 사이의 삼보, 남아프리카 공화국 지역의 네덜란드 인과 아프리카 흑인 사이의 보어 인 등이 대표적인 혼혈 인종에 해당된다. 메스티소는 멕시코 · 중앙 아메리카 · 남아메리카의 안데스 산지에 분포하며, 물라토는 서인도 제도와 브라질 동부에 분포하며, 삼보는 주로 서인도 제도에 분포하고 있다.

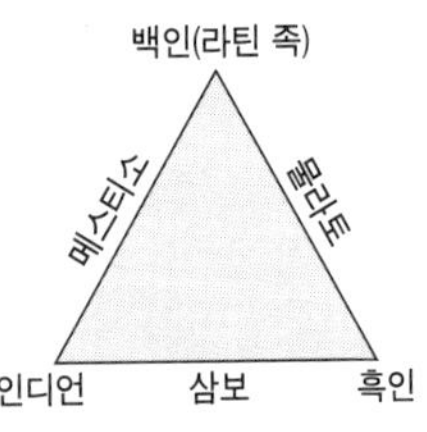

홍수 고속 도로 洪水高速道路 ■■■

홍수 시의 막대한 양의 물이 인공 도로를 따라 밀려들어오는 현상을 말한다. 폭우로 인한 방대한 물살이 길이 잘 놓인 도로를 타고 급류를 형성하여 홍수 피해를 가중시킨 갠지스 강변 도로에서 유래되었다. 지표면에 도달한 빗물의 일부는 지하로 스며들고, 나머지는 지표 위로 흘러 하천으로 유출된다. 그러나 도시화와 택지 개발에 따른 인공 건물의 증가는 지표의 빗물 흡수 능력을 차단 및 감소시키는 결과를 초래하여 홍수 피해를 가중시킨다. 삼림이나 초지와는 달리 보도와 아스팔트는 빗물을 거의 흡수하지 못하기 때문에 도시화가 진행될수록 자연의 홍수 조절 능력이 약해진다. 우리 나라에서도 1999년, 서울의 한강 지류인 중랑천의 홍수 피해는 중랑천의 상류인 의정부 지역의 중랑천 변에 건설된 왕복 2차선 도로에 의한 홍수 고속 도로 현상에 의한 것으로 보고 있다.

홑집 ■■

대들보 아래 방을 1열로 배치한 일(一)자형의 단렬형 가옥을 말한다. 전(田)자형의 겹집에 비해 개방적인 구조로서 채광과 통풍이 유리하다. 고온 다습한 여름에 유리한 가옥 구조로서 남서부 평야 지대에 분포한다.

화교 華僑 ■■

해외에 거주하는 중국인으로, 해외에 정착하여 경제 활동을 하면서 본국과 유기적 연관을 유지하는 중국인 또는 그 자손을 말한다. 화교는 전 세계에 약 1,800여 만 명이 거주하고 있으며, 그 가운데 90퍼센트 이상이 말레이시아 · 인도네시아 · 싱가포르 · 미얀마 · 홍콩 · 타이 · 필리핀 등 동남 아시아에 집중 분포하고 있다. 화교들은 거의 대부분이 유통 · 금융을 중심으로 경제 분야에 진출하여 현 정권과 밀접한 관계를 가지고 있으면서 여러 면에서 상당한 영향력을 발휘하고 있다. 그러나 그들의 경제력과 배타적인 민족 중심의 단결력이 현지 주민들의 반감을 불러일으켜 민족 갈등을 일으키기도 한다.

화력 발전 火力發電 ■■■

연료 등에서 얻은 열에너지를 기계적 에너지로 교환하여 그것을 동력으로 하여 발전기를 회전시켜 전력을 얻는 방식을 말한다. 화력 발전은 입지 선정 조건에 제약이 없는 까닭에 대도시 · 공업 단지 등 대소비지 부근에 건설할 수 있고, 건설비가 적게 드는 장점이 있다. 반면 연료비 때문에 발전 단가가 비싸고 대기 오염이 발생하는 등 단점이 있다. 화력 발전의 연료로는 석탄 · 석유 · 액화 천연 가스 등이 사용되는데, 최근 석유 비중은 감소하고 액화 천연 가스의 비중이 높아지고 있다. 화력 발전소의 대부분은 전력의 송전비를 절감하기 위하여 수도권과 남동 임해 지역 등과 같이 대도시나 공업 단지에 가깝게 입지하고 있다.

화산 지형 火山地形 ■■■

화산 지형은 지구 내부의 마그마가 분출한 화산 작용에 의하여 형성된 다양한 지형을 말한다. 화산 지형의 형태는 용암의 특색에 따라 각기 다르게 나타나는데, 순상 화산 · 종상 화산 · 성층 화산 · 복합 화산 · 용암 대지 · 칼데라 · 용암굴 등 수많은 지형이 있다. 주요 지형으로는 암석의 균열을 따라 마그마가 흘러나와 형성된 용암 대지로 인도의 데칸 고원 · 미국 서부의 콜롬비아 고원 · 우리 나라의 개마 고원 등이 있고, 화산 폭발에 의하여 형성된 종상 · 순상 등의 화산체, 분화구가 폭발, 함몰하여 형성된 분지 지형인 칼데라 등이 있다. 지진과 화산 활동이 활발한 알프스 · 히말라야 조산대, 환태평양 조산대, 동아프리카 지구대 등의 화산대에 잘 발달되어 있다. 우리 나라는 대체로 안정 육괴를 이루고 있기 때문에 화산 지형의 분포는 협소한 편이다. 대부분의 화산 지형은 신생대 제3기 말에서 제4기 초에 걸쳐 형성되었는데, 제주도 · 울릉도 · 백두산에 나타나는 화산 지형과 철원 · 평강과 신계 · 곡산 및 개마 고원 지역의 용암 대지가 발달하였다.

화산회토 火山灰土 ■

loam이라고 부르는 화산회토는 습윤 또는 아습윤 기후에서 화산재 및 그 밖의 화산 분출물을 모재로 하여 형성된 간대 토양으로, 보수성이 높기 때문에 농경에 유리하다.

화석토 → **고토양**

화전 농업 火田農業 ■

가장 원시적인 토지 이용법의 하나로, 임야를 방화하여 얻은 재를 비료로 이용하여 그 지역에 농작물을 경작하는 방식으로 약탈 농법에 속한다. 따라서 지력의 소모로 경작이 불가능해지면 다른 지역으로 이동하게 된다. 그러므로 인구가 적고 토지가 넓은 열대 지방 또는 산간 벽지에서 많이 행해진다. 현재 아프리카와 동남 아시아의 여러 지역에서 실시되고 있다. 우리 나라에서는 조선 시대에 많이 실시되었으나, 8·15 광복 이후 화전민 이주 정착 사업을 실시하여 현재의 화전 영농은 거의 자취를 감추었다.

환경 가능론 環境可能論 ■■■

인간과 자연 환경과의 관계에 있어 인간의 역할을 능동적으로, 자연의 영향을 수동적으로 보고, 동일한 자연 환경도 그것을 이용하는 인간의 문화 수준에 따라 달라진다고 보는, 곧 인간의 역할을 중시하는 환경론적 견해를 말한다. 자연은 인간에게 여러 가지 가능성을 제시할 뿐이며, 자연을 선택하여 이용하는 주체는 바로 인간이라는 사실을 강조하는 것이다. 우리 나라의 건설 업체가 해외에서 시공하고 있는 리비아의 대수로 공사는 바로 건조 지역인 사막을 농경지로 바꾸는 대규모 토목 공사로서 환경 가능론의 대표적인 예라고 할 수 있다.

환경 결정론 環境決定論 ■■■

자연 환경, 특히 기후와 지형이 인간 생활에 미치는 영향을 절대적으로 보는 환경론적 견해를 말한다. 즉 지형과 인간과의 관계로 이루어지는 인간 생활이나 역사는 자연 환경에 의하여 규제된다고 보는 것이다. 추운 지방에 사는 사람들은 거칠고 더운 지방의 사람들은 온순하며 게으르다라는 점, 우리 나라의 풍수 지리 사상 등은 모두 인간 생활이 자연 환경에 의하여 영향을 받는다는 환경 결정론을 반영하고 있다.

환경 공중 폭격 環境空中爆擊 ■■

한 나라의 환경 오염 물질이 시기의 구분을 두지 않고 국경을 넘어 인접 국가의 환경을 위협하는 사태와 관련하여 등장한 환경 용어로서 월경 공해라고도 한다. 환경 공중 폭격이란 용어는 전쟁과 관련한 생각을 하기 쉬운데, 정말 전쟁 아닌 전쟁으로 받아들임이 옳을 것으로 보인다. 최근 중국의 공업화로 아황산 가스나 중금속 등의 오염 물질이 황사와 함께 우리 나라는 물론 일본까지 날아와 피해를 주자 일본 언론에서 이 용어를 쓰기 시작하였다. 이외에도 구 소련 체르노빌 원전 사고에 의한 방사능 오염, 인도네시아의 산불로 인한 인접 국가의 연무 피해가 환경 공중 폭격의 대표적인 사례에 해당된다.

환경권 環境權 ■

건강하고 쾌적한 환경 속에서 인간답게 살 수 있는 권리를 말하는 것으로, 헌법 제35조로 규정되어 있다. 환경의 침해를 거부할 수 있는 배타적 권리로서 생존권적 기본권의 하나이다. 1972년 스웨덴 스톡홀롬에서 유엔 인간 환경 선언이 채택된 이후 거의 모든 국가들이 국민의 기본권으로 채택하고 있다.

환경 도시 環境都市 ■ ■ ■

ecopolis로 불리기도 하는데, 이는 ecological과 polis가 합성된 용어로서, 환경과 조화를 이루는 도시 체계를 갖춘 도시로서 환경과 사람이 공생하는 생태 도시를 말한다. 환경 도시는 도시에서의 인간 활동과 환경과의 관계를 하나의 유기적 관계로 설정한다. 따라서 환경 도시는 자연 · 환경 · 사람이 친화된 쾌적한 공간으로서의 도시, 물 · 자원 · 에너지 등이 효율적으로 이용되고 재활용되는 오염 없는 도시, 환경 보전 기능을 갖춘 도시 시스템과 생활 양식을 지닌 도시이어야 한다. 현재 미국의 시바노, 독일의 카빌, 일본의 키타큐슈를 대표적인 환경 도시의 예로 들 수 있다.

환경 마크 eco-mark ■

환경에 대한 일종의 품질 인정 마크를 말한다. 즉 같은 종류의 다른 제품에 비해 생산, 소비, 폐기되는 과정에서 환경 오염이 덜하거나 에너지 및 자원 절약과 관련 있는 저공해 상품에 대하여 공인 기관이 일정한 마크를 부여하여 다른 상품과 차별화하는 환경 친화적 상품 인증 제도라고 할 수 있다. 환경 마크 제도는 소비자들에게 저공해 상품을 알리고, 기업에게는 저공해 상품의 기술 개발에 앞장서도록 하는 효과를 기대할 수 있다. 우리 나라는 1992년부터 시행중이다.

환경 영향 평가 제도 環境影響評價制度 ■■■

고속 도로 · 댐 · 비행장 · 대규모 공장 · 골프장 등 대규모 개발 사업이 자연 환경에 어떠한 영향을 미치는가에 대해 사전 조사하고 평가하여 환경 영향을 최소화하고 환경 파괴 방지책을 마련하고자 하는 제도를 말한다. 1969년 미국에서 국가 환경 정책법으로 환경 평가가 처음으로 제도화된 이후, 주요 선진국에서는 개발 사업에 앞서 반드시 환경 영향 평가의 실시를 법률로 규정하고 있다. 우리 나라에서는 1977년 처음 도입된 이후 환경의 중요성에 대한 인식이 증대되면서 1993년 환경 영향 평가법을 별도로 제정하여 본격적으로 실시하고 있다.

환경 오염 環境汚染 ■■■

인구 증가 · 산업화 · 도시화에 따른 유해 물질, 유독 물질의 발생으로 말미암아 자연 환경과 생활 환경이 오염되어 유해, 유독화되는 상태를 말한다. 자연 환경 파괴와 오염의 주요 요인으로는 산업 혁명과 의료 기술의 발전에 따른 인구의 급격한 증가, 자원 소비량 및 폐기물량의 격증, 산업화 · 도시화의 지속적 발전 등을 들 수 있다.

환경 오염은 일반적으로 대기 오염, 수질 오염, 토양 오염, 해양 오염, 방사능 오염, 소음, 진동, 악취 등으로 구분되는데, 각각은 인간 생활을 포함한 생태계에 큰 영향을 미치고 있다. 오염된 자연 환경을 복구하고 보전하기 위해서는 화석 연료의 사용 제한과 청정 연료의 사용, 태양력 · 풍력 · 조력과 같은 대체 에너지 자원의 개발, 환경 영향 평가제 등과 같은 환경 보전을 위한 각종 법안을 제정, 시행하여야 한다. 또한 자연 생태계 보존을 위한 자연 휴식년제 도입, 집진 시설 및 하수 종말 처리장과 같은 정화 시설의 확충, 개발 제한 구역 · 상수도원 보호 구역 · 수산 자원 보전 지구 설정 등과 같은 국가 차원에서의 종합적인 대책이 마련되어야 한다.

환경 용량 環境容量 ■

환경이 정화해 낼 수 있는 오염 허용량을 말한다. 환경의 정화 능력에는 한계가 있어서 그것을 넘어서는 양이 들어오면 오염은 급속히 번지고 환경은 파괴된다. 환경 용량에 대한 정확한 정량을 설정하기가 어렵기 때문에 이를 대신할 방법으로서 여러 가지 환경 목표치가 설정되고 있다.

환경 제국주의 環境帝國主義 ■

고도의 환경 기술을 소유한 선진국을 중심으로 자국의 환경 법규 또는 환경 윤리에 적합하지 않은 제품의 수 · 출입을 통제하는 국제적 움직임을 두고 환경 제국주의라고 일컫는다. 선진국들은 자신들의 환경 문제를 해결하기 위하여 공해 산업을 후진국에 대한 배려라는 미명 하에 후진국으로 이전하고 있는데, 석유 · 화학 · 제철 · 고무 산업 등이 그 대표적인 예가 된다. 이는 제국주의의 한 단면으로 이해할 수 있다. 세계 무역 질서에 있어서 우루과이 라운드에 이은 그린 라운드의 등장도 선진 국가들이 선진 환경 기술에 기초하여 개발 도상국들보다 환경적 우위를 점거하기 위한 환경 제국주의로 볼 수 있다.

환경 호르몬 環境hormone ■

환경으로 방출된 화학 물질이 생체 내로 흡수되어 생체 내의 호르몬 작용을 방해하거나 혼란시키는 물질을 총칭하여 일컫는 말로서, 내분비 교란 물질이라고도 한다. 환경 호르몬은 다른 특성 물질에 비하여 매우 낮은 농도에서 영향을 주지만, 생물체가 장기간 환경 호르몬에 무방비 상태로 노출될 경우 먹이 사슬을 통하여 농축이 강화되어 심각한 위험을 초래할 수 있다. 다이옥신 · 스티렌다이머 등이 성장 억제 · 생식 이상 · 면역 기능의 저해를 일으키는 대표적인 환경 호르몬 물질로 알려져 있다.

환촌 環村 ■

집촌을 이루는 취락 형태의 하나로서, 교회 혹은 광장을 중심으로 하여 도로가 환상(環狀) 또는 선상(扇狀)으로 발달하고, 이 도로를 따라 취락이 원형으로 분포되어 있는 촌락을 말한다. 서부 독일 엘베 강 서쪽에 가장 많이 분포하며 슬라브 민족의 취락에서 볼 수 있는 특수한 형태이다.

환 황해 경제권 環黃海經濟圈 ■■■

황해를 인접하고 있는 한국 · 중국 · 일본을 축으로 한 동북아 경제권이, 중국의 풍부한 시장과 노동력 그리고 부존 자원, 한국의 양질의 노동력과 기술력, 일본의 고도의 기술과 자본을 바탕으로 세계적인 경제권으로 발전할 수 있는 잠재력 있는 경제권임을 두고 일컫는 말이다. 특히, 한국과 중국의 경제 교류가 확대되면서 황해 연안의 임해 공업 벨트의 형성이 추진되고 있다. 현재 우리 나라도 황해안 시대를 맞이하여 군장 지구 신산업 지대의 조성, 새만금 지구 간척 사업의 추진, 서해안 고속 도로의 건설 등 환 황해 경제권 개발 전략 사업을 지속적으로 추진하고 있다.

황사 현상 黃砂現象 ■■■

봄철에 중국 대륙 내부로부터 먼지와 같은 세립질의 모래가 상층의 편서풍을 타고 우리 나라로 날아오는 것을 말한다. 황사 현상은 매년 3~5월까지 약 3개월 동안 나타나는데, 그 발원지는 중국 대륙 내부의 건조 지역으로 타클라마칸 사막, 고비 사막 그리고 화북 지방의 광활한 황토 지대이다. 황사 현상은 호흡기 질환 · 안질환 · 알레르기 등 각종 질환을 유발하며, 정밀 기계 및 전자 기기의 고장의 원인이 되기도 한다. 최근 중국의 산업화로 인하여 황사에서 카드뮴 · 납과 같은 중금속과 발암 물질 등 유해 물질이 발견되기도 한다. 그리고 최근 연구 결과에 의하면 황사 현상이 미국 본토까지 영향을 미치는 것으로 알려지고 있으며, 태양 광선의 자외선을 차단하는 효과도 지니고 있는 것으로 나타났다.

후기 산업 사회 後期產業社會 ■■■

1956년을 기준으로 산업 사회 이후 나타난 탈공업화 사회인 정보화 사회를 말하는 것으로, 엘빈 토플러의 《제3의 물결》이 출간된 이후 보편화된 용어이다. 후기 산업 사회는 제조업 중심의 대량 생산 체제를 이루고 근대적인 합리성이 개인 생활의 규범이었던 산업 사회에 비하여 정보 · 통신 · 산업과 같은 첨단 산업 중심의 다품종

황사(2001년 3월 20일)

소량 생산 체제를 이루고, 합리성보다는 개성이 강조되는 사회를 말한다.

힌두 교 Hindu敎 ■

인도에서 가장 세력이 강한 종교로서 인도교라고도 한다. 국외에 전파되지 않은 민족 종교로서 인도 인구의 약 2/3가 힌두 교를 신봉하고 있다. 자연 숭배의 다신교로서 극도로 발달한 철학 세계에서 원시적인 신앙 주술까지 포함하고 있어 매우 신비로운 신앙 세계를 갖고 있다. 살생을 극도로 싫어하며 환상에 대한 강한 믿음을 가지고 있다. 성지는 베나레스이며, 8세기부터 이슬람 교의 인도 침입으로 인하여 오랫동안 침해를 면하지 못하였으나, 19세기 후반부터 반영 민족 운동이 활발해지면서 인도인의 정신적 구심체 역할을 하는 데 크게 기여하였다.

찾아보기

ㄱ

가공 무역 9, 33
가상 대륙 기후구 9
가옥 구조 10
가을 장마 11
가이아 11
가채 연수 12
간대 토양 12, 280, 313
간도 문제 12
간석지 13, 14, 136, 156, 307
간척 사업 13, 14, 15, 63
감입 곡류 하천 15, 122, 304
감조 하천 16
강수 편의율 16
개발 제한 구역 17, 317
개재 기회 17, 202
거대 도시 17, 261
거리 조락 함수 18
거점 개발 방식 18
건조 기후 9, 10, 18, 19, 125, 188, 272
건조 문화권 19
건조 지형 19
격해도 10, 20
겹집 9, 20
경기 지괴 21
경동 지형 21
경부 고속 전철 22
경상계 지층 22, 203, 250, 252
경엽수림 23
경인 운하 23
경제 블록 23
경제 정책 라운드 24
경제 특구 24
경제 협력 개발 기구 25
경종 조직 25
계절풍 26, 27, 72, 77, 189
계절풍 기후 27, 72, 88
계층 확산 27
고기 습곡 산지 27, 236
고랭지 농업 28
고산 기후 28
고원 21, 26, 27, 75, 92, 94
고위 평탄면 15, 28, 29, 30, 197
고토양 30
곡저 평야 30
골드 러시 30, 31, 105
공간 구조 31
공업 구조 이행론 31
공업 발달 32
공업 입지 요인 32
공업 입지 유형 33
공업 지역 34
공업 특색 34
공해 수출 35
관계적 위치 35
관광 산업 36, 191, 200, 271
광역 개발 방식 36
광화학 스모그 36, 37
교외화 현상 37
교통 취락 37
구 유고슬라비아 38
구조곡 39
구조토 39
국가 지리 정보 체계 39
국제 연합 40
국제 자유 도시 40
국제화 41, 149, 152, 265
국제 환경 표준화 41
국제 횡축 메르카토르 도법 41
국지풍 42, 131, 305
국토 43
군산 · 장항 지구 지역 개발 43
귀틀집 44

균형 개발 방식 44, 45, 139, 230
그리스 정교 45
그린 라운드 45, 64, 320
그린피스 46
근교 농업 46
근교 농촌 46
기능 지역 47
기단 14, 47, 50, 52
기반 기능 48
기생 화산 48, 49
기술 라운드 49, 64
기온 역전 49, 132, 267
기후 32, 50, 51, 74, 79, 108, 109, 183, 217, 242, 276, 302, 308, 319
기후 구분 50, 51
기후 변화 협약 51
기후 요소 50, 51
기후 인자 51, 52
꽃샘 추위 52, 162

ㄴ

나홋카 경제 특구 53, 162
낙농업 53, 123, 142, 200
낙동강 물 분쟁 53
날짜 변경선 54, 278
남극 조약 55
남남 문제 55
남북 문제 55, 56
남서 기류 56
남선 북마 57
남포 공단 57
냉대 기후 7, 50, 57, 136, 274, 292
냉대 동계 건조 기후 58
냉대림 58
냉대 습윤 기후 9, 58, 292
너와집 58
노예 무역 59
녹색 혁명 59, 60, 97
농공 단지 59
농업 발달 60
농업 입지 요인 60
농업 지역 구분 61
농업 특색 62
농업 혁명 63
농작물 북한계선 63
농촌 지역 변화 63
높새바람 42, 64, 189, 294
뉴 라운드 64
니아비 현상 64
님비 현상 65, 298
님트 65

ㄷ

다국적 기업 66
다모다르 강 유역 개발 사업 66
다목적 댐 66, 67, 299
다우 지역 67, 108, 257
다핵심 이론 67, 68
단열 변화 68, 108
단층 68, 77, 255, 257
대기 대순환 52, 69, 276
대기 오염 35, 37, 70, 80, 267, 314, 319
대도시권 70
대동여지도 70, 71, 248, 263
대류성 강우 67, 71
대륙도 72
대륙 동안 기후 72, 73
대륙붕 72, 73, 156, 303, 308, 309, 310
대륙 서안 기후 73
대륙성 기후 20, 57, 58, 73, 246, 308
대륙 이동설 73, 74
대보 조산 운동 75, 253

대보초 75
대서양 북동부 어장 75
대서양 북서부 어장 75
대지모 사상 76
대척점 76
대체 에너지 76, 319
데칸 고원 10, 77
도·농 복합 형태의 시 77
도시 기능 78
도시 기후 78
도시 내부 구조 79, 87, 147
도시 문제 79
도시 분포 유형 80
도시 사막화 80
도시 재개발 81
도시 체계 81, 318
도시 형태 81
도시화 63, 70, 79, 82, 83, 89, 118, 138, 206, 207, 212, 214, 227, 270, 313, 319
도시화 곡선 83
도심 78, 79, 83, 118, 147, 286
도진 취락 37, 38, 84
독도 문제 84, 85, 302
독립 국가 연합 85
돈대 85
돌리네 86, 273
동남 아시아 국가 연합 22, 86
동심원 이론 87
동아프리카 지구대 87
동양 문화권 88
동족촌 64, 89, 259, 296
동질 지역 89
동티모르 사태 89
두만강 유역 개발 계획 90, 221
등고선 91

ㄹ

라니냐 현상 92
라마 교 92, 121
라이프 사이클 93
라테라이트 토 93, 148, 183, 283
라테라이트 화 작용 93
람사르 조약 93
러시 아워 현상 94
런던 협약 94
레구르 토 12, 77, 94
로마 클럽 보고서 94
뢰슈의 수요 입지론 95
뢰스 96
루프 식 철도 21, 96
리비아 대수로 공사 96, 316
리사이클링 시스템 97
리아스식 해안 97, 124, 266
리우 회의 98, 177

ㅁ

마그레브 99
마스트리히트 조약 99
망류 하천 100
매스 무브먼트 100
먼로 효과 100
메르카토르 도법 39, 101
모레인 101
몬트리올 의정서 101
몰바이데 도법 102, 229, 310
무상 일수 61, 63, 102
무역 102, 103, 113, 121
무역풍 92, 103, 178, 276
문화 10, 74, 86, 103, 104, 118, 122, 172, 226, 237, 238, 246, 248, 249
문화 결정론 104, 105

문화권 105
문화의 섬 105
미기후 106
민족 38, 88, 106, 113, 200, 237, 238, 239
밀 캘린더 107

ㅂ

바나나 현상 108
바닷길 108
바람받이 사면 108, 109
바람 의지 사면 109
바람 장미 109
바이오 산업 109
바젤 협약 110
방위 도법 110, 246
방조제 110
배산 임수 89, 111, 279
배타적 경제 수역 111, 112, 302, 303
백호주의 112
범람원 30, 85, 112, 124, 221, 254, 257, 265, 306
베네룩스 3국 113
베드 타운 114
베버의 공업 입지론 114, 115
베세토 벨트 115
베이비 붐 116
벤처 기업 116
병목 현상 116
복류천 116, 117
본 도법 117
본초 자오선 117, 155, 249
부도심 118
부메랑 효과 118
부영양화 현상 118
북극 문화권 118
북대서양 조약 기구 119
북동 기류 119
북미 자유 무역 협정 115, 119
북아일랜드 분쟁 120
북태평양 기단 9, 11, 48, 120, 183, 189, 222
불교 88, 92, 106, 108, 120, 121, 122, 238, 239
불국사 운동 22, 121
불쾌 지수 121
블루 라운드 64, 121
비교 우위 122
비단길 122
비정부 기구 44, 123
빙퇴석 평야 123
빙하성 해면 변화 123
빙하 지형 124

사구 19, 126, 128, 145, 307
사막 기후 9, 18, 126
사막화 16, 80, 126, 127, 129, 130, 225
사바나 9, 127, 263, 283
사바나 기후 7, 93, 127, 181, 272
사빈 128, 307
사이트 128
사주 128, 129, 145, 307
사헬 지대 127, 129, 130, 302
사회 간접 자본 39, 130, 142, 233, 258
사회적 휴경 130
산경표 130, 131
산곡풍 42, 131
산복 온난대 현상 132
산성비 70, 132, 225
산업 구조 132, 134, 228
산업 구조 이행론 133

산업 구조 조정 103, 133
산업 분류 134
산촌 134
삼각강 135
삼각주 85, 100, 124, 135, 182, 188, 257, 265, 275, 306
삼림 132, 136, 155, 301, 313
3지대론 136
삼포식 농업 137
삼한 사온 137, 162
상권 137, 138
상설 시장 138
상업 혁명 138, 139
상향식 개발 44, 139
새만금 지구 간척 사업 13, 14, 139, 321
생물 다양성 보존 협약 98, 140
생태계 94, 132, 140
생태학 141
생화학적 산소 요구량 141
서머 타임 141
서안 해양성 기후 73, 141, 190
서해 갑문 142
서해 대교 142
서해안 고속 도로 44, 142, 321
서해안 시대 143
석유 12, 72, 73, 76, 126, 132, 143, 146, 162, 173, 177, 184, 220, 260, 273, 274, 315
석탄 12, 27, 76, 80, 132, 144, 162, 177, 203, 315
석탄 산업 합리화 정책 144
석호 145, 307
선 벨트 145, 146
선상지 20, 100, 117, 146, 257, 265
선형 이론 147
성대 토양 12, 148, 282, 297
성비 148
세계 무역 기구 25, 103, 134, 148
세계화 149, 150, 231, 249
세방화 149, 150
셈 · 햄 어족 19, 150, 175
소우 지역 150
소음 공해 150
소호 151
송도 정보 신도시 151
송림 운동 152
수도권 공간 구조 개편안 152
수도권 정비 계획 152
수력 발전 153
수륙 분포 154
수리적 위치 154
수목 농업 155
수목 한계선 155
수산업 156
수송 적환지 156
수입 대체 산업 156, 157
수질 오염 35, 54, 118, 157, 193, 319
슈퍼 301조 157, 158
순상 화산 158, 315
스모그 현상 50, 70, 158
스위치 백 철도 21, 158
스카이 라인 82, 158
스콜 72, 159, 183
스텝 159, 263, 274
스텝 기후 9, 18, 159
스프롤 현상 78, 160
슬럼 81, 160, 179
습곡 161, 235, 236, 255, 257
시뉴소이드 도법 161, 229, 310, 311
시베리아 161, 162
시베리아 기단 47, 162, 174
시차 162
시추에이션 163
식생 163

신기 습곡 산지 165, 236
신도시 165
신흥 공업국 165
실리콘 밸리 166, 262, 280
실버 산업 166
심사 도법 110, 167
싱안링 구조선 167
싼사 댐 건설 167

ㅇ

아드라아식 해안 169
아랄 해 환경 문제 169
아랍 연맹 170
아메리칸 문화권 170
아시아 인종 171
아시아 · 태평양 경제 협력체 24, 171
아이턴 현상 171
아파르트헤이트 172
아프리카 문화권 172
아프리카 인종 172
아프리카 단결 기구 173
안정 육괴 19, 77, 173, 290, 315
액화 석유 가스 173
액화 천연 가스 173, 177, 315
양도 174
양쯔 강 기단 48, 174
언어 88, 104, 1035 106, 172, 174, 175, 199, 200, 237, 241
에너지 소비 구조 176
에너지 자원 10, 176
에보리진 104, 177
에코 산업 혁명 177
에쿠메네 178
엘니뇨 90, 178
역도시화 179, 202, 212, 230
역류 효과 179
역원 취락 37, 38, 180
연교차 20, 58, 180
연담 도시 44, 180
열대 기후 181, 272
열대림 181
열대림 파괴 181
열대 몬순 기후 181, 182
열대성 저기압 182, 191, 222
열대야 120, 182
열대 우림 기후 7, 91, 127, 136, 181, 183
열대일 118, 183
열섬 현상 78, 183, 184
열수지 184
열오염 184, 198
열적도 184
열촌 185
영 · 불 해저 터널 185
영역 185
영해 기선 186
오세아니아 문화권 187
오스트라네시아 어족 187
오스트라시아 187
오아시스 농업 188
오존층 파괴 99, 188
오호츠크 해 기단 48, 64, 189, 222, 224
옥천 지향사 189, 203, 235, 237, 250, 252, 253, 254, 288, 289, 303
온난 습윤 기후 7, 189
온대 기후 50, 184, 190, 274
온대림 190
온대 습윤 기후 190
온대 하계 건조 기후 190
온대 하우 기후 190, 191
온량 지수 191, 192
온실 효과 70, 78, 183, 192, 244
용암 대지 75, 192, 193

용존 산소량 193
용천대 145, 193
우데기 11, 193
우랄 · 알타이 어족 175, 194
우루과이 라운드 60, 64, 149, 194, 320
운송비 33, 114, 115, 195, 197, 258, 286
운적토 196
원격 탐사 196
원교 농업 64, 197
원교 농촌 197
원자력 발전 187, 197
위성 도시 15, 35, 112, 150, 198
유교 88, 89, 199
유네스코 199
유럽 문화권 199
유럽 연합 24, 114, 115, 200
유럽 인종 201
유목 201
유엔 환경 계획 202
유턴 현상 202
유통 202
육도 203
육성층 203
육의전 203
이동 확산 204
이목 204, 205
이상 기상 205
이수 해안 205
이슬람 교 19, 36, 88, 106, 108, 122, 175, 205, 238, 239, 272, 273, 323
24절기 206
이촌 향도 현상 62, 63, 89, 206, 207
인공 강우 207
인구 공동화 현상 84, 207
인구 노령화 208, 213
인구 문제 93, 208
인구 밀도 209
인구 부양력 209
인구 부양비 210
인구 분포 210
인구 성장 211
인구 성장 모형 211
인구 센서스 212
인구 이동 92, 102, 169, 212, 233, 239
인구 피라미드 213, 214
인구 혁명 214
인도 · 유럽 어족 214
인디언 서머 215
인종 88, 105, 106, 199, 215, 216, 312
인천 국제 공항 216
일교차 17, 216
임업 217
입지 217

자연 생태계 보호 지역 218
자연 재해 218, 299
자연 휴식년제 219, 319
자원 18, 39, 535 72, 210, 219, 221, 220
자원 문제 219
자원 민족주의 220
자원 카르텔 220, 221
자유 경제 무역 지대 221
자유 곡류 하천 221
자정 작용 222
장마 전선 11, 120, 189, 222, 234, 258, 301
장소 32, 33, 222
재래 공업 223
저기압성 강우 223
적도 기단 48, 223
적조 현상 158, 224
전선성 강우 224

전 지구적 환경 문제 225
점이 지대 105, 129, 226
접근도 59, 75, 224
접촉 확산 224
정각 도법 227, 246
정기 시장 227
정보 초고속 도로 227, 228
정보 혁명 228
정보화 사회 151, 227, 228
정사 도법 110, 228, 246
정적 도법 102, 117, 229, 246, 310
정적토 229
정주간 11, 229
정주 생활권 230
제4차 종합 계획 230
제3세계, 제4세계, 제5세계 230
제3차 국토 종합 개발 계획 45, 152, 231, 266
제2의 산업 혁명 231
제2차 국토 종합 개발 계획 36, 232
제이 턴 현상 232
제1차 국토 종합 개발 계획 18, 233
제트류 233, 234
조경 수역 75, 234
조류 234
조륙 운동 235, 257
조산대 235, 288
조산 운동 236, 257, 288
조석 236
조선계 지층 189, 237, 253, 254, 290, 305
조엽수림 237
종교 38, 88, 104, 105, 106, 113, 120, 172, 175, 199, 200, 205, 211, 237, 238, 272, 274, 322
종교 분쟁 236, 237, 239
종상 화산 237, 313
종주 도시 239
주거 입지 조건 240
주빙하 지형 39, 240
주상 절리 193, 240, 241
중국 · 티베트 어족 175, 241
중력 모형 241
중상주의 242
중심지 이론 242, 243
지구대 243, 244
지구 온난화 51, 70, 98, 174, 183, 225, 244
지구촌 230, 245
지도 101, 117, 245, 247, 251, 256, 262, 265, 291
지도 투영법 246
지리적 위치 246
지리 정보 246, 247, 284
지리 정보 체계 247
지리 조사 248
지리지 248
지방시 54, 249
지방화 149, 150, 231, 249
지속 가능한 개발 98, 249
지식 집약형 산업 250
지역 10, 237, 238, 250, 251
지역 개발 251
지오이드 251, 252
지중해식 농업 200, 252
지질 구조 39, 74, 253
지체 구조 254
지하 자원 34, 55, 126, 255
지향사 255
지형도 248, 256
지형성 강우 57, 67, 108, 256, 257, 293
지형 형성 영력 257
진압 농법 257
집적 이익 33, 258

집중 호우 120, 234, 258
집촌 259

ㅊ

찬정 분지 260
천연 가스 12, 73, 162, 173, 260
천정천 261
천하도 261
철의 실크로드 261, 262
첨단 산업 262, 266
청구도 70, 262
청정 수역 263
초 거대 도시 263
초원 204, 260, 263, 289, 297
초원길 264
축산업 264
축적성 중독 264
축척 90, 262, 265
충적 평야 30, 254, 265, 269
7대 광역권 개발 265
침수 해안 266
침식 기준면 266
침식 분지 267
침식 윤회설 267, 268
침식 평야 268

ㅋ

카나트 270
카르스트 지형 237, 270
카스트 제도 120, 271
칼데라 271, 272, 315
캄푸스 127, 272
캐슈미르 분쟁 272
케스타 273
콤비나트 273
쾨펜의 기후 구분 50, 274
크리스트 교 19, 45, 175, 199, 205, 238, 274
크리크 275

ㅌ

타포니 276
탁월풍 276, 303
태평양 시대 277
태평양 북동부 어장 277
태평양 북서부 어장 277
태평양 제도 278
태풍 11, 182, 223, 224, 278, 279
택리지 248, 279
테라로사 12, 86, 271, 280
테라록사 280
테마 파크 280
테크노폴리스 280
텔레포트 281
토네이도 281
토르데시아스 협정 281
토양 39, 61, 163, 183, 282, 283, 284, 297
토양 생성 과정 285
토양 오염 284, 319
통계 지도 284
툰드라 기후 9, 240, 285, 301
튀넨의 고립국 이론 286
T-O 지도 261, 287

ㅍ

파급 효과 262, 288
판 구조론 288
팔레스타인 분쟁 289
팜파스 189, 289, 296, 312

편서풍 96, 190, 233, 276, 290
평남 지향사 189, 203, 237, 253, 254, 255, 290, 291, 305
평북 · 개마 지괴 290
평사 도법 110, 291
평안계 지층 189, 203, 252, 254, 290, 291
평정 해산 291
폐기물 무역 292
포드졸 토 283, 292
포드졸 화 작용 292
폭포선 지대 293
푄 현상 64, 68, 293, 294
표준시 117, 249, 294, 295
표준 자오선 295
풍수 지리 사상 89, 295, 296, 317
프레리 263, 289, 296, 297
프레리 토 148, 283, 297
플랜테이션 127, 172, 183, 263, 297, 298
피오르드 해안 266, 298
핌피 현상 298

하상 계수 299
하안 단구 16, 30, 124, 253, 299, 300, 306
하항 300
하향식 개발 16, 300
한대 기후 274, 300
한대 전선 69, 69, 301
한랭 지수 301
한발 301
한 · 일 어업 협정 경계선 302
해류 303
해륙풍 42, 305
해성층 305
해수면 승강 운동 306
해안 단구 205, 253, 306, 308
해안 지형 205, 307
해안 평야 205, 308
해양성 기후 20, 73, 308
해양 오염 94, 309, 319
해저 지형 308, 309
해저 확장설 310
호몰로사인 도법 229, 310, 311
혼일 역대 국도 강리 지도 311
혼합 농업 141, 200, 252, 312
혼혈 인종 313
홍수 고속 도로 313, 314
흩집 9, 18, 314
화교 314
화력 발전 314, 315
화산 지형 254, 315
화산회토 12, 315
화전 농업 316
환경 가능론 316
환경 결정론 296, 317
환경 공중 폭격 317
환경권 317
환경 도시 318
환경 마크 318
환경 영향 평가 제도 247, 318
환경 오염 18, 79, 95, 111, 258, 317, 319
환경 용량 320
환경 제국주의 320
환경 호르몬 320, 321
환촌 321
환 황해 경제권 321
황사 현상 321, 322
후기 산업 사회 83, 133, 134, 321
힌두 교 88, 92, 108, 121, 238, 239, 272, 273, 322

Basic
고교생을 위한 지리 용어사전

초판 1쇄 발행 2002년 2월 1일 | 초판 7쇄 발행 2019년 12월 20일 |
엮은이 이우평 | 펴낸이 신원영 | 펴낸곳 (주)신원문화사 |
주소 서울시 구로구 가마산로 27길 14(신원빌딩 10층) |
전화 3664-2131~4 | 팩스 3664-2130 |
출판등록 1976년 9월 16일 제5-68호

*잘못된 책은 바꾸어 드립니다.

ISBN 89-359-1009-0 43980